安徽电网调控系统
安全管理题库

《安徽电网调控系统安全管理题库》编委会　编

中国建材工业出版社

图书在版编目（CIP）数据

安徽电网调控系统安全管理题库/《安徽电网调控系统安全管理题库》编委会编．--北京：中国建材工业出版社，2021.7
ISBN 978-7-5160-3214-5

Ⅰ.①安…　Ⅱ.①安…　Ⅲ.①电力系统调度—安全管理—安徽—习题集　Ⅳ.①TM73-44

中国版本图书馆 CIP 数据核字（2021）第 086225 号

安徽电网调控系统安全管理题库
Anhui Dianwang Tiaokong Xitong Anquan Guanli Tiku
《安徽电网调控系统安全管理题库》编委会　编

出版发行：中国建材工业出版社
地　　址：北京市海淀区三里河路 1 号
邮　　编：100044
经　　销：全国各地新华书店
印　　刷：北京鑫正大印刷有限公司
开　　本：889mm×1194mm　1/16
印　　张：20.75
字　　数：610 千字
版　　次：2021 年 7 月第 1 版
印　　次：2021 年 7 月第 1 次
定　　价：98.00 元

本社网址：www.jccbs.com，微信公众号：zgjcgycbs
请选用正版图书，采购、销售盗版图书属违法行为

本书如有印装质量问题，由我社市场营销部负责调换，联系电话：（010）88386906

《安徽电网调控系统安全管理题库》

编 委 会

前　言

近年来随着特高压交直流电网建设和快速发展，大规模新能源持续并网，我国电网结构和特性发生了显著改变，电网调控运行精益化管理的要求、目标、模式及工作方式等方面也较以往发生了巨大变化。调控系统承担着保障电网安全稳定运行的重要使命，需深刻认识当前形势，全面贯彻落实国家电网有限公司提出的“具有中国特色国际领先的能源互联网企业”战略目标，系统梳理调控领域安全工作标准，提高安全生产意识，强化调控系统安全生态建设，推动电网调控安全管理工作向精细化转型。

为规范省、地市、县（配）调控机构安全管理工作行为，帮助各级调控系统安全管理人员和一线员工更好地学习、掌握岗位相关的安全制度、标准、流程，国网安徽省电力有限公司电力调度控制中心组织相关专家编写了《安徽电网调控系统安全管理题库》。

本书以调控系统安全管理业务为主线，覆盖电网安全相关法律法规、电网安全管理基础、安全生产目标管理、安全生产保证和监督体系及例行工作、电网风险和隐患管理、应急管理、消防安全和触电急救、备调安全管理等调控系统各业务领域、各执行环节主要知识点，能够为调控系统员工安全培训和测试提供支撑手段。

由于时间等因素限制，书中难免出现不妥、疏漏之处，欢迎专家、读者批评指正，以便我们进一步完善。

编者

2020 年 10 月

目　录

单选题

第一章　电网安全规定及法律法规

1. 电力事业应当（　　）需要，适当超前发展。国家鼓励、引导国内外的经济组织和个人依法投资开发电源，兴办电力生产企业。

A. 普遍适用性　　B. 适应国民经济和社会发展的

C. 持续改进性　　D. 社会规范性

答案：B。

2. 电力设施受（　　）保护。

A. 国家　　B. 政府　　C. 单位　　D. 社区

答案：A。

3. 电力发展规划应当根据国民经济和社会发展的需要制订，并纳入（　　）。

A. 国民经济　　B. 社会发展计划

C. 国民经济和社会发展计划　　D. 经济计划

答案：C。

4. 电力供应与使用双方应当根据平等自愿、协商一致的原则，按照国务院制定的电力供应与使用办法签订（　　），确定双方的权利和义务。

A. 并网协议　　B. 供用电合同　　C. 售电合同　　D. 买电合同

答案：B。

5. 用户受电装置的设计、施工安装和运行管理，应当符合（　　）。

A. 国家标准或者电力行业标准　　B. 地方标准

C. 国家标准　　D. 电力行业标准

答案：A。

6. 电价实行统一政策，统一定价原则，（　　）。

A. 分级管理　　B. 自行管理　　C. 自定价格　　D. 分部收费

答案：A。

7. 制定电价，应当合理补偿成本，合理确定（　　），依法计入税金，坚持公平负担，促进电力建设。

A. 费用　　B. 价格　　C. 电价　　D. 收益

答案：D。

8. （　　）供电企业在收取电费时，代收其他费用。

A. 许可　　B. 禁止　　C. 同意　　D. 认可

答案：B。

9. 电力企业或者用户违反供用电合同，给对方造成损失的，应当（　　）。

A. 赔偿　　B. 依法承担赔偿责任

C. 追责　　D. 赔礼道歉

答案：B。

10. 因电力运行事故给用户或者第三人造成损害的，电力企业应当（　　）。

A. 追责　　B. 赔礼道歉

C. 赔偿　　D. 依法承担赔偿责任

答案：D。

11. 盗窃电能的，由电力管理部门责令停止违法行为，追缴电费并处应交电费（　　）倍以下的罚款。

A. 五　　B. 十　　C. 十五　　D. 二十

答案：A。

12. 调度机构的职权及其调度管辖范围的划分原则，由（　　）确定。

A. 国务院　　B. 国网公司

C. 国务院电力行政主管部门　　D. 地方政府

答案：C。

13. 电网调度系统值班人员须经培训、（　　）并取得合格证书方可上岗。

A. 实习　　B. 考核　　C. 自学　　D. 见习

答案：B。

14. 发电厂必须按照调度机构下达的调度计划和规定的电压范围运行，并根据（　　）调整功率和电压。

A. 公司要求　　B. 调度指令　　C. 自身能力　　D. 机组状况

答案：B。

15. 发电、供电设备的检修，应当服从（　　）的统一安排。

A. 能源局　　B. 电监会　　C. 电网公司　　D. 调度机构

答案：D。

16. 国网公司各级单位依据《国家电网公司安全事故调查规程》（国家电网安监〔2011〕2024 号），组织对（　　）的事故进行调查。

A. 最高等级　　B. 最低等级

C. 相应等级　　D. 中间等级

答案：C。

17. 表彰奖励应重点向承担主要安全责任和风险的基层单位班组生产一线人员倾斜，基层单位班组生产一线人员奖励名额所占比重不少于（　　）。

A. 30%　　B. 40%　　C. 50%　　D. 60%

答案：C。

18. 国网公司实行安全事故“说清楚”制度。发生一般及以上人身事故、一般及以上电网事故或较大及以上设备事故，省级公司有关领导要在事故发生后的（　　）内到国家电网公司“说清楚”。

A. 一周　　B. 两周　　C. 三周　　D. 四周

答案：B。

19. 国网公司生产经营单位的主要领导、分管领导依照《国家电网公司安全工作奖惩规定》受到撤职处分的，自受处分之日起，（　　）年内不得担任任何生产经营单位的主要领导。

A. 二　　B. 三　　C. 四　　D. 五

答案：D。

20. 各级调控机构以不发生负有人员责任的（　　）级以上电网事件（事故）为基准，逐年制订安全生产目标。

A. 三　　B. 四　　C. 五　　D. 六

答案：C。

21. 省级以上调控机构内设专业处室（科室）以不发生负有人员责任的（　　）级以上电网事件（事故）为基准，逐年制订专业安全生产目标。

A. 三　　B. 四　　C. 五　　D. 六

答案：D。

22. 建立健全各级、各类人员安全生产责任制，调控机构（　　）作为安全第一责任人，对本级机构安全工作和安全目标负全面责任。

A. 行政正职　　B. 行政副职　　C. 总经理　　D. 书记

答案：A。

23. 调控机构（　　）对分管工作范围内的安全工作负领导责任，向行政正职负责。

A. 行政正职　　B. 行政副职　　C. 总经理　　D. 书记

答案：B。

24. 调控机构内设专业处室（科室、班组）专业负责人对本专业安全生产工作负责，接受本调控机构（　　）和分管行政副职的领导。

A. 安全第一责任人　　B. 行政副职

C. 总经理　　D. 书记

答案：A。

25. 调控机构员工对本岗位（　　）工作负责。

A. 安全生产　　B. 指标

C. 日常考勤　　D. 绩效

答案：A。

26. 安全责任书应按照两级安全生产控制目标要求，根据本岗位的安全职责制订，应具有针对性、层次性，实行（　　）控制。

A. 单层级　　B. 分层级　　C. 多层级　　D. 高层级

答案：C。

27. 安全责任书期限为（　　）年。

A. 一　　B. 二　　C. 三　　D. 四

答案：A。

28. 安全责任书在人员岗位变动后，应（　　）签订安全责任书。

A. 重新　　B. 保留　　C. 继续　　D. 不再

答案：A。

29. 调控机构应按照（　　）开展自查评工作，针对存在的问题制订整改计划，并对落实情况进行跟踪检查。

A. 安规　　B. 调控系统安全生产保障能力评估标准

C. 安全生产法　　D. 调度规程

答案：B。

30. 调控机构应以（　　）年为周期对下级调控机构开展安全生产保障能力评估，组织制订相关工作计划。

A. 一至三　　B. 一至二　　C. 三至五　　D. 五至六

答案：C。

31. 调控机构应开展电网（　　）年滚动分析校核，组织制订所辖电网年度运行方式。

A. 二至三　　B. 一至三

C. 一至二　　D. 二至五

答案：A。

32. 调控机构应（　　）开展问题（隐患）排查和治理工作。

A. 定期　　B. 不定期

C. 随机　　D. 每季度

答案：A。

33. 按照（　　）和“全方位覆盖、全过程闭环”原则，调控机构分管领导负责指导分管范围内的问题（隐患）排查治理及审核评估工作。

A. “谁主管、谁受益”　　B. “谁分管、谁负责”
C. “谁分管、谁受益”　　D. “谁主管、谁负责”

答案：D。

34. 调控机构应成立调控应急指挥工作组，总指挥由调控机构（　　）担任，接受本单位应急领导小组的统一领导和指挥。

A. 党政正职　　B. 行政副职　　C. 党政副职　　D. 行政正职

答案：D。

35. 完善应急处置预案（方案）管理流程，按照年度演练计划，开展应急预案（方案）演练，演练宜采用实战化、（　　）的形式。

A. 无脚本　　B. 有脚本　　C. 有计划　　D. 有组织

答案：A。

36. 调控机构应（　　）组织开展应急预案的应急演练工作，及时对演练效果进行总结分析，查找存在的问题，提出预案及演练的改进建议。

A. 不定期　　B. 随机　　C. 随时　　D. 定期

答案：D。

37. 每年调控机构应至少组织或参加一次电网联合反事故演习。联合反事故演习应遵循“针对薄弱环节，检验应急预案”的原则，依托“（　　）”。

A. DTS　　B. D5000　　C. DMIS　　D. OMS

答案：A。

38. 调控运行专业每（　　）应至少举行一次专业反事故演习。

A. 周　　B. 旬　　C. 月　　D. 年

答案：C。

39. 每（　　）组织一次调控指挥权向备调转移的综合演练，全面检验备调运行水平和主备调业务切换能力。

A. 周　　B. 旬　　C. 月　　D. 年

答案：D。

40. 加强新能源厂（场）站并网安全管理，严格落实新能源厂（场）站入网检测要求，严禁不满足并网条件的新能源厂（场）站（　　）并网。

A. 违规　　B. 正常　　C. 异常　　D. 非法

答案：A。

41. 事故主要责任，事故发生或扩大主要由（　　）个主体承担责任者。

A. 1　　B. 2　　C. 3　　D. 多

答案：A。

42. 同等责任，事故发生或扩大由（　　）个主体共同承担责任者。

A. 1　　B. 2　　C. 3　　D. 多

答案：D。

43. 次要责任，承担事故发生或扩大次要原因的责任者，包括一定责任和（　　）责任。

A. 全部　　B. 部分　　C. 少量　　D. 连带

答案：D。

44. 与电力生产有关工作过程中发生的事故统计为（　　）生产安全事故。

A. 国家　　B. 地方　　C. 行业　　D. 电力

答案：D。

45. 发生人身事故，公司系统内各有责单位均统计（　　）次事故，统计应包括一次事故中所有的人身伤亡。

A. 一　　B. 二　　C. 零　　D. 多

答案：A。

46. 县供电公司级单位下属和管理的所有单位发生的事故，统计汇总为所属（　　）供电公司级单位的事故。

A. 省　　B. 市　　C. 县　　D. 班组

答案：C。

47. 一条线路或同一设备由于同一原因在（　　）小时内发生多次跳闸停运构成事故时，可统计为一次事故。

A. 8　　B. 16　　C. 24　　D. 48

答案：C。

48. 公司系统各单位事故发生后，事故现场有关人员应当立即向本单位现场负责人报告。现场负责人接到报告后，应立即向（　　）报告。

A. 本单位分管领导　　B. 本单位主要领导

C. 本单位负责人　　D. 本单位总工程师

答案：C。

49. 发生五级以上人身、电网、设备和信息系统事故，应立即按资产关系或管理关系逐级上报至国家电网公司；省电力公司上报国家电网公司的同时，还应报告相关分部；每级上报的时间不得超过（　　）小时。

A. 1　　B. 2　　C. 3　　D. 4

答案：A。

50. 五级以上的即时报告事故均应在（　　）小时以内以书面形式上报。

A. 12　　B. 24　　C. 36　　D. 28

答案：B。

51. 国网公司系统各单位根据事故等级的不同组织调查，并按要求填写事故调查报告书，（　　）单位可根据情况派员督查。

A. 单位领导　　B. 政府安全管理

C. 上级管理　　D. 本级管理

答案：C。

52. （　　）级以上电网事件由国家电网公司或其授权的分部、省电力公司、国家电网公司直属公司组织调查。

A. 四　　B. 五　　C. 六　　D. 七

答案：B。

53. （　　）级信息系统事件由国家电网公司或其授权的分部、省电力公司、国家电网公司直属公司组织调查。

A. 四　　B. 五　　C. 六　　D. 七

答案：B。

54. （　　）级以上设备事故由国家电网公司或其授权的分部、省电力公司、国家电网公司直属公司组织调查。

A. 三　　B. 四　　C. 五　　D. 六

答案：A。

55.（　　）级人身事件由地市供电公司级单位（或其授权的单位）或事件发生单位组织调查，上级管理单位认为有必要时可以组织、派员参加或授权有关单位调查。

A. 五　　B. 六　　C. 七　　D. 八

答案：B。

56.（　　）级电网事件由地市供电公司级单位（或其授权的单位）或事件发生单位组织调查，上级管理单位认为有必要时可以组织、派员参加或授权有关单位调查。

A. 五　　B. 六　　C. 七　　D. 八

答案：C。

57.（　　）级设备事件由地市供电公司级单位（或其授权的单位）或事件发生单位组织调查，上级管理单位认为有必要时可以组织、派员参加或授权有关单位调查。

A. 五　　B. 六　　C. 七　　D. 八

答案：B。

58.（　　）级信息系统事件由地市供电公司级单位（或其授权的单位）或事件发生单位组织调查，上级管理单位认为有必要时可以组织、派员参加或授权有关单位调查。

A. 五　　B. 六　　C. 七　　D. 八

答案：C。

59.（　　）级人身事件由事件发生单位自行组织调查，上级管理单位认为有必要时可以组织、派员参加或授权有关单位调查。

A. 五　　B. 六　　C. 七　　D. 八

答案：C。

60.（　　）级电网事件由事件发生单位自行组织调查，上级管理单位认为有必要时可以组织、派员参加或授权有关单位调查。

A. 五　　B. 六　　C. 七　　D. 八

答案：D。

61.（　　）级设备事件由事件发生单位自行组织调查，上级管理单位认为有必要时可以组织、派员参加或授权有关单位调查。

A. 五　　B. 六　　C. 七　　D. 八

答案：C。

62.（　　）级信息系统事件由事件发生单位自行组织调查，上级管理单位认为有必要时可以组织、派员参加或授权有关单位调查。

A. 五　　B. 六　　C. 七　　D. 八

答案：D。

63.（　　）级人身和设备事件由事件发生单位的安监部门或指定专业部门组织调查。

A. 五　　B. 六　　C. 七　　D. 八

答案：D。

第二章　安全管理理论基础

64. 安全管理是以（　　）为目的，进行有关决策、计划、组织和控制方面的活动。

A. 安全　　B. 平安　　C. 健康　　D. 和谐

答案：A。

65. 搞好安全管理是防止（　　）和职业危害的根本对策。

A. 伤亡事故　　B. 交通事故　　C. 安全事故　　D. 火灾事故

答案：A。

66.（　　）和职业安全健康措施依靠有效的安全管理才能发挥应有的效果。

A. 安全预防　　B. 安全技术　　C. 安全措施　　D. 安全技能

答案：B。

67.（　　）对社会经济发展起着保驾护航的作用。

A. 技术管理　　B. 工商管理　　C. 行政管理　　D. 安全管理

答案：D。

68. 安全是人的身心免受外界（不利）因素影响的存在状态及其（　　）。

A. 保障条件　　B. 先决条件　　C. 必要条件　　D. 主要条件

答案：A。

69. 安全管理是管理者对安全生产进行的计划、组织、监督、（　　）和控制的一系列活动。

A. 检查　　B. 协调　　C. 认识　　D. 改善

答案：B。

70. 安全管理按照主体和范围大小的不同，可分为（　　）。

A. 狭义安全管理和广义安全管理　　B. 相对安全管理和绝对安全管理

C. 宏观安全管理和微观安全管理　　D. 理想安全管理和现实安全管理

答案：C。

71. 安全管理按照对象的不同可分为（　　）。

A. 狭义安全管理和广义安全管理　　B. 相对安全管理和绝对安全管理

C. 宏观安全管理和微观安全管理　　D. 理想安全管理和现实安全管理

答案：A。

72. 微观安全管理是将（　　）作为安全管理的主体。

A. 员工　　B. 管理者

C. 股东　　D. 企业

答案：D。

73. 狭义的安全管理是直接以（　　）为对象的安全管理。

A. 生产结果　　B. 生产过程　　C. 安全过程　　D. 安全结果

答案：B。

74.（　　）安全管理泛指一切保护劳动者安全健康、防止国家财产受到损失的，不仅以生产经营活动为对象，而且包括服务、消费活动等涉及的安全管理活动。

A. 宏观的　　B. 微观的　　C. 狭义的　　D. 广义的

答案：D。

75. 安全管理的研究对象涉及（　　）、人与物、人与环境之间在防止事故发生、避免人身伤害和财产损失方面存在的关系。

A. 人与人　　B. 人与动物　　C. 个人本身　　D. 人与自然

答案：A。

76. （　　）包括事故统计与分析、事故调查预处理和事故预防与控制。

A. 事故管理　　B. 安全管理　　C. 系统安全管理　　D. 事故调查

答案：A。

77. 重大活动承办方选择活动主办场所、相关服务场所时，应当优先选择具备（　　）及以上供电电源且自备应急电源容量满足重要负荷用电要求的场所。

A. 单电源回路　　B. 三回路　　C. 四回路　　D. 双回路

答案：D。

78. 安全文化是实现（　　）不可或缺的辅助手段。

A. 安全体系　　B. 系统安全　　C. 安全管理　　D. 流程安全

答案：B。

79. 根据墨菲定律，做任何一件事情，如果客观上存在着一种错误的做法，或者存在着发生某种事故的可能性，不管发生的可能性有多小，当重复去做这件事时，事故（　　）。

A. 不会发生　　B. 会在下一次发生　　C. 总会在某一时刻发生

答案：C。

80. 以下关于泰勒的科学管理理论描述错误的是（　　）。

A. 科学管理的中心问题是提高劳动生产率　　B. 实行“差别计件工资制”

C. 强调雇主与工人合作的“精神革命”　　D. 从经营职能中独立出管理活动

答案：D。

81. 事故是指在生产活动过程中发生的一个或一些列非计划的、可导致人员伤亡、设备损坏、财产损失，以及环境危害的（　　）。

A. 事件　　B. 实例　　C. 事实　　D. 过程

答案：A。

82. 海因里希法则指的是在机械事故中，死亡重伤、轻伤和无伤害事故的比例为（　　）。

A. 1∶28∶300　　B. 1∶29∶300　　C. 1∶30∶300　　D. 1∶31∶300

答案：B。

83. 以下关于事故的基本特征描述错误的是（　　）。

A. 因果性　　B. 偶然性　　C. 规律性　　D. 不可预测性

答案：D。

84. 事故致因理论是从大量典型事故模型事故的本质原因的分析中所提炼出的事故机理和（　　）。

A. 事故原因　　B. 事故结果　　C. 事故模型　　D. 事故教训

答案：C。

85. 对海因里希提出的事故因果连锁过程包括的因素，以下描述错误的是（　　）。

A. 遗传及社会环境　　B. 人的缺点或失误

C. 人的不安全行为或物的不安全状态　　D. 事件

答案：D。

86. 能力转移理论认为，在生产过程中，人类利用能量做功以实现（　　）目的。

A. 生产　　B. 生活　　C. 能量转移　　D. 生存

答案：A。

87. 能力转移理论认为，在生产过程中，能量在各种约束和限制条件下，按照人们的意志流动、转换并做功，如果能量失去了控制，发生率异常或意外释放，则称发生了（　　）。

A. 问题　　B. 事故　　C. 事件　　D. 能量异常

答案：B。

88. 基于人体信息处理的人失误事故模型认为，人失误会导致事故，而人失误的发生是由于人对（　　）刺激反应的失误造成的。

A. 外部　　B. 内部　　C. 外界　　D. 心理

答案：C。

89.（　　）认为当人的不安全行为和物的不安全状态在各自发展过程中（轨迹），在一定时间、空间发生了接触（交叉），能量转移于人体时，伤害事故就会发生。

A. 扰动理论　　B. 轨迹交叉理论

C. 事故致因理论　　D. 变化-失误理论

答案：B。

90. 根据能量转移理论的概念，事故的本质是（　　）。

A. 能量的不正常作用　　B. 造成人员死伤

C. 造成经济损失　　D. 造成设备损失

答案：A。

91.（　　）是指人们在从事管理工作时，运用系统的观点、理论和方法对管理活动进行充分的系统分析，以达到安全管理的优化目标。

A. 系统原理　　B. 人本原理　　C. 预防原理　　D. 强制原理

答案：A。

92.（　　）是指任何安全管理系统的正常运转，不仅受到系统自身条件和因素的制约，而且还受到其他有关系统的影响，并随着时间、地点及人们的不同努力程度而发生变化。

A. 动态相关性原则　　B. 整分合原则

C. 弹性原则　　D. 反馈原则

答案：A。

93.（　　）是指为了实现高效的管理，必须在整体规划下明确分工，在分工基础上进行有效的综合。

A. 动态相关性原则　　B. 整分合原则

C. 弹性原则　　D. 反馈原则

答案：B。

94. 根据安全生产多米诺骨牌理论，消除了（　　）中的某一个因素，就可能避免了一个重大事故的发生。

A. 投资链　　B. 事故链　　C. 生产链　　D. 隐患链

答案：B。

95.（　　）是指在任何一个管理系统内部，管理手段、管理过程等必须构成一个连续封闭的回路，才能形成有效的管理活动。

A. 动态相关性原则　　B. 整分合原则　　C. 弹性原则　　D. 封闭原则

答案：D。

96. 人本原理体现了以人为本的指导思想，包括三个原则，下列不包括在人本原理中的原则是（　　）。

A. 激励原则　　B. 动力原则　　C. 能级原则　　D. 安全第一原则

答案：D。

97. 搞好安全管理是落实（　　）方针的基本保证。

A. 安全第一　　B. 安全第一，预防为主

C. 安全第一，预防为主，综合治理　　D. 安全第一，预防为主，综合治理，科学管控

答案：C。

98.（　　）是指管理者要达到组织目标，一切管理活动都必须以人为中心，以人的积极性、主动性、创造性的发挥为核心和动力来进行。

A. 系统原理　　B. 人本原理　　C. 预防原理　　D. 强制原理

答案：B。

99. 人本原理中的（　　）是指管理必须有能够激发人的工作能力的动力，才能使管理运动持续、有效地进行下去。

A. 动力原则　　B. 能级原则　　C. 激励原则　　D. 偶然损失原则

答案：A。

100. 人本原理中的（　　）是指在管理系统中，建立一套合理能级，根据单位和个人能量的大小安排其工作，发挥不同能级的能量，保证结构的稳定性和管理的有效性。

A. 动力原则　　B. 能级原则　　C. 激励原则　　D. 偶然损失原则

答案：B。

101. 人本原理中的（　　）是指利用某种外部诱因的刺激，调动人的积极性和创造性，以科学的手段，激发人的内在潜力，使其充分发挥积极性、主动性和创造性。

A. 动力原则　　B. 能级原则　　C. 激励原则　　D. 偶然损失原则

答案：C。

102.（　　）是指通过有效的管理手段和技术手段，减少并防止人的不安全行为和物的不安全状态，从而使事故发生的概率降到最低。

A. 系统原理　　B. 人本原理　　C. 预防原理　　D. 强制原理

答案：C。

103. 事故隐患泛指生产系统中（　　）的人的不安全行为、物的不安全状态和管理上的缺陷。

A. 经过评估　　B. 存在　　C. 可导致事故发生　　D. 不容忽视

答案：C。

104.（　　）是指采取强制管理的手段控制人的意愿和行为，使个人的活动、行为等受到管理要求的约束，从而有效地实现管理目标。

A. 系统原理　　B. 人本原理　　C. 预防原理　　D. 强制原理

答案：D。

105.（　　）是安全文化的精神层，也是安全文化的核心层。

A. 安全观念文化　　B. 安全行为文化　　C. 安全管理文化　　D. 安全物态文化

答案：A。

106. 安全文化是（　　）的软手段。

A. 安全管理　　B. 安全管控　　C. 安全措施　　D. 安全激励

答案：A。

107. 以下属于安全生产“五要素”之一的是（　　）。

A. 安全科学　　B. 安全投资　　C. 安全法律　　D. 安全文化

答案：D。

108. 实现文化建设的核心内容是（　　）的建设。

A. 安全观念文化　　B. 安全体系　　C. 安全素养　　D. 安全意识

答案：A。

109. 安全生产的“五要素”是指安全文化、安全法制、（　　）、安全科技和安全投入。
A. 安全环境　　B. 安全管理　　C. 安全责任　　D. 安全措施
答案：C。
110. 安全文化建设的核心内容就是（　　）的建设。
A. 安全思维方式　　B. 安全观念文化　　C. 安全价值取向　　D. 安全意识形态
答案：B。
111. 安全管理计划是安全工作的（　　）。
A. 实施前提　　B. 实施过程　　C. 实施纲领　　D. 实施计划
答案：C。
112. （　　）是安全决策目标实现的保证。
A. 安全管理计划　　B. 安全管理组织方法
C. 安全目标　　D. 安全管控
答案：A。
113. 安全管理组织是安全管理（　　）之一。
A. 职能　　B. 范畴　　C. 范围　　D. 组织
答案：A。
114. （　　）不是安全目标的原则。
A. 科学预测原则　　B. 职工参与原则　　C. 方案原则　　D. 信息反馈原则
答案：C。
115. （　　）是指在寿命周期的所有阶段，以使用效能、时间为条件，应用工程和管理的原理、准则、技术，使系统获得最佳的安全性。
A. 本质安全　　B. 技术安全　　C. 电网安全　　D. 系统安全
答案：D。
116. 系统安全利用危险严重性、可能性等参数和指标来（　　）评价安全的程度，从而使预防事故的措施有客观的度量，安全程度更加明确。
A. 定性　　B. 定时　　C. 定点　　D. 定量
答案：D。
117. （　　）是确定系统安全大纲要求，保证系统安全工作项目和活动的计划和完成，与整个项目的要求相一致的一门管理学科。
A. 系统安全管理　　B. 本质安全管理　　C. 技术安全管理　　D. 电网安全管理
答案：A。
118. （　　）方法的主要类型是事后追查型。
A. 传统安全管理　　B. 系统安全管理　　C. 电网安全管理　　D. 技术安全管理
答案：A。
119. 信息是系统安全工作的（　　）。
A. 前提　　B. 关键　　C. 基础　　D. 核心
答案：C。
120. 风险分析是系统安全大纲的（　　）。
A. 前提　　B. 关键　　C. 基础　　D. 核心
答案：D。
121. 系统安全大纲计划是实施大纲的（　　）。
A. 前提　　B. 关键　　C. 基础　　D. 核心
答案：B。

122.（　　）的基本任务是通过揭示安全活动中各种与安全相关的人的行为规律，有针对性和实用性地建立科学的安全行为的激励理论。

A. 传统安全管理　　B. 安全行为管理　　C. 系统安全管理　　D. 技术安全管理

答案：B。

123.（　　）是安全管理工作的核心。

A. 安全分析　　B. 预防控制　　C. 预防事故　　D. 安全管控

答案：C。

124. 安全生产标准化是指通过建立安全生产责任制，制订安全管理制度和操作规程，排查治理隐患和监控重大危险源，建立（　　）机制。

A. 预防　　B. 管控　　C. 改进　　D. 规范化

答案：A。

125. 以下不属于职业安全健康管理体系的五个一级要素的是（　　）。

A. 职业安全健康方针　　B. 策划

C. 实施与运行　　D. 管理评价

答案：D。

126.（　　）是指一个组织在其自身活动中，对可能引发的风险事前采取管理措施，控制其发生，以减少可能引起的人员伤害、财产损失和环境破坏。

A. HSE 管理体系　　B. 风险预控管理体系

C. PDCA 管理体系　　D. 安全管理体系

答案：A。

127. HSE 管理体系特点描述错误的是（　　）。

A. PDCA 运行模式　　B. 全员参与

C. 事故和污染预防　　D. 管理机制

答案：D。

128. 风险预控管理体系的原则描述错误的是（　　）。

A. 封闭性原则　　B. 有效性原则

C. 系统性原则　　D. 预先性原则

答案：B。

129.（　　）是安全管理的基础和依据，是反映安全事物的运行状态及其外在表现形式的信息。

A. 安全系统　　B. 安全计划　　C. 安全管控　　D. 安全信息

答案：D。

130. 在生产和生活过程中，与消除事故隐患、减少事故损失、促进安全生产、保障安全生活有关的数据的集合称为（　　）。

A. 安全系统　　B. 安全计划　　C. 安全管控　　D. 安全信息

答案：D。

131. 安全信息按照形态来划分，可分为（　　）。

A. 一次信息、二次信息　　B. 处理信息、未处理信息

C. 安全信息、危险信息　　D. 事故信息、指令信息

答案：A。

132.（　　）的主要特点是开放性、人工性、社会性和系统行为的模糊性。

A. 安全管理标准化　　B. 安全管理信息系统

C. 系统安全管理　　D. 本质安全管理

答案：B。

第三章　安全生产目标管理

133. 下列哪个是省级电网公司的安全目标？（　　）

A. 不发生六级及以上信息系统事件　　B. 不发生一般及以上火灾事故

C. 不发生一般及以上电网、设备事故　　D. 不发生五级及以上电网、设备事件

答案：C。

134. 下列哪个是地市供电企业的安全目标？（　　）

A. 不发生六级及以上信息系统事件　　B. 不发生重大火灾事故

C. 不发生一般及以上电网、设备事故　　D. 不发生六级及以上电网、设备事件

答案：A。

135. 下列哪个不是县公司级单位的安全目标？（　　）

A. 不发生六级及以上电网、设备事件　　B. 不发生一般及以上火灾事故

C. 不发生六级及以上信息系统事件　　D. 不发生煤矿一般及以上非伤亡事故

答案：C。

136. 下列哪个不是国网公司的安全目标？（　　）

A. 不发生人身死亡　　B. 不发生大面积停电

C. 不发生大电网解列　　D. 不发生主设备严重损坏

答案：C。

137. 下列哪个不是地市供电企业的安全目标？（　　）

A. 不发生重伤及以上人身事故　　B. 不发生五级及以上电网、设备事件

C. 不发生一般及以上火灾事故　　D. 不发生五级及以上信息系统事件

答案：D。

138. 调控机构安全工作坚持"安全第一、预防为主、综合治理"的方针，以防止发生电网稳定破坏、大面积停电事故和（　　）为重点，以强化本质安全管理为核心，提升调控机构安全生产保障能力，确保电网安全稳定运行。

A. 电网解列　　B. 调控责任事故

C. 设备损坏事故　　D. 人身伤亡

答案：B。

139. 省级以上调控机构内设专业处室（科室）以不发生负有人员责任的（　　）以上电网时间（事故）为基准，逐年制订专业安全生产目标。

A. 四级　　B. 五级　　C. 六级　　D. 七级

答案：C。

140. 公司实行安全目标考核和（　　）、分层分级奖励的原则。对实现安全目标的单位，以及对安全工作做出突出贡献的部门、集体和个人予以奖励。

A. 安全责任考核　　B. 过程管控并重　　C. 精神奖励　　D. 物质奖励

答案：B。

141. 安全奖惩坚持精神鼓励与物质奖励相结合、思想教育与（　　）相结合原则。

A. 物质处罚　　B. 行政处罚　　C. 通报批评　　D. 警告约谈

答案：B。

142. 公司各级单位设立的安全生产专项奖，额度原则上不低于工资总额的（　　）。

A. 1%　　B. 1.20%　　C. 1.50%　　D. 2%

答案：C。

143. 公司（　　）是安全生产的领导机构，统一领导本单位安全生产工作。

A. 安全生产委员会　　B. 安监部

C. 调控中心　　D. 运检部

答案：A。

144. 公司（　　）是公司安全生产奖惩的归口管理部门，负责建立健全相关制度体系，明确奖惩额度并纳入工资总额计划管理，实施奖惩兑现和管理评估等。

A. 安监部　　B. 财务部　　C. 人资部　　D. 调控中心

答案：C。

145. 公司（　　）是公司安全生产专项奖的业务管理部门，负责制订相关奖惩细则，组织开展专项考核，提出兑现方案等。

A. 安监部　　B. 财务部　　C. 人资部　　D. 调控中心

答案：A。

146. 安全工作基础管理扎实，年度班组全员安规考试合格率达到（　　），在安全生产中有突出成绩。

A. 99%　　B. 100%　　C. 98%　　D. 96%

答案：B。

147. 季度安全考核奖的安全生产难度系数按照如下原则确定：各市县供电公司、检修分公司、电科院、送变电公司、建设分公司、信息通信分公司难度系数为（　　），其他单位为0.8。

A. 0.6　　B. 1　　C. 1.1　　D. 1.2

答案：B。

148. 对发生（　　）安全事故（一级人身、电网、设备事件）并负有责任的单位，每起核减当年工资总额的3%。

A. 一般　　B. 较大　　C. 重大　　D. 特别重大

答案：D。

149. 对发生（　　）安全事故（二级人身、电网、设备事件）并负有责任的单位，每起核减当年工资总额的2.4%。

A. 一般　　B. 较大　　C. 重大　　D. 特别重大

答案：C。

150. 对发生（　　）安全事故（三级人身、电网、设备事件）并负有责任的单位，每起核减当年工资总额的2%。

A. 一般　　B. 较大　　C. 重大　　D. 特别重大

答案：B。

151. 对发生特别重大安全事故（一级人身、电网、设备事件）并负有责任的单位，每起核减当年工资总额的（　　）。

A. 1.50%　　B. 2%　　C. 2.40%　　D. 3%

答案：D。

152. 对发生重大安全事故（二级人身、电网、设备事件）并负有责任的单位，每起核减当年工资总额的（　　）。

A. 1.50%　　B. 2%　　C. 2.40%　　D. 3%

答案：C。

153. 对发生较大安全事故（三级人身、电网、设备事件）并负有责任的单位，每起核减当年工资总额的（　　）。

A. 1.50%　　B. 2%　　C. 2.40%　　D. 3%

答案：B。

154. 对发生打破安全目标事故（事件）并负有责任的单位，每起核减当年工资总额的（　　）。

A. 1.50%　　B. 2%　　C. 2.40%　　D. 3%

答案：A。

155. 对发生（　　）安全事故（一级人身、电网、设备事件）并负有责任的市级公司，每起分别扣减主要负责人和有关分管负责人 30 万元绩效年薪（考核定级前）。

A. 一般　　B. 较大　　C. 重大　　D. 特别重大

答案：D。

156. 对发生（　　）安全事故（二级人身、电网、设备事件）并负有责任的市级公司，每起分别扣减主要负责人和有关分管负责人 20 万元绩效年薪（考核定级前）。

A. 一般　　B. 较大　　C. 重大　　D. 特别重大

答案：C。

157. 对发生（　　）安全事故（三级人身、电网、设备事件）并负有责任的市级公司，每起分别扣减主要负责人和有关分管负责人 7.5 万元绩效年薪（考核定级前）。

A. 一般　　B. 较大　　C. 重大　　D. 特别重大

答案：B。

158. 对发生特别重大安全事故（一级人身、电网、设备事件）并负有责任的市级公司，每起分别扣减主要负责人和有关分管负责人（　　）万元绩效年薪（考核定级前）。

A. 20　　B. 25　　C. 30　　D. 35

答案：C。

159. 对发生重大安全事故（二级人身、电网、设备事件）并负有责任的市级公司，每起分别扣减主要负责人和有关分管负责人（　　）万元绩效年薪（考核定级前）。

A. 20　　B. 15　　C. 10　　D. 5

答案：A。

160. 对发生较大安全事故（三级人身、电网、设备事件）并负有责任的市级公司，每起分别扣减主要负责人和有关分管负责人（　　）万元绩效年薪（考核定级前）。

A. 5　　B. 6.5　　C. 7.5　　D. 7

答案：C。

161. 对发生打破安全目标事故（事件）并负有责任的市级公司，每起分别扣减主要负责人和有关分管负责人（　　）万元绩效年薪（考核定级前）。

A. 3.65　　B. 3.75　　C. 3.8　　D. 3.85

答案：B。

162. 对所属各单位企业负责人经济处罚，其他负责人（除主要负责人和分管负责人）按主要负责人扣罚标准的（　　）扣减绩效年薪。

A. 60%　　B. 70%　　C. 80%　　D. 90%

答案：C。

163. 根据事故调查报告认定的责任，按（　　）原则对企业负责人进行经济处罚。

A. 孰高　　B. 孰轻

C. 平均　　D. 从重

答案：A。

164. 发生特别重大安全事故（一级人身、电网、设备事件），事故调查报告认定负有管理责任的部门（包括但不限于发展、财务、安监、设备管理、营销、调控、集体企业管理办公室、科信、建设、物资、人资、后勤等部门，以下同），扣减部门主要负责人和有关分管负责人（　　）万元绩效工资。

A. 3.75　　B. 10　　C. 15　　D. 20

答案：C。

165. 对发生重大安全事故（二级人身、电网、设备事件），事故调查报告认定负有管理责任的部门，每起分别扣减部门主要负责人和有关分管负责人（　　）万元绩效工资。

A. 3.75　　B. 10　　C. 15　　D. 20

答案：B。

166. 对发生较大安全事故（三级人身、电网、设备事件），事故调查报告认定负有管理责任的部门，每起分别扣减部门主要负责人和有关分管负责人（　　）万元绩效工资。

A. 3.75　　B. 10　　C. 15　　D. 20

答案：A。

167. 对发生打破安全目标事故（事件），事故调查报告认定负有管理责任的部门，每起分别扣减部门主要负责人和有关分管负责人（　　）万元绩效工资。

A. 1　　B. 1.5　　C. 1.9　　D. 3.75

答案：C。

168. 发生（　　）安全事故（一级人身、电网、设备事件），事故调查报告认定负有管理责任的部门（包括但不限于发展、财务、安监、设备管理、营销、调控、集体企业管理办公室、科信、建设、物资、人资、后勤等部门，以下同），扣减部门主要负责人和有关分管负责人15万元绩效工资。

A. 一般　　B. 较大　　C. 重大　　D. 特别重大

答案：D。

169. 对发生（　　）安全事故（二级人身、电网、设备事件），事故调查报告认定负有管理责任的部门，每起分别扣减部门主要负责人和有关分管负责人10万元绩效工资。

A. 一般　　B. 较大　　C. 重大　　D. 特别重大

答案：C。

170. 对发生（　　）安全事故（三级人身、电网、设备事件），事故调查报告认定负有管理责任的部门，每起分别扣减部门主要负责人和有关分管负责人3.75万元绩效工资。

A. 一般　　B. 较大　　C. 重大　　D. 特别重大

答案：B。

171. 对负有管理责任的省公司部门的经济处罚，其他领导（除主要负责人和分管负责人）按主要领导扣罚标准的（　　）扣减绩效年薪。

A. 60%　　B. 70%　　C. 80%　　D. 90%

答案：C。

172. 发生性质严重、影响恶劣的责任事故，事故单位主要负责人立即停职配合调查，后续根据事故调查结论给予（　　）等处罚。

A. 组织处理　　B. 政纪处分

C. 经济处罚　　D. 离岗撤职

答案：D。

173. 公司所属各级单位一年内发生（　　）次及以上事故被考核的，第（　　）次及以后，对同一事故单位，按照相关条款上限或提高一个事故等级的处罚标准进行处罚。

A. 1，1　　B. 1，2　　C. 2，2　　D. 2，3

答案：C。

174. 公司实行安全事故“说清楚”制度。发生（　　）级及以上人身事件，责任单位有关领导要在事故发生后的七天内到省公司“说清楚”。

A. 五　　B. 六　　C. 七　　D. 八

答案：D。

175. 公司实行安全事故“说清楚”制度。发生（　　）级及以上电网设备事件，责任单位有关领导要在事故发生后的七天内到省公司“说清楚”。

A. 五　　B. 六　　C. 七　　D. 八

答案：B。

176. 公司实行安全事故“说清楚”制度。发生（　　）级及以上信息事件，责任单位有关领导要在事故发生后的七天内到省公司“说清楚”。

A. 五　　B. 六　　C. 七　　D. 八

答案：C。

177. 公司实行安全事故“说清楚”制度。发生六级及以上电网设备事件，责任单位有关领导要在事故发生后的（　　）天内到省公司“说清楚”。

A. 三　　B. 五　　C. 七　　D. 十

答案：C。

178. 发生八级及以上人身事件、六级及以上电网设备事件、七级及以上信息事件，责任单位有关领导要在事故发生后的七天内到省公司（　　）。

A. “汇报”　　B. “说清楚”

C. “解释”　　D. “交流”

答案：B。

179. 公司所属各级单位依据《国网安徽省电力有限公司安全考核奖惩规范》实施的处罚，同时，政府有关部门按照（　　）、《生产安全事故报告和调查处理条例》和《电力安全事故应急处置和调查处理条例》等法规制度，对事故相关责任人员进行了经济处罚的，若处罚等级不同则按较高处罚等级执行。

A.《中华人民共和国安全生产法》　　B.《安徽电网调度规程》

C.《中华人民共和国电力法》　　D.《安全规程》

答案：A。

180. 因安全工作受到纪律处分和（　　），单位应书面通知本人，并记入本人档案。

A. 曝光　　B. 通报约谈

C. “说清楚”　　D. 经济处罚

答案：D。

181. 各市、县公司应按照《国家电网公司安全工作奖惩规定》及省公司规范，结合本单位工作特点，制订本单位安全考核奖惩实施细则，并报上一级（　　）主管单位备案。

A. 安监部　　B. 人资部

C. 安监部、人资部　　D. 调控中心

答案：C。

182. 各级单位应在本单位安全考核奖惩实施细则中，按照《国家电网公司安全工作奖惩规定》的要求，明确对各类事故事件［尤其是五至八级安全事件（人身、电网、设备、信息系统）］的处罚措施，并严格按照（　　）原则，对事故单位、事故责任人进行处罚。

A. “四不放过”　　B. “一票否决”

C. “尽职免责，失职追责”　　D. “行政处罚”

答案：A。

183. 公司所属各单位根据公司《安全生产反违章工作管理实施规范》对发生违章的责任人员和单位进行（　　）管理，对相关责任人进行经济处罚和组织处理。

A. 教育　　B. 严格　　C. 计分　　D. 曝光

答案：C。

184. 奖项设置要考虑安全工作中承担的安全责任、风险程度、贡献大小，承担主要安全责任和风险的基层单位班组生产一线人员、“三种人”（工作许可人、工作负责人、工作票签发人）奖励人数不少于总奖励人数的（　　），奖励额度所占比率不少于70%。

A. 50%　　B. 60%　　C. 65%　　D. 70%

答案：B。

185. 奖项设置要考虑安全工作中承担的安全责任、风险程度、贡献大小，承担主要安全责任和风险的基层单位班组生产一线人员、“三种人”（工作许可人、工作负责人、工作票签发人）奖励人数不少于总奖励人数的60%，奖励额度所占比率不少于（　　）。

A. 60%　　B. 65%　　C. 70%　　D. 80%

答案：C。

186. 设备“零跳闸”奖的考核标准：全年未发生110千伏及以上主变跳闸事件，110千伏及以上输电线路（含电缆）跳闸、停运次数不高于省公司设备管理部下达的预控值；奖励标准不低于（　　）元/人。

A. 800　　B. 1000　　C. 1500　　D. 2000

答案：D。

187. 继电保护安全运行奖的奖励范围仅限于从事二次管理、运检的相关专业室人员。其考核标准：全年未发生110千伏及以上继电保护“三误”事件；奖励标准不低于（　　）元/人。

A. 800　　B. 1000　　C. 1500　　D. 2000

答案：D。

188. 优秀技术监督项目奖的考核标准：技术监督成效明显，全年未发生因技术监督管理不到位引起的110千伏及以上输变电设备跳闸、非计划停运事件；奖励不低于（　　）元/项。

A. 8000　　B. 9000　　C. 10000　　D. 12000

答案：C。

189. 直流特高压线路安全运行贡献奖的考核标准：全年未发生直流特高压线路故障事件及对系统稳定造成影响的有关扰动事件；奖励标准不低于（　　）元/人。

A. 1000　　B. 2000　　C. 3000　　D. 4000

答案：C。

190. 对在安全生产中做出突出贡献的单位、集体和个人进行表扬、奖励：及时制止严重违章、排查治理重大隐患、正确处置复杂故障（电网异常）、顺利完成重大保电任务、科学高效抢险救灾。根据贡献大小，按不低于（　　）元/人进行奖励。

A. 1000　　B. 2000　　C. 3000　　D. 4000

答案：B。

191. 奖励标准结合各类工作票的现场风险、管控难度，实现差异化奖励，对第一种工作票（含高压停电事故应急抢修单）的奖励金额不低于（　　）元/张。

A. 30　　B. 40　　C. 50　　D. 60

答案：C。

192. 对被各级稽查发现有严重及以上违章的，相关工作负责人、工作许可人和工作票签发人的当月工作票执行无差错奖（　　）扣除。

A. 70%　　B. 80%　　C. 90%　　D. 全部

答案：D。

193. 调度和倒闸操作无差错奖，根据下达调令、执行操作的步数（项数）累计，调令步数每安全达到（　　）项、现场执行操作每安全达到1000步（项），予以不低于200元即时奖励。

A. 100　　B. 150　　C. 200　　D. 250

答案：A。

194. 调度和倒闸操作无差错奖，根据下达调令、执行操作的步数（项数）累计，调令步数每安全达到100项、现场执行操作每安全达到（　　）步（项），予以不低于200元即时奖励。

A. 500　　B. 1000　　C. 1500　　D. 2000

答案：B。

195. 调度和倒闸操作无差错奖，根据下达调令、执行操作的步数（项数）累计，调令步数每安全达到100项、现场执行操作每安全达到1000步（项），予以不低于（　　）元即时奖励。

A. 100　　B. 200　　C. 300　　D. 400

答案：B。

196. 对出现误调度、误操作的单位，（　　）不得兑现调度和倒闸操作无差错奖。

A. 当月　　B. 一个季度　　C. 半年　　D. 全年

答案：D。

197. 信息通信系统无中断奖的考核标准：本单位实现年度安全目标，且全年未发生电力通信网络、内外网中断事件；奖励标准不低于（　　）元/人。

A. 500　　B. 1000　　C. 1500　　D. 2000

答案：C。

198. 无违章班组、个人和工地（项目部）奖的考核标准：本单位实现年度安全目标，且相关班组、个人全年未发生违章。其奖励标准：无违章班组、工地不低于（　　）元/人，无违章个人不低于3000元/人。

A. 500　　B. 1000　　C. 1500　　D. 2000

答案：D。

199. 无违章班组、个人和工地（项目部）奖，考核标准：本单位实现年度安全目标，且相关班组、个人全年未发生违章。其奖励标准：无违章班组、工地不低于2000元/人，无违章个人不低于（　　）元/人。

A. 1000　　B. 2000　　C. 3000　　D. 4000

答案：C。

200. 在安全事故调查结束后（　　）内，事故单位必须对事故有关责任人进行处理；逾期不处理的，省公司将对事故责任单位主要负责人，视情节给予行政处分。

A. 一周　　B. 两周　　C. 三周　　D. 一个月

答案：D。

201. 在安全事故调查结束后一个月内，事故单位必须对事故有关责任人进行处理；逾期不处理的，省公司将对事故责任单位主要负责人，视情节给予（　　）。

A. 政纪处分　　B. 行政处分

C. 经济处罚　　D. 通报约谈

答案：B。

202. 个人因同一事项获得多项奖励的，原则上不重复奖励，按（　　）奖励兑现。

A. 最低　　B. 最高　　C. 平均　　D. 加权

答案：B。

第四章　安全生产保证和监督体系及例行工作

203. 制定《中华人民共和国电力法》的目的是保障和促进电力事业的发展，维护电力（　　）、经营者、使用者的合法权益，保障电力安全运行。

A. 投资者　　B. 生产者　　C. 管理者　　D. 运行部门

答案：A。

204. 生产经营单位的从业人员有依法获得（　　）的权利，并应当依法履行安全生产方面的义务。

A. 改善安全生产条件　　B. 安全生产保障

C. 民主管理　　D. 民主监督

答案：B。

205. 生产经营单位的（　　）对本单位的安全生产工作全面负责。

A. 员工　　B. 中层管理人员　　C. 技术人员　　D. 主要负责人

答案：D。

206. 国务院有关部门应当按照（　　）的要求，依法及时制订有关的国家标准或者行业标准，并根据科技进步和经济发展适时修订。

A. 监督管理　　B. 保障安全生产　　C. 监督检查　　D. 生产经营

答案：B。

207. 生产经营单位应当建立相应的机制，加强对（　　）落实情况的监督考核，保证安全生产责任制的落实。

A. 安全生产责任制　　B. 安全管理监督

C. 安全管理检查　　D. 综合安全管理

答案：A。

208. 生产经营单位的决策机构、主要负责人或者个人经营的投资人对由于安全生产所必需的（　　）导致的后果承担责任。

A. 安全检查不到位　　B. 玩忽职守

C. 制度执行不到位　　D. 资金投入不足

答案：D。

209. 有关生产经营单位应当按照规定提取和使用安全生产费用，专门用于（　　）。

A. 公务报销　　B. 改善安全生产条件

C. 购买安全用具　　D. 安全培训教育

答案：B。

210. 生产经营单位不得因安全生产管理人员（　　）而降低其工资、福利等待遇或者解除与其订立的劳动合同。

A. 依法履行职责　　B. 违章指挥　　C. 违章作业　　D. 旷工

答案：A。

211. 生产经营单位应当对从业人员进行安全生产教育和培训，保证从业人员具备必要的（　　）。

A. 技能知识　　B. 业务知识　　C. 领导能力　　D. 安全生产知识

答案：D。

212. 生产经营单位使用被派遣劳动者的，应当将被派遣劳动者纳入（　　）统一管理，对被派遣劳动者进行岗位安全操作规程和安全操作技能的教育和培训。

A. 外单位从业人员　　B. 本单位从业人员　　C. 临时工作人员　　D. 外勤工作人员

答案：B。

213. （　　）应当对被派遣劳动者进行必要的安全生产教育和培训。

A. 劳务派遣单位　　B. 施工单位　　C. 业主单位　　D. 生产经营单位

答案：A。

214. 生产经营单位接收中等职业学校、高等学校学生实习的，应当对实习学生进行相应的安全生产教育和培训，提供必要的（　　）。

A. 工资报酬　　B. 劳动防护用品　　C. 学习用品　　D. 理论书籍

答案：B。

215. 生产经营单位采用新工艺时，必须了解、掌握其安全技术特性，采取有效的（　　），并对从业人员进行专门的安全生产教育和培训。

A. 安全隔离措施　　B. 安全防护措施　　C. 防范措施　　D. 事故应急措施

答案：B。

216. 建设项目安全设施的（　　）、设计单位应当对安全设施设计负责。

A. 设计人　　B. 施工人员　　C. 主管单位　　D. 业主单位

答案：A。

217. 生产经营单位应当在有较大危险因素的生产经营场所和有关设施、设备上，设置明显的（　　）。

A. 操作要求　　B. 铭牌　　C. 安全警示标志　　D. 规范操作流程

答案：C。

218. 生产经营单位应当建立健全生产安全（　　）制度，采取技术、管理措施，及时发现并消除事故隐患。

A. 事故隐患排查治理　　B. 将检修设备停电　　C. 安全规程　　D. 生产规章

答案：A。

219. 生产经营单位应向从业人员如实告知作业场所和工作岗位存在的（　　）。

A. 危险因素、防范措施及事故应急措施　　B. 停电范围、带电部位和安全措施

C. 停电范围、危险点及应急处置方案　　D. 停电范围、注意事项和安全措施

答案：A。

220. 生产经营单位必须为从业人员提供符合国家标准或者行业标准的（　　），并监督、教育从业人员按照使用规则佩戴、使用。

A. 工作服　　B. 劳动防护用品　　C. 安全工器具　　D. 施工机具

答案：B。

221. 生产经营单位发生生产安全事故时，单位的（　　）应当立即组织抢救，并不得在事故调查处理期间擅离职守。

A. 主要负责人　　B. 事故责任人　　C. 安全监督人员　　D. 事故部门负责人

答案：A。

222. 生产经营单位的安全生产管理人员应当根据本单位的生产经营特点，对安全生产状况进行经常性检查；对检查中发现的安全问题，应当（　　）。

A. 立即汇报上级领导　　B. 汇报上级安全督查部门

C. 暂缓处理　　D. 立即处理

答案：D。

223. 违反规定未取得电力业务许可证擅自经营电力业务的，由电力监管机构责令改正，没收违法所得，可以并处违法所得（　　）以下的罚款；构成犯罪的，依法追究刑事责任。

A. 5 倍　　B. 6 倍　　C. 7 倍　　D. 8 倍

答案：A。

224. 电力企业不遵守电力市场运行规则的，由电力监管机构责令改正；拒不改正的，处（　　）的罚款。

A. 20 万元以上 80 万元以下　　B. 50 万元以上 120 万元以下

C. 10 万元以上 100 万元以下　　D. 5 万元以上 30 万元以下

答案：C。

225. 电力企业违反《电力监管条例》规定，情节严重的，可以（　　）。

A. 行政诉讼　　B. 向法院起诉

C. 吊销电力业务许可证　　D. 撤销主要责任人职务

答案：C。

226. 对新投产的变压器，在投入运行前应在额定电压下冲击合闸（　　）次。

A. 一　　B. 二　　C. 三　　D. 五

答案：D。

227. 制定《中华人民共和国可再生能源法》的目的是促进（　　）的开发利用，增加能源供应，改善能源结构，保障能源安全，保护环境，实现经济社会的可持续发展。

A. 可再生能源　　B. 不可再生能源　　C. 水能　　D. 太阳能

答案：A。

228. 电力企业对一般事故发生负有责任的，由电力监管机构依照规定处以（　　）的罚款。

A. 10 万元以上 20 万元以下　　B. 20 万元以上 50 万元以下

C. 50 万元以上 200 万元以下　　D. 100 万元以上 200 万元以下

答案：A。

229. 不如实反映（　　）的，主管人员和直接责任人员由其所在单位或者上级机关给予行政处分。

A. 设备运行　　B. 电网运行情况　　C. 检修计划　　D. 人员配置

答案：B。

230. 不执行有关调度机构批准的检修计划的，主管人员和直接责任人员由其（　　）给予行政处分。

A. 所在单位或者上级机关　　B. 政府

C. 电监部门　　D. 调度机构

答案：A。

231. 企业安全生产责任体系五落实中，（　　）领导班子成员对分管范围内安全生产工作承担相应职责。

A. 部分　　B. 主要负责人　　C. 组织　　D. 所有

答案：D。

232. 值班运行人员与调度员进行倒闸操作联系时，要首先互报（　　）。

A. 单位、姓名、年龄　　B. 单位、值别、姓名

C. 单位、姓名、运行状态　　D. 单位、姓名、时间

答案：D。

233. 调控机构直接调度指挥的发、输、变电系统属直调范围，对应设备称为（　　）。

A. 管辖设备　　B. 许可设备　　C. 直调设备　　D. 监控设备

答案：C。

234. 根据《国家电网公司安全工作规定》，（　　）对业务范围内的安全工作负责。

A. 安全组织体系　　B. 安全保证体系　　C. 安全责任体系　　D. 安全风险管理体系

答案：B。

235. 电力系统安全稳定运行的基础是（　　）。

A. 继电保护装置　　B. 一次设备　　C. 通信设备　　D. 合理的电网结构

答案：D。

236. 国网公司各级单位实行上级单位对下级单位的（　　）制度，包括对责任人和责任单位领导的责任追究。

A. 安全责任追究　　B. 连带　　C. 逐级负责制　　D. 安全工作负责

答案：A。

237. 在国网公司各级单位内部考核上，上级单位为下级单位承担（　　）责任。

A. 安全责任追究　　B. 连带　　C. 逐级负责制　　D. 安全工作负责

答案：B。

238. 公司各级单位行政正职安全工作的基本职责有建立、健全本单位（　　）制。

A. 安全监督　　B. 安全责任　　C. 安全检查　　D. 安全负责

答案：B。

239. 公司各级单位行政正职安全工作的基本职责有保证（　　）及其人员配备符合要求，支持安全监督管理部门履行职责。

A. 安全监督管理机构　　B. 支撑实施机构　　C. 下属二级机构　　D. 安全培训机构

答案：A。

240. 公司各级单位行政正职安全工作的基本职责是保证（　　）所需费用。

A. 机构运转　　B. 维护　　C. 生产　　D. 安全奖励

答案：D。

241. 调控机构实行以（　　）为安全第一责任人的安全生产责任制，对本级机构安全工作和安全目标负全面责任。

A. 行政副职　　B. 行政正职　　C. 党组织书记　　D. 党组织副书记

答案：B。

242. 调控机构行政副职对分管工作范围内的安全工作负（　　）责任，向行政正职负责。

A. 安全第一责任人　　B. 领导　　C. 法律　　D. 行政管理

答案：B。

243. 调控机构员工对（　　）安全生产工作负责。

A. 中心　　B. 班组　　C. 本岗位　　D. 本公司

答案：C。

244. 调控机构应（　　）签订安全责任书，确保安全责任落实到岗到人。

A. 部分　　B. 跨级　　C. 根据需要　　D. 逐级

答案：D。

245. 安全责任书应按照（　　）安全生产控制目标要求，根据本岗位的安全职责制定。

A. 一级　　B. 两级　　C. 三级　　D. 四级

答案：B。

246. 安全责任书期限为（　　），原则上应在每年的一季度完成签订。

A. 一年　　B. 一个季度　　C. 二年　　D. 三年

答案：A。

247. 安全责任书原则上应在（　　）完成签订。

A. 每年的一月份　　B. 每季度的首月　　C. 每年的一季度　　D. 每月的上旬

答案：C。

248. 安全责任体系及安全目标的风险辨识内容是未健全或未严格落实各级、各类人员的（　　），导致“四全”安全管理不到位。

A. 劳动保护制度　　B. 安全生产责任制　　C. 风险预控措施　　D. 应急保障措施

答案：B。

249. 安全保障体系的风险辨识要点是建立安全保障机制及（　　）制度。

A. 考核　　B. 检查　　C. 配套　　D. 奖惩

答案：C。

250. 调度系统安全生产保障能力评估风险辨识内容是，未能定期开展调度系统安全生产保障能力评估，导致（　　）。

A. 电网安全事故处置不当　　B. 安全生产隐患

C. 安全生产事故发生　　D. 应急处置工作不畅

答案：A。

251. 调度系统安全生产保障能力评估风险辨识要点是，（　　）开展调度系统安全生产保障能力评估。

A. 每月　　B. 每年　　C. 每季度　　D. 定期

答案：D。

252. 调度系统安全生产保障能力评估风险辨识典型控制措施中，调度机构应建立定期开展调度系统安全生产保障能力（　　）的常态机制。

A. 考核　　B. 自评估　　C. 检查　　D. 激励

答案：B。

253. 调度系统安全生产保障能力评估风险辨识典型控制措施中，定期开展安全生产保障能力自评估，提出（　　），实现电网调度控制运行风险的可控、在控。

A. 合理化建议　　B. 考核意见　　C. 整改要点　　D. 工作计划

答案：C。

254. 根据《国家电网公司电网调度控制管理通则》的规定，省调负责省级电网调控运行，调度管辖省域内（　　）系统、直调所辖电厂。

A. 220 千伏电网和终端 500（330）千伏　　B. 110 千伏电网和终端 220 千伏

C. 500 千伏电网和终端 1000（750）千伏　　D. 35 千伏电网和终端 110（66）千伏

答案：A。

255. 根据《国家电网公司电网调度控制管理通则》的规定，省调主要职责有（　　）。

A. 负责贯彻落实公司电力调度控制方面的规章制度、技术标准及其他规范性文件

B. 负责配网故障研判及抢修协调指挥业务

C. 负责领导小组各项决策部署的督察督办

D. 负责工作推进中的总体协调

答案：A。

256. 根据国家电网公司电网调度控制管理通则的规定，省调及地县调主要职责中共有的是（　　）。

A. 负责配网故障研判及抢修协调指挥业务

B. 负责贯彻落实公司电力调度控制方面的规章制度、技术标准及其他规范性文件

C. 承担所辖地区电网调度运行、设备监控、调度计划、水电及新能源、运行方式、继电保护、自

动化等各专业管理职责

D. 负责汇总并及时通报涉及电网运行与管理的重大事项和重要信息

答案：B。

257. 根据《国家电网公司电网调度控制管理通则》的规定，省调主要职责中，直辖市可将（　　）变电站纳入市调统一监控厂。

A. 330 千伏　　B. 35 千伏　　C. 220 千伏　　D. 110 千伏

答案：C。

258. 根据《国家电网公司电网调度控制管理通则》的规定，地调和县调主要职责包括承担地域内（　　）变电设备运行集中监控、输变电设备状态在线监测与分析业务厂。

A. 35～220 千伏和 330 千伏终端站　　B. 110～220 千伏和 330 千伏终端站

C. 10～110 千伏和 220 千伏终端站　　D. 35～110 千伏和 220 千伏终端站

答案：A。

259. 根据《国家电网公司电网调度控制管理通则》的规定，地调和县调主要职责包括负责地区电网调控运行，调度管辖（　　）系统。

A. 220 千伏电网和终端 500（330）千伏　　B. 110 千伏电网和终端 220 千伏

C. 35 千伏电网和终端 110（66）千伏　　D. 10～110（66）千伏和终端 220 千伏

答案：D。

260. 下列不属于调控机构安全生产保障能力评估内容专业的是（　　）。

A. 系统运行　　B. 继电保护　　C. 变电运维　　D. 综合安全管理

答案：C。

261. 电网设备检修工作申请票只能改期、延期（　　）次。

A. 1　　B. 2　　C. 3　　D. 4

答案：A。

262. 对承担设备集中监控职责，但未单独设置设备监控专业的调控分中心，设备监控相关项目由（　　）参与查评。

A. 继电保护　　B. 设备监控专业　　C. 业务承担专业　　D. 自动化专业

答案：C。

263. 对未单独设置（　　）的单位，根据是否承担水电、风电、光伏专业管理职责，查评相关项目。

A. 系统运行　　B. 水电及新能源专业　　C. 继电保护　　D. 自动化

答案：B。

264. 计划检修工作，没有拟写调令（操作）票就下令（操作）属于（　　）。

A. 不违章　　B. 一般违章　　C. 严重违章　　D. 特别严重违章

答案：D。

265. 调控运行值班人员约时停送电属于（　　）。

A. 不违章　　B. 一般违章　　C. 严重违章　　D. 特别严重违章

答案：D。

266. 值班调度员对下级调度、运行值班人员提出的申请、要求等予以同意称为（　　）。

A. 调度许可　　B. 调度同意　　C. 调度指令　　D. 告知调度

答案：B。

267. 二级重要电力客户具备（　　）供电条件，供电电源可以来自同一个变电站的不同母线段。

A. 单电源　　B. 单回路　　C. 双电源　　D. 双回路

答案：D。

268. 在特殊运行方式下或设备重载、过载运行时，及时与现场运维人员核对设备运行情况，确认设备（　　）。

A. 无异常　B. 数据上送正常　C. 正常运行　D. 运行状态

答案：D。

269. 变压器并列运行时功率（　　）。

A. 按功率分配　B. 按功率成反比分配

C. 按短路电压成正比分配　D. 按短路电压成反比分配

答案：D。

270. 下列哪项工作可以不列入停电计划？（　　）

A. 状态检修　B. 事故处理　C. 改造工程　D. 业扩工程

答案：B。

271. 纵联保护应优先采用（　　）。

A. 光纤通道　B. 复用通道　C. 高频通道　D. 电力载波通道

答案：A。

272. 220 千伏电网继电保护一般遵循（　　）。

A. 远后备原则　B. 近后备原则　C. 独立后备原则　D. 主后一体原则

答案：B。

273.（　　）是电力监控系统安全防护体系的结构基础。

A. 边界防护　B. 横向隔离　C. 安全分区　D. 纵向加密

答案：C。

274. 下列属于管理信息大区的系统为（　　）。

A. 调度自动化系统　B. 电能量计量系统

C. 雷电监测系统　D. 继保及故障录波信息管理系统

答案：C。

275.《中华人民共和国电力法》中规定，负有安全生产监督管理职责的部门对涉及安全生产的事项进行（　　）、验收，不得收取费用。

A. 检查　B. 审查　C. 查验　D. 审核

答案：B。

276.《中华人民共和国电力法》中规定，（　　）检查人员应当将检查的时间、地点、内容、发现的问题及其处理情况，做出书面记录，并由检查人员和被检查单位的负责人签字。

A. 安全生产保障　B. 安全生产监督　C. 安全生产管理　D. 安全生产员工

答案：B。

277.《中华人民共和国电力法》中规定（　　）级以上地方各级人民政府应对本行政区域内容易发生重大生产安全事故的生产经营单位进行严格检查。

A. 省（自治区、直辖市）　B. 县（自治县、市）

C. 乡（民族乡、镇）　D. 其他

答案：B。

278.《中华人民共和国电力法》中规定，安全生产监督管理部门应当按照分类分级监督管理的要求，制订安全生产（　　）监督检查计划。

A. 月度　B. 季度　C. 半年度　D. 年度

答案：D。

279.《中华人民共和国电力法》中规定，负有（　　）管理职责的部门在监督检查中，应当互相配合，实行联合检查。

A. 安全生产保障　　B. 安全生产　　C. 安全生产监督　　D. 安全生产员工

答案：C。

280.《中华人民共和国电力法》中规定，负有安全生产监督管理职责的部门依法对存在（　　）事故隐患的生产经营单位做出停产停业、停止施工、停止使用相关设施或者设备的决定，生产经营单位应当依法执行，及时消除事故隐患。

A. 轻度　　B. 严重　　C. 重大　　D. 危险

答案：C。

281.《中华人民共和国电力法》中规定，负有安全生产监督管理职责的部门采取停止供电措施，除有危及生产安全的紧急情形外，应当提前（　　）小时通知生产经营单位。

A. 6　　B. 12　　C. 18　　D. 24

答案：D。

282.《中华人民共和国电力法》中规定，受理的举报事项经调查核实后，应当形成（　　）；需要落实整改措施的，报经有关负责人签字并督促落实。

A. 书面材料　　B. 技术文本　　C. 技术文档　　D. 电子材料

答案：A。

283.《中华人民共和国电力法》中规定，任何单位或者个人对事故隐患或者安全生产违法行为，均有权向负有安全生产（　　）职责的部门报告或者举报。

A. 监督管理　　B. 保障管理　　C. 行政管理　　D. 人事管理

答案：A。

284.《中华人民共和国电力法》中规定，（　　）以上各级人民政府及其有关部门对报告重大事故隐患或者举报安全生产违法行为的有功人员，给予奖励。

A. 省（自治区、直辖市）　　B. 县（自治县、市）

C. 乡（民族乡、镇）　　D. 其他

答案：B。

285.《中华人民共和国电力法》中规定，负有安全生产（　　）职责的部门应当建立安全生产违法行为信息库，如实记录生产经营单位的安全生产违法行为信息。

A. 监督管理　　B. 保障管理　　C. 行政管理　　D. 人事管理

答案：A。

286.《电力安全生产监督管理办法》（发展改革委令第21号），自（　　）起开始执行。

A. 2014年12月1日　　B. 2015年3月1日

C. 2015年6月30日　　D. 2016年1月1日

答案：B。

287. 为了有效实施电力安全生产（　　），预防和减少电力事故，保障电力系统安全稳定运行和电力可靠供应，国家制定了《电力安全生产监督管理办法》（发展改革委令第21号）。

A. 保障管理　　B. 监督管理　　C. 行政管理　　D. 人事管理

答案：B。

288.（　　）应当共同维护电力系统安全稳定运行。在电网互联、发电机组并网过程中应严格履行安全责任，并在双方的联（并）网调度协议中具体明确，不得擅自联（并）网和解网。

A. 电力企业　　B. 发电企业　　C. 电网企业　　D. 用户

答案：A。

289. 各级（　　）是涉及电力系统安全的电力安全事故（事件）处置的指挥机构。

A. 人民政府　　B. 电网企业　　C. 电力调度机构　　D. 发电企业

答案：C。

290.（　　）应当加强电力系统安全稳定运行管理，科学合理安排系统运行方式，开展电力系统安全分析评估，统筹协调电网安全和并网运行机组安全。

A. 电网企业　　B. 用户　　C. 发电企业　　D. 电力调度机构

答案：D。

291.（　　）应当加强发电设备设施和输变配电设备设施安全管理和技术管理，强化电力监控系统（或设备）专业管理，完善电力系统调频、调峰、调压、调相、事故备用等性能，满足电力系统安全稳定运行的需要。

A. 电力企业　　B. 发电企业　　C. 电网企业　　D. 用户

答案：A。

292.（　　）应当根据国家有关规定和标准，制订、完善和落实预防电网大面积停电的安全技术措施、反事故措施和应急预案，建立完善与国家能源局及其派出机构、地方人民政府及电力用户等的应急协调联动机制。

A. 电力企业　　B. 发电企业　　C. 电网企业　　D. 用户

答案：A。

293.（　　）依法负责全国电力安全生产监督管理工作。

A. 国务院　　B. 各级人民政府　　C. 电力企业　　D. 国家能源局

答案：D。

294.《国家电网公司安全工作规定》（国家电网企管〔2014〕1117号）自（　　）起施行。

A. 2014年12月1日　　B. 2014年11月1日　　C. 2014年10月1日　　D. 2014年9月1日

答案：C。

295. 为了贯彻"安全第一、预防为主、综合治理"的方针，加强（　　）管理，防范安全事故，保证员工人身安全，保证电网安全稳定运行和可靠供电，保证国家和投资者资产免遭损失，国家制定了《国家电网公司安全工作规定》。

A. 安全检查　　B. 安全监督　　C. 安全监察　　D. 安全保障

答案：B。

296. 公司各级单位实行以各级（　　）为安全第一责任人的安全责任制，建立健全安全保证体系和安全监督体系，并充分发挥作用。

A. 行政正职　　B. 主管安全领导　　C. 安全部门主任　　D. 分管安全领导

答案：A。

297. 公司各级单位应建立和完善安全风险管理体系、应急管理体系、（　　），构建事前预防、事中控制、事后查处的工作机制，形成科学有效并持续改进的工作体系。

A. 事故分析体系　　B. 安全监督体系　　C. 事故调查体系　　D. 安全保障体系

答案：C。

298. 公司各级单位应贯彻国家法律、法规和行业有关制度标准及其他规范性文件，补充完善安全管理规章制度和（　　），使安全工作制度化、规范化、标准化。

A. 调度规程　　B. 技术规程　　C. 安规　　D. 现场规程

答案：D。

299. 公司各级单位的各部门、各岗位应有明确的安全管理职责，做到责任分担，并实行（　　）的安全逐级负责制。

A. 上级对下级　　B. 下级对上级　　C. 三级安全网络　　D. 安全监督体系

答案：B。

300. 安全保证体系对业务范围内的安全工作负责，（　　）负责安全工作的综合协调和监督管理。

A. 安全保证体系　　B. 安全生产思想政治工作保障体系

C. 安全生产民主监督、民主管理体系　　D. 安全监督体系

答案：D。

301.（　）机构是本单位安全工作的综合管理部门，对其他职能部门和下级单位的安全工作进行综合协调和监督。

A. 安全监督管理　　B. 安全分析　　C. 安全管理　　D. 安监

答案：A。

302.（　）管理机构是本单位安全工作的综合管理部门，对其他职能部门和下级单位的安全工作进行综合协调和监督。

A. 安全保证　　B. 安全监督　　C. 安全行政　　D. 各级政府

答案：B。

303. 安全监督管理机构对监督检查中发现的重大问题和隐患，及时下达安全监督通知书，限期解决，并向（　）报告。

A. 行政正职　　B. 行政副职　　C. 主管领导　　D. 安全专责

答案：C。

304. 公司、省公司级单位和省公司级单位所属的检修、运行、发电、施工、煤矿企业（单位），以及地市供电企业、县供电企业，应设立（　）机构。

A. 安全保障　　B. 安全监督管理　　C. 调控中心　　D. 安监部

答案：B。

305. 地市供电企业所属的建设部门、调控中心、业务支撑和实施机构及其二级机构等部门、单位，应设（　）。

A. 安全监督管理机构　　B. 安全保证机构

C. 专职或兼职安全员　　D. 安全专责

答案：C。

306. 地市供电企业、县供电企业两级单位所属业务支撑和实施机构下属二级机构的班组应设（　）。

A. 安全监督管理机构　　B. 安全保证机构

C. 专职或兼职安全员　　D. 安全专责

答案：C。

307. 公司和省公司级单位的安全监督管理机构由本单位（　）主管。

A. 行政正职　　B. 行政副职

C. 行政正职或行政正职委托的行政副职　　D. 安全专责

答案：C。

308. 自动化系统由（　）、子站设备和数据传输通道构成。

A. 调度系统　　B. 数据系统　　C. 网络系统　　D. 主站系统

答案：D。

309. 电力监控系统网络安全运行的归口管理部门是（　）。

A. 调控机构　　B. 运检部　　C. 营销部　　D. 信通部门

答案：A。

310. 安全监督管理机构应贯彻执行国家和上级单位有关规定及工作部署，组织制订本单位（　）方面的规章制度。

A. 安全监督管理　　B. 应急管理

C. 安全监督管理和应急管理　　D. 安全监督体系

答案：C。

311. 安全监督管理机构应监督各项安全规章制度、反事故措施、安全技术劳动保护措施和（　　）有关安全工作要求的贯彻执行。

A. 上级　　B. 下级　　C. 本单位　　D. 兄弟单位

答案：A。

312. 我国电力系统中性点接地方式有三种，分别是（　　）。

A. 直接接地、经消弧线圈接地、经大电抗器接地

B. 不接地、经消弧线圈接地、经大电抗器接地

C. 直接接地、不接地、经消弧线圈接地

D. 直接接地、不接地、经大电抗器接地

答案：C。

313. 安全监督管理机构应负责组织交通安全、电力设施保护、防汛、消防、防灾减灾的（　　）。

A. 监督检查　　B. 监督落实　　C. 监督整改　　D. 监督

答案：A。

314. 安全监督管理机构应监督涉及电网、设备、信息安全的技术状况，涉及（　　）的防护状况。

A. 机组安全　　B. 设备安全　　C. 人身安全　　D. 网络安全

答案：C。

315. 在我国，中性点直接接地方式一般用在（　　）及以上的系统。

A. 35 千伏　　B. 60 千伏　　C. 110 千伏　　D. 220 千伏

答案：C。

316. （　　）应组织制订安全工器具、安全防护用品等相关配备标准和管理制度，并监督执行。

A. 变电运维室　　B. 安监部　　C. 调控中心　　D. 安全监督管理机构

答案：D。

317. （　　）应参与电网规划、工程和技改项目的设计审查、施工队伍资质审查和竣工验收，以及安全方面科研成果鉴定等工作。

A. 电科院　　B. 经研院　　C. 发策部　　D. 安全监督管理机构

答案：D。

318. 安全监督管理机构有责任分析安全工作存在的突出和重大问题，向主管领导汇报，并积极向有关（　　）提出工作建议。

A. 管理机构　　B. 职能部门　　C. 上级机构　　D. 公司领导

答案：B。

319. （　　）可借助学会、协会、专家组织或其他中介机构和社会组织，对本单位或所属单位的安全状况提供诊断、分析和评价。

A. 电科院　　B. 经研院　　C. 发策部　　D. 安全监督管理机构

答案：D。

320. 公司安全生产委员会办公室设在（　　）。

A. 生产运维部门　　B. 总经理办公室

C. 安全监督管理部门　　D. 后勤保障部门

答案：C。

321. 只有发生（　　），零序电流才会出现。

A. 相间故障　　B. 振荡时

C. 接地故障或非全相运行时　　D. 短路

答案：C。

322. 安全监督管理机构有责任分析安全工作存在的突出和重大问题，向（　　）汇报，并积极向有关职能部门提出工作建议。

A. 行政正职　　B. 主管领导　　C. 部门主任　　D. 分管领导

答案：B。

323. 公司各级单位应设立安全生产委员会，主任由单位（　　）担任。

A. 行政正职　　B. 主管领导　　C. 部门主任　　D. 分管领导

答案：A。

324. 智能变电站自动化系统可以划分为（　　）三层。

A. 站控层、间隔层、过程层　　B. 控制层、隔离层、保护层

C. 控制层、间隔层、过程层　　D. 站控层、隔离层、保护层

答案：A。

325. 智能变电站的过程层网络中传输的是（　　）报文。

A. GOOSE　　B. MMS、SV　　C. GOOSE、SV　　D. MMS、GOOSE

答案：C。

326. 新入单位的人员（含实习、代培人员），应进行安全教育培训，经《电力安全工作规程》（　　）后方可进入生产现场工作。

A. 学习　　B. 考试合格　　C. 考试　　D. 培训

答案：B。

327. 运维、调控人员（含技术人员）、从事倒闸操作的检修人员，应经过现场规程制度的学习、现场见习和至少（　　）个月的跟班实习。

A. 1　　B. 2　　C. 3　　D. 4

答案：B。

328. 所有生产人员应学会自救互救方法、疏散和现场紧急情况的处理，应熟练掌握（　　）现场急救方法，所有员工应掌握消防器材的使用方法。

A. 触电　　B. 溺水　　C. 交通事故　　D. 人工呼吸

答案：A。

329. 因故间断电气工作连续（　　）个月以上者，应重新学习《电力安全工作规程》，并经考试合格后，方可再上岗工作。

A. 1　　B. 2　　C. 3　　D. 4

答案：C。

330. 变电站运维人员、电网调控人员，应定期进行（　　）系统的培训。

A. 仿真　　B. EMS　　C. SCADA　　D. 培训

答案：A。

331. 在岗生产人员每年再培训不得少于（　　）学时。

A. 8　　B. 16　　C. 24　　D. 48

答案：A。

332. （　　）应积极推进生产岗位人员安全等级培训、考核、认证工作。

A. 国网公司　　B. 省公司　　C. 地市公司　　D. 各基层单位

答案：D。

333. 在岗生产人员应定期进行有针对性的现场考问、反事故演习、技术问答、事故预想等（　　）活动。

A. 线上培训　　B. 集中培训　　C. 现场培训　　D. 导师带徒

答案：C。

334. 离开特种作业岗位（　　）个月的作业人员，应重新进行实际操作考试，经确认合格后方可上岗作业。

A. 3　　B. 6　　C. 12　　D. 24

答案：B。

335. 生产岗位班组长应每年进行安全知识、现场安全管理、现场安全风险管控等知识培训，（　　）后方可上岗。

A. 取得证书　　B. 领导批准　　C. 考试合格　　D. 公司发文

答案：C。

336. 生产人员调换岗位或者其岗位需面临新工艺、新技术、新设备、新材料时，应当对其进行专门的（　　）后方可上岗。

A. 安全教育　　B. 安全培训

C. 安全教育和培训　　D. 安全教育和培训，经考试合格

答案：A。

337. 外来工作人员必须经过（　　），并经考试合格后方可上岗。

A. 业务培训　　B. 现场作业注意事项培训

C. 紧急救护培训　　D. 安全知识和安全规程的培训

答案：D。

338. 企业主要负责人、（　　）、特种作业人员应由取得相应资质的安全培训机构进行培训，并持证上岗。

A. 安全生产管理人员　B. 安全员　　C. 班组长　　D. 班组成员

答案：A。

339. 地市公司级单位、县公司级单位每年至少组织（　　）对班组人员的安全规章制度、规程规范考试。

A. 一次　　B. 两次　　C. 三次　　D. 四次

答案：A。

340. 公司所属各级单位应（　　）对生产人员的安全考试进行抽考、调考，并对抽考、调考情况进行通报。

A. 每月　　B. 每季度　　C. 每半年　　D. 每年

答案：D。

341. 下列保护中，属于后备保护的是（　　）。

A. 变压器差动保护　　B. 瓦斯保护

C. 高频闭锁零序保护　　D. 断路器失灵保护

答案：D。

342. 在下列情况下，（　　）重合闸不应动作。

A. 由值班人员手动操作将断路器断开时　　B. 断路器偷跳时

C. 线路运行中故障跳闸时　　D. 断路器拒动时

答案：A。

343. （　　）不是电网并列条件。

A. 相序相同，相角差小于10°　　B. 频率偏差在0.1Hz内

C. 并列点两侧电压偏差在5%以内　　D. 必须使用同期并列装置

答案：A。

344. 公司各级单位应按照“全方位覆盖、全过程闭环”的原则，实施隐患（　　）的闭环管理。

A. 评估、发现、治理、报告、验收、销号　　B. 发现、评估、报告、治理、验收、销号

C. 报告、发现、评估、治理、销号、验收　　D. 发现、报告、治理、评估、销号、验收

答案：B。

345. 事故调查应坚持（　　）的原则。

A. 实事求是、尊重科学　　B. 安全第一、预防为主

C. 尊重事实、教育为主　　D. 吸取教训、依法严处

答案：A。

346. 监督检查应坚持宣贯与打击，（　　）的原则。

A. 指导　　B. 考核　　C. 考试　　D. 指导与考核相结合

答案：D。

347. 对发现的违章现象，必须立即指出，及时纠正，并下达（　　），督促整改。

A. 事故通知书　　B. 整改通知书　　C. 更改通知书　　D. 停工通知书

答案：B。

348. 各单位应加强反违章工作监督检查，建立（　　）检查、同级安全生产监督体系对安全生产保证体系进行督促的监督检查机制。

A. 上级对下级　　B. 下级对上级　　C. 监督机构对违章　　D. 监督机构对下级

答案：A。

349.（　　）可通过安全检查、专项监督、现场稽查进行，也可结合隐患排查、风险评估、事故分析、基层调研等进行。

A. 监督检查　　B. 现场监督　　C. 现场检查　　D. 安全督查

答案：A。

350. 反违章监督检查应通过事故监察、安全检查、专项监督、违章纠察（稽查）等形式，以下采取的方式中错误的是（　　）。

A. 计划安排　　B. 临时抽查　　C. 突击检查　　D. 网络巡检

答案：D。

351. 各单位应建立完善反违章监督检查标准，明确监督检查的（　　），规范反违章监督检查工作。

A. 流程、内容、危险点　　B. 行程、内容、要求

C. 流程、内容、要求　　D. 流程、信息、要求

答案：C。

352. 根据实际需要，应安排或聘请熟悉安全生产规章制度、具备较强业务素质、具有反违章工作经验且责任心强的人员，组成反违章（　　）专职或兼职队伍。

A. 监督督查　　B. 监督检查　　C. 监督检察　　D. 监督监察

答案：B。

353. 各单位制定反违章监督检查标准，明确监督检查内容，规范监督检查流程，建立反违章监督检查（　　）工作机制。

A. 程序化　　B. 流程化　　C. 标准化　　D. 书面化

答案：C。

354. 配足反违章监督检查必备的设备，保证交通工具使用，提高监督检查效率和质量，以下不属于监督监察的设备的是（　　）。

A. 录音器材　　B. 望远镜　　C. 摄像器材　　D. 针孔摄像头

答案：D。

355. 反违章监督检查一旦发现违章现象，应立即加以制止、纠正，说明违章判定依据，做好违章记录，必要时由（　　）单位下达违章整改通知书，督促落实整改措施。

A. 下级　　B. 上级　　C. 主管　　D. 监督管理

答案：B。

356.《国家电网公司安全生产反违章工作管理办法》规定，应建立现场作业信息（　　）制度。

A. 网上公布　　B. 书面公布　　C. 公司发文　　D. 张榜公布

答案：A。

357. 有载调压变压器通过调节（　　）调节变压器变比。

A. 高压侧电压　　B. 分接头位置　　C. 低压侧电压　　D. 中压侧电压

答案：B。

358. 对事故应按照“（　　）不放过”原则进行调查处理。

A. 一　　B. 二　　C. 三　　D. 四

答案：D。

359. 变压器过负荷时应（　　）。

A. 立即拉闸限电　　B. 立即停役过负荷变压器

C. 指令有关调度转移负荷　　D. 立即调整主变分接头

答案：C。

360. 公司对实现安全目标的单位和对安全工作做出突出贡献的个人予以（　　）。

A. 表扬　　B. 奖励　　C. 评优　　D. 表扬和奖励

答案：D。

361. 公司按照职责管理范围，从规划设计、招标采购、施工验收、生产运行和教育培训等各个环节，对发生安全事故（事件）的单位及责任人进行（　　）和处罚。

A. 责任追究　　B. 追责　　C. 移交司法机关　　D. 追究

答案：A。

362. 公司对事故单位党组（党委）书记按照（　　）、同奖同罚的原则进行相应的处罚。

A. 安全责任制　　B. 一岗双责　　C. 奖罚分明　　D. 责任到人

答案：B。

363. 安全生产纳入各级单位全员绩效考核，对实现安全目标的单位、安全生产先进个人及所属生产性企业实现连续安全生产（　　）天等，在绩效考核中给予加分奖励，兑现绩效奖金。

A. 50　　B. 100　　C. 200　　D. 300

答案：B。

364. 国家电网公司《安全事故调查规程》自（　　）起施行。

A. 2005年1月1日　　B. 2009年1月1日　　C. 2009年8月1日　　D. 2012年1月1日

答案：D。

365. 四级事件对应国家相关法规定义的（　　）。

A. 特别重大事故　　B. 重大事故　　C. 较大事故　　D. 一般事故

答案：D。

366. 二级事件对应国家相关法规定义的（　　）。

A. 特别重大事故　　B. 重大事故　　C. 较大事故　　D. 一般事故

答案：B。

367.《安全事故调查规程》将安全事故体系各类事故分为（　　）级事件。

A. 6　　B. 7　　C. 8　　D. 9

答案：C。

368. 国家电网公司安全事故调查规程规定，安全事故体系由人身、电网、设备和（　　）四类事故组成。

A. 信息系统　B. 火灾　C. 输电线路　D. 公共事件

答案：A。

369. 下列哪一类不属于《安全事故调查规程》中规定的安全事故体系规定的事故组成？（　　）

A. 人身　B. 电网　C. 设备　D. 系统

答案：D。

370. 下列对“四不放过”说法错误的是（　　）。

A. 事故原因不清楚不放过　B. 责任人员未处理不放过

C. 整改措施未落实不放过　D. 有关人员未受到处罚不放过

答案：D。

371. 安全事故调查应坚持（　　）的原则。

A. 实事求是、尊重科学　B. 四不放过、严肃处理

C. 安全第一、预防为主　D. 求真务实、奖勤罚劣

答案：A。

372.《安全事故调查规程》规定，事故定义、调查程序、调查和统计结果、安全记录（　　）处理和判定行政责任、民事责任的依据。

A. 可以作　B. 不作为

C. 可作为也可不作为　D. 可视为参考资料作为

答案：B。

373. 发生下列（　　）情况之一者不定为人身事故。

A. 在公司系统各单位工作场所或承包、承租、承借的工作场所发生的人身伤亡

B. 被单位派出到用户工程工作过程中发生的人身伤亡

C. 乘坐单位组织的交通工具发生的人身伤亡

D. 在工作过程中，因病导致伤亡

答案：D。

374. 特别重大人身事故是指一次事故造成（　　）人以上死亡。

A. 3　B. 10　C. 30　D. 50

答案：C。

375. 自事故发生之日起 30 日内，事故造成的伤亡人数发生变化的，应当（　　）。

A. 及时补报　B. 不再上报

C. 可上报也可不上报　D. 隐瞒不报

答案：A。

376. 死亡、负伤后，在（　　）日内死亡的（因医疗事故而死亡的除外，但必须得到医疗事故鉴定部门的确认），均按死亡统计。

A. 5　B. 10　C. 20　D. 30

答案：D。

377. 道路交通事故自发生之日起（　　）日内，事故造成的伤亡人数发生变化的，应当及时补报。

A. 3　B. 7　C. 10　D. 30

答案：B。

378. 三级人身事件是指一次事故造成 3 人以上 10 人以下死亡，或者（　　）重伤者。

A. 100 人以上　B. 50 人以上 100 人以下

C. 10 人以上 50 人以下　D. 10 人以下

答案：C。

379. (　　) 属于三级人身事件。

A. 10 人以上 50 人以下死亡　　B. 3 人以上 10 人以下重伤者

C. 50 人以上 100 人以下重伤者　　D. 3 人以上 10 人以下死亡

答案：D。

380. 六级人身事件是指无人员死亡和重伤，但造成（　　）轻伤者。

A. 10 人以上　　B. 5 人以上 10 人以下

C. 3 人以上 5 人以下　　D. 1～2 人

答案：B。

381. 七级人身事件是指无人员死亡重伤，但造成（　　）。

A. 10 人以上轻伤者　　B. 5 人以上 10 人以下轻伤者

C. 3 人以上 5 人以下轻伤者　　D. 1～2 人轻伤者

答案：C。

382. 二级人身事件是指一次事故造成 10 人以上 30 人以下死亡，或者（　　）重伤者。

A. 100 人以上　　B. 50 人以上 100 人以下

C. 10 人以上 50 人以下　　D. 10 人以下

答案：B。

383. 一次事故造成（　　）人以下死亡，或者（　　）人以下重伤者为一般人身事故。

A. 3，10　　B. 1，5　　C. 5，10　　D. 7，15

答案：A。

384. 电站内 220 千伏以上任一电压等级母线非计划全停为（　　）。

A. 特别重大电网事故　　B. 五级电网事件　　C. 重大设备事故　　D. 一般设备事故

答案：B。

385. 220 千伏（含 330 千伏）系统中，一次事件造成同一变电站两条以上母线或同一输电断面两回以上线路同时停运构成（　　）级电网事件。

A. 五　　B. 六　　C. 七　　D. 八

答案：B。

386. 地市电力调度控制中心与直接调度范围内 50%以上厂站的调度电话业务全部中断，且持续事件 4 小时以上构成（　　）级设备事件。

A. 五　　B. 六　　C. 七　　D. 八

答案：B。

387. 100 千伏（含 66 千伏）系统中，断路器失灵、继电保护或自动装置不正确动作致使越级调整，构成（　　）。

A. 七级电网事件　　B. 八级电网事件　　C. 七级设备事件　　D. 八级设备事件

答案：A。

388. 10 千伏供电设备异常运行或被迫停止运行，并造成减供负荷者属于（　　）。

A. 七级电网事件　　B. 八级电网事件　　C. 七级设备事件　　D. 八级设备事件

答案：B。

389. 10 千伏（含 20 千伏、6 千伏）供电设备（包括母线、直配线）异常运行或被迫停止运行，并造成减供负荷者，属于（　　）。

A. 五级电网事件　　B. 六级电网事件　　C. 七级电网事件　　D. 八级电网事件

答案：D。

390. 10 千伏以上电气设备发生的恶性电气误操作为带负荷误拉（合）隔离开关、带电挂（合）接地线（接地开关）、带接地线（接地开关）合断路器（隔离开关）为（　　）。

A. 五级设备事件　　B. 五级设备事故　　C. 较大设备事故　　D. 重大设备事故

答案：A。

391. 10千伏以上电气设备发生带电挂接地线属于（　　）。

A. 四级设备事件　　B. 五级设备事件　　C. 六级设备事件　　D. 七级设备事件

答案：B。

392. 下列不属于五级设备事件的是（　　）。

A. 10千伏以上电气设备发生带负荷误拉（合）隔离开关

B. 10千伏以上电气设备发生带电挂（合）接地线（接地开关）

C. 500千伏以上输电线路倒塔

D. 3千伏以上电气设备发生错误下达调度命令

答案：D。

393. 县电力调度控制中心调度自动化系统SCADA功能全部丧失8小时以上，或延误送电、影响事故处理，属于（　　）。

A. 五级设备事件　　B. 六级设备事件　　C. 七级设备事件　　D. 八级设备事件

答案：C。

394. 35千伏主变压器、组合电器（GIS）、断路器发生本体爆炸、本体外壳变形、绝缘击穿或主部件损坏，属于（　　）。

A. 五级设备事件　　B. 六级设备事件　　C. 七级设备事件　　D. 八级设备事件

答案：C。

395. 地市级以上电力调度控制中心通信中心站的调度台全停，或调度交换网汇接中心单台调度交换机故障全停，属于（　　）。

A. 五级设备事件　　B. 六级设备事件　　C. 七级设备事件　　D. 八级设备事件

答案：C。

396. 火警是指违背人的意志发生的非正常性的，但（　　）的燃烧现象。

A. 没有造成经济损失或人员伤亡　　B. 有一定的经济损失，但无人员伤亡

C. 没有经济损失，但有人员受伤　　D. 有一定的经济损失，也有人员伤亡

答案：A。

397. 县供电公司级单位本地或广域信息网络完全瘫痪，且影响时间超过（　　）小时为八级信息系统事件。

A. 8　　B. 12　　C. 24　　D. 2

答案：D。

398. 事故的责任分为主要责任、次要责任、（　　）。

A. 重大责任　　B. 一般责任　　C. 轻微责任　　D. 同等责任

答案：D。

399. 事故发生或扩大由多个主体共同承担责任者为（　　）。

A. 主要责任　　B. 次要责任　　C. 同等责任　　D. 共同责任

答案：C。

400. 与电力生产有关工作过程中发生的事故统计为（　　）事故。

A. 非生产性安全　　B. 电力生产安全　　C. 重大安全　　D. 安全

答案：B。

401. 在非生产性办公经营场所发生的事故统计为（　　）事故。

A. 非生产性安全　　B. 其他　　C. 重大安全　　D. 一般

答案：A。

402. 由各级政府相关机构调查处理的道路交通、水上交通等事故统计为（　　）事故。

A. 非生产性安全　　B. 安全　　C. 重大安全　　D. 交通

答案：D。

403. 由火灾引起的事故统计为（　　）事故。

A. 消防　　B. 火灾　　C. 社会　　D. 严重

答案：B。

404. 电气设备发生电弧起火引燃绝缘（包括绝缘油）、油系统（不包括油罐）、制粉系统损坏起火等事件定为（　　）。

A. 火灾事故　　B. 消防事故　　C. 电网事故　　D. 设备事故

答案：D。

405. 发生信息系统损坏或信息系统泄密的事件统计为（　　）安全事件。

A. 信息系统　　B. 电力系统　　C. 操作系统　　D. 网络系统

答案：A。

406. 公司系统外单位承包系统内工作，发生由系统内单位负同等以下责任的人身事故统计为（　　）事故。

A. 外部　　B. 内部　　C. 外包　　D. 系统外

答案：C。

407. 一次事故既构成电网事故条件，也构成设备事故条件时，公司系统内各相关单位均应遵循“不同等级，等级优先；相同等级，（　　）”的原则统计报告。

A. 设备优先　　B. 电网优先　　C. 人身优先　　D. 损失优先

答案：B。

408. 公司系统各单位事故发生后，事故现场有关人员应当立即向（　　）报告。

A. 120　　B. 110　　C. 单位领导　　D. 本单位现场负责人

答案：D。

409. 公司系统各单位事故发生后，情况紧急时，事故现场有关人员可以直接向（　　）报告。

A. 120　　B. 110　　C. 本单位领导　　D. 本单位现场负责人

答案：C。

410. 发生（　　）级以上人身、电网、设备和信息系统事故，应立即按资产关系或管理关系逐级上报至国家电网公司。

A. 四　　B. 五　　C. 六　　D. 七

答案：B。

411. 发生七级人身、电网、设备和信息系统事件，应立即按资产关系或管理关系上报至（　　）。

A. 上一级管理单位　　B. 网省公司

C. 国家电网公司相关分部　　D. 国家电网公司

答案：A。

412. 各有关单位接到事故报告后，应当依照规定立即上报事故情况，下列说法不正确的是（　　）。

A. 发生五级以上人身、电网、设备和信息系统事故，应立即按资产关系或管理关系逐级上报至国家电网公司

B. 发生六级人身、电网、设备和信息系统事件，应立即按资产关系或管理关系逐级上报至省电力公司或国家电网公司直属公司

C. 发生七级人身、电网、设备和信息系统事件，应立即按资产关系或管理关系上报至上一级管理单位

D. 每级上报的时间为 1～2 小时

答案：D。

413. 事故发生后，事故发生单位必须（　　）并派专人严格保护事故现场。

A. 立即控制现场　　B. 迅速抢救伤员　　C. 启动应急预案　　D. 汇报上级单位

答案：B。

414. 保护事故现场，下列做法不正确的是（　　）。

A. 事故发生后，事故发生单位必须迅速抢救伤员并派专人严格保护事故现场

B. 未经调查和记录的事故现场，不得任意变动

C. 事故发生后，事故发生单位安监部门或其指定的部门应立即对事故现场和损坏的设备进行照相、录像、绘制草图、收集资料

D. 因紧急抢修、防止事故扩大及疏导交通等，需要变动现场时，对事故现场做出标志、绘制现场简图即可

答案：D。

415. 发生国家电网公司系统内其他单位负同等责任以上的（　　）级电网、设备和信息事件，运行管理单位负同等责任以下者，不中断其安全记录。

A. 四　　B. 五　　C. 六　　D. 七

答案：D。

416.（　　）级单位发生六级以上中断安全记录的电网、设备和信息系统事故时，同时中断管理该单位的地市供电公司级单位的安全记录。

A. 班组　　B. 车间　　C. 县供电公司　　D. 分公司

答案：C。

417. 安全天数达到（　　）天为一个安全周期。

A. 50　　B. 100　　C. 200　　D. 365

答案：B。

418. 发生（　　）级以上人身伤亡事故中断事故有责单位的安全记录。

A. 八　　B. 七　　C. 六　　D. 五

答案：C。

419. 县供电公司级单位发生（　　）级以上中断安全记录的电网、设备和信息系统事故时，同时中断管理该单位的地市供电公司级单位的安全记录。

A. 八　　B. 七　　C. 六　　D. 五

答案：C。

420. 发生负同等责任以上的（　　）以上交通事故中断事故发生单位的安全记录。

A. 一般　　B. 较大　　C. 重大　　D. 特大

答案：C。

421. 为防止发生电网稳定破坏、大面积停电事故和调控责任事故为重点，以强化安全内控机制为核心，提升安全生产保障能力，确保电网安全稳定运行，以下不属于调控机构应坚持的方针的是（　　）。

A. 安全第一　　B. 预防为主　　C. 分级管理　　D. 综合治理

答案：C。

422. 调控机构实行以主要负责人为安全第一责任人的安全生产责任制，建立健全安全生产责任体系、保证体系和（　　）体系。

A. 检查　　B. 监督　　C. 监察　　D. 检察

答案：B。

423. 调控机构明确分管领导协助安全第一责任人负责分管工作范围内的安全保证体系工作，安全生产监督体系由（　　）主管。

A. 行政正职　　B. 行政副职　　C. 安全总监　　D. 总工程师

答案：A。

424. 调控机构按照“（　　）”的原则、坚持“管业务必须管安全”，保障安全管理的组织、人员和投入，加大监督检查力度，抓好过程管理和绩效考核。

A. 一岗双责　　B. 谁管理、谁负责

C. 谁主管、谁负责　　D. 专职管理

答案：C。

425. 调控机构应建立所辖电网调控系统安全（　　）网络。

A. 监督　　B. 监管　　C. 监控　　D. 监视

答案：A。

426. 调控机构内部应建立中心、处（科）两级安全监督体系，明确（　　）级安全监督的责任和权利。

A. 两　　B. 三　　C. 四　　D. 五

答案：A。

427. 调控机构安全员应坚持原则，具有（　　）及以上职称。

A. 初级　　B. 中级　　C. 高级　　D. 教授级

答案：A。

428. （　　）应具有电网运行、管理工作经验，兼职安全员应具有一定本专业工作经验。

A. 安全员　　B. 专职安全员　　C. 安全专责　　D. 安监部主任

答案：B。

429. 专职安全员应经过安全生产管理知识（　　），具备上岗资格。

A. 积累　　B. 教育　　C. 培训　　D. 考试

答案：C。

430. 安全员的主要职责之一是监督调控机构（　　）的落实。

A. 安全规程　　B. 安全责任制　　C. 安全法律法规　　D. 安全制度

答案：B。

431. 安全员的主要职责之一是监督涉及电网运行的核心业务执行情况，所属设备、设施安全状况，涉及人身安全的防护状况，对监督检查中发现的问题和隐患，及时向（　　）报告。

A. 分管领导　　B. 总工程师　　C. 安全总监　　D. 主管领导

答案：D。

432. 安全员的主要职责之一是监督安全（　　）的落实，组织或配合《电力安全工作规程》《电网调度安全百问百查读本》《电网调度反管理性违章和习惯性违章指南》《电网调度安全风险辨识防范手册》等安全规定的考试和培训。

A. 培训计划　　B. 反事故演戏　　C. 教育　　D. 考试

答案：A。

433. 安全员的主要职责之一是协助调控机构领导组织事故（事件）调查，监督“（　　）不放过”。

A. 三　　B. 四　　C. 五　　D. 六

答案：B。

434. “四不放过”指的是事故原因未查清不放过、（　　）未处理不放过、整改措施未落实不放过、有关人员未受到教育不放过。

A. 安全事故　　B. 安全事件　　C. 责任人员　　D. 责任事故

答案：C。

435. 安全员的主要职责之一是对（　　）做出贡献者提出给予表扬和奖励的建议或意见。

A. 电网安全　　B. 电网稳定　　C. 调控运行　　D. 安全生产

答案：D。

436. 调控机构日常安全监督的主要内容是监督调度控制操作票、（　　）、调控值班日志、在线安全风险分析执行情况。

A. 调度电话录音　　B. 调控值班表　　C. 调度交接班记录　　D. 调度人员配置

答案：A。

437. 调控机构日常安全监督的主要内容之一是监督电网（　　）停电检修工作票、电网（　　）计划执行情况。

A. 日前，日后　　B. 日前，日前　　C. 日后，日前　　D. 日后，日后

答案：B。

438. 调控机构日常安全监督的主要内容之一是监督（　　）调试方案、电网稳定措施通知单执行情况。

A. 新设备运行　　B. 新设备启动送电　　C. 新设备投产　　D. 新设备整定

答案：C。

439. 调控机构日常安全监督的主要内容之一是监督电保护定值整定计算方案和继电保护定值整定单（　　）情况。

A. 下达　　B. 复核　　C. 执行　　D. 统计

答案：C。

440. 调控机构日常安全监督的主要内容之一是监督自动化系统及设备（　　），自动化值班日志及自动化运行消缺值班记录执行情况。

A. 停电工作票　　B. 第一种工作票　　C. 第二种工作票　　D. 检修工作票

答案：D。

441. 调控机构日常安全监督的主要内容之一是监督设备监控（　　）及问题处置执行情况。

A. 信息筛选　　B. 信息接入　　C. 信息传递　　D. 信息告警

答案：B。

442. 调控机构日常安全监督的主要内容之一是开展（　　）排查及治理情况。

A. 信息　　B. 操作票　　C. 检修单　　D. 隐患

答案：D。

443. 调控机构日常安全监督的主要内容之一是监督（　　）、电源及消防设施等情况。

A. 机房隐患　　B. 机房通风　　C. 机房环境　　D. 机房进出安全

答案：C。

444. 以下不属于调控机构日常安全监督的主要内容的是（　　）。

A. 监督调度电话录音情况　　B. 监督电网日前计划执行情况

C. 监督继电保护定值整定单执行情况　　D. 监督机房隐患、电源及消防设施等情况

答案：D。

445. 以下不属于安全员日常监督工作要求的是（　　）。

A. 开展本专业核心业务评估及控制要点的日常检查

B. 按月形成监督查评报告

C. 提出评价意见和整改建议，并检查和跟踪整改措施落实情况

D. 安全员应根据各岗位的具体工作内容，进行例行检查

答案：D。

446. 中心安全员应分析安全监督工作存在的突出和重大问题，向（　　）汇报，并向各专业提出改进工作的建议。

A. 调控机构领导　　B. 公司领导　　C. 公司分管领导　　D. 公司安全总监

答案：A。

447. 调控机构应严格执行国家和上级颁发的相关安全生产法律、法规、（　　）、规章制度和反事故措施，并根据自身实际制定相应的实施细则。

A. 技术标准　　B. 技术规程　　C. 技术指导书　　D. 技术规范

答案：A。

448. 调控机构每年至少进行（　　）次对安全法律法规、技术标准、规章制度的检查。

A. 一　　B. 二　　C. 三　　D. 四

答案：A。

449. 调控机构应规范（　　）系统运行及专业实施细则的建设，定期修编各类实施细则，保证其实效性和可操作性。

A. 所属调度　　B. 直调　　C. 下级调度　　D. 上级调度

答案：B。

450. 调控机构专业实施细则的补充、修订、复审和重新印发应严格履行相关（　　）程序。

A. 审批、审查　　B. 审查、审核　　C. 审核、审批　　D. 审查、审批

答案：C。

451. 当上级或本公司颁发新规程、反事故技术措施及其他规章制度、技术标准时，应根据新要求及时对直调系统运行及专业细则进行补充和修订，向本公司（　　）备案后，行文下发至相关所属基层单位。

A. 人资部　　B. 发策部　　C. 安监部　　D. 相关管理部门

答案：D。

452. 相关调控机构每年应对调控规程进行一次复查，进行必要的修订；每（　　）年进行一次全面修订，并在严格履行审批手续后印发执行。

A. 1～2　　B. 2～3　　C. 3～5　　D. 5～6

答案：C。

453. 调控机构应（　　）制订安全生产教育培训计划，建立培训考核机制，定期培训，保证所有员工具有适应岗位要求的安全知识和安全技能。

A. 每半年　　B. 每年　　C. 每两年　　D. 每五年

答案：B。

454. （　　）教育内容应至少包括《国家电网公司安全工作规定》《国家电网公司事故调查规程》《电力安全工作规程》等规程规定和事故案例，并结合调控运行特点和调控日常业务开展安全学习。

A. 安全培训　　B. 入职培训　　C. 岗前培训　　D. 安规培训

答案：A。

455. 调控机构新入职人员必须经处（科）安全教育、中心安全培训并经（　　）后方可进入专业处（科）开展工作。

A. 取得上岗证　　B. 公司发文　　C. 领导批准　　D. 考试合格

答案：D。

456. 调控机构新上岗调控运行人员必须经专业培训、现场实习并经（　　）后方可正式上岗。

A. 取得上岗证　　B. 公司发文　　C. 领导批准　　D. 考试合格

答案：D。

457. 调控机构应（　　）组织在岗人员的安全教育培训，对在岗人员开展有针对性的现场考问、技术问答、事故预想、反事故演习等培训工作。

A. 定期　　B. 不定期　　C. 长期　　D. 经常

答案：A。

458. 调控机构应加强在岗生产人员现场培训，熟悉现场设备及工作流程，调控运行、设备监控管理专业至少每年开展（　　）次、其他专业至少每年开展1次。

A. 1　　B. 2　　C. 3　　D. 4

答案：B。

459. 离开调控运行岗位（　　）个月及以上的调控人员，应重新熟悉设备和系统运行方式，并经安全规程及业务考试合格后，方可重新开展调控运行工作。

A. 1　　B. 2　　C. 3　　D. 4

答案：C。

460. 生产人员调换岗位，应当对其进行专门的安全教育和培训，经（　　）后，方可上岗。

A. 取得上岗证　　B. 公司发文　　C. 领导批准　　D. 考试合格

答案：D。

461. 调控机构（　　）应进行一次全员安全知识和安全规程制度考试，考试成绩应记入员工个人教育培训档案，不及格的应限期补考，合格后方可重新上岗。

A. 每半年　　B. 每年　　C. 每两年　　D. 每五年

答案：B。

462. 对违反安全规章制度造成事故、严重未遂事故的责任者，应停止其业务工作，学习培训有关安全规章制度，（　　）后方可重新上岗。

A. 取得上岗证　　B. 公司发文　　C. 领导批准　　D. 考试合格

答案：D。

463. 调控机构人员应学会自救互救方法、疏散和现场紧急情况的处理，应熟练掌握（　　）现场急救方法，所有员工应掌握消防器材的使用方法。

A. 触电　　B. 溺水　　C. 火灾　　D. 地震

答案：A。

464. 调控机构每年至少组织（　　）次以上安全日活动，安全日活动由安全第一责任人主持，中心安全员协助，全体员工参加。

A. 1　　B. 2　　C. 3　　D. 4

答案：B。

465. 安全日活动应联系调控运行实际，并填写安全日活动记录，以下不属于其主要内容的是（　　）。

A. 传达上级有关安全生产指示　　B. 学习事故通报及安全生产简报

C. 讨论、分析安全生产隐患及整改措施　　D. 布置安全生产工作

答案：D。

466. 调控机构应（　　）召开季度安全分析会，会议由调控机构安全生产第一责任人主持，相关专业人员参加，会后应下发会议纪要。

A. 定期　　B. 不定期　　C. 长期　　D. 经常

答案：A。

467. 以下不属于调控机构季度安全分析会主要内容的是（　　）。

A. 组织学习有关安全生产的文件

B. 通报季度电网运行情况

C. 总结事故教训，布置本季度安全生产重点工作

D. 根据安全生产趋势，针对电网运行存在的问题，研究应对事故采取的预防对策和措施

答案：C。

468. 调控机构应（　　）召开一次安全生产例会，相关专业人员参加，协调解决安全工作存在的问题，安排布置下周安全工作任务和要求。

A. 每天　　B. 每周　　C. 每月　　D. 每季度

答案：B。

469. 调控机构应执行迎峰度夏（冬、汛）、节假日及特殊保电时期等安全检查制度，根据季节性特点、检修时段，每年组织不少于（　　）次调控系统安全专项检查。

A. 一　　B. 二　　C. 三　　D. 四

答案：A。

470. 调控机构进行安全检查（　　），应结合当前的工作实际编制安全检查提纲，对检查出的问题要制订整改方案并督促落实。

A. 前　　B. 后　　C. 期间　　D. 后两周

答案：A。

471. 以下不属于节假日及特殊保电等时期专项安全检查内容的是（　　）。

A. 保电工作组织领导和工作制度执行情况

B. 保电工作方案

C. 电力监控系统安全防护等方面存在的问题和薄弱环节

D. 备调运行管理情况

答案：C。

472. 调控机构安全检查的内容包括（　　）和节假日及特殊保电等时期专项安全检查。

A. 操作票专项检查　　B. 电话录音专项检查

C. 消防设施专项检查　　D. 迎峰度夏（冬、汛）专项检查

答案：D。

473. 安全生产（　　）是电网安全管理工作的重要组成部分，是发挥调控系统保证体系和监督体系作用的重要体现。

A. 保障能力评估　　B. 保证体系评估　　C. 监督体系评估　　D. 后勤保障评估

答案：A。

474. 为保证调控机构安全生产保障能力评估工作的真实性，评估结果实行不与奖金挂钩、不与评比挂钩、不与领导班子业绩挂钩的“（　　）不挂钩”原则。

A. 一　　B. 二　　C. 三　　D. 四

答案：C。

475. 被评估的单位应在专家组评估（　　），完成本单位的自评估，提供全面翔实、准确的“自评估报告”，应优先使用网络版评估系统进行自评估和相关资料准备。

A. 前　　B. 后　　C. 期间　　D. 两个月后

答案：A。

476. 为了认真贯彻“（　　）”的方针，切实做好员工的安全教育培训工作，依据国家法律、法规和有关规程、制度的规定，结合本公司实际，特制定《安徽省电力公司安全教育培训规定》。

A. 生产必须安全、安全为了生产　　B. 安全第一、预防为主

C. 安全第一、预防为主、综合治理　　D. 企业负责、行业管理、国家监察、群众监督

答案：C。

第五章　电网安全风险和隐患管理

477. 以下哪一项不属于Ⅱ级重大事故隐患可能造成后果或安全管理存在的安全隐患？（　　）
A. 3～4 级人身或电网事件
B. 3 级设备事件
C. 6 级信息系统事件
D. 重大交通，较大或一般火灾事故
答案：C。
478. 以下哪一项不属于Ⅱ级重大事故隐患可能造成后果或安全管理存在的安全隐患？（　　）
A. 1～2 级人身或电网事件
B. 4 级设备事件中造成 100 万元以上直接经济损失的设备事件
C. 5 级信息系统事件
D. 重大交通，较大或一般火灾事故
答案：A。
479. 以下哪一项属于Ⅱ级重大事故隐患可能造成后果或安全管理存在的安全隐患？（　　）
A. 1～2 级人身或电网事件
B. 3 级设备事件
C. 水电站大坝漫坝事件
D. 一般交通事故
答案：B。
480. 以下哪一项不属于一般事故隐患指可能造成后果的安全隐患？（　　）
A. 3～4 级人身事件
B. 其他 4 级设备事件，5～7 级电网或设备事件
C. 6～7 级信息系统事件
D. 一般交通事故，火灾（7 级事件）
答案：A。
481. 以下哪一项不属于一般事故隐患可能造成后果的安全隐患？（　　）
A. 5～8 级人身事件
B. 其他 4 级设备事件，5～7 级电网或设备事件
C. 6～7 级信息系统事件
D. 重大交通事故
答案：D。
482. 以下哪一项属于一般事故隐患可能造成后果的安全隐患？（　　）
A. 3～4 级人身事件
B. 3 级设备事件
C. 3～4 级信息系统事件
D. 一般交通事故，火灾（7 级事件）
答案：D。
483. 以下哪一项不属于安全事件隐患可能造成的后果？（　　）
A. 7 级电网或设备事件
B. 8 级信息系统事件
C. 轻微交通事故，火警（8 级事件）
D. 通用航空事故征候，航空器地面事故征候
答案：A。
484. 以下哪一项不属于安全事件隐患可能造成后果的安全隐患？（　　）
A. 8 级电网或设备事件
B. 7 级信息系统事件
C. 轻微交通事故，火警（8 级事件）
D. 通用航空事故征候，航空器地面事故征候
答案：B。
485. 以下哪一项属于安全事件隐患可能造成后果的安全隐患？（　　）
A. 7 级电网或设备事件
B. 7 级信息系统事件
C. 一般交通事故
D. 通用航空事故征候，航空器地面事故征候

答案：D。

486. 通用航空事故征候，航空器地面事故征候属于哪一类隐患？（　　）

A. Ⅰ级重大事故隐患　　B. Ⅱ级重大事故隐患

C. 一般事故隐患　　D. 安全事件隐患

答案：D。

487. 安全隐患与设备缺陷的关系是（　　）。

A. 有延续性又有区别　　B. 几乎一致

C. 完全不同　　D. 某些场合可互用

答案：A。

488. 超出设备缺陷管理制度规定的消缺周期仍未消除的设备危急缺陷和严重缺陷，（　　）。

A. 即为安全隐患　　B. 不能视为安全隐患

C. 需要观察才能确定是否为安全隐患　　D. 若超出周期不久，可认为不属于安全隐患

答案：A。

489. 安全隐患划分十六大类进行统计，以下不属于十六大类的是（　　）。

A. 输电　　B. 变电　　C. 电网规划　　D. 调度

答案：D。

490. 安全隐患划分十六大类进行统计，以下哪项不属于十六大类中的一种？（　　）

A. 电网规划　　B. 电力建设　　C. 环境保护　　D. 电网设计

答案：D。

491. 安全隐患等级实行（　　）。

A. 动态管理　　B. 静态管理　　C. 动静结合　　D. 固定管理

答案：A。

492. 安全隐患所在单位是安全隐患排查、治理和防控的（　　）。

A. 责任主体　　B. 责任部门　　C. 责任单位　　D. 配合单位

答案：A。

493. 各级（　　）是隐患排查治理的监督部门，负责督办、检查隐患排查治理工作，归口管理相关数据的汇总、统计、分析、上报。

A. 安全监察部门　　B. 调度部门　　C. 设备部门　　D. 营销部门

答案：A。

494. 以下哪一项不是地市公司级单位在隐患排查治理方面的职责？（　　）

A. 负责本单位安全隐患的排查和评估定级

B. 负责审定县公司级单位上报的一般事故隐患

C. 对评估为重大等级的隐患，及时报总部核定

D. 负责初步审核县公司级单位上报的重大事故隐患

答案：C。

495. 以下哪一项不是县公司级单位在隐患排查治理方面的职责？（　　）

A. 负责本单位安全隐患的排查和评估定级

B. 对评估为重大和一般事故隐患的，及时报省级单位审核

C. 负责本单位隐患排查治理情况的汇总、统计、分析和上报工作

D. 协调当地政府相关部门或其他行业单位，促进隐患排查治理

答案：B。

496. 关于安全隐患等级的认定，以下哪项是不正确的？（　　）

A. 重大事故隐患必须由总部相关职能部门认定

B. 重大事故隐患由省公司级单位或总部相关职能部门认定
C. 一般事故隐患由地市公司级单位认定
D. 安全事件隐患由地市公司级单位的二级机构或县公司级单位认定
答案：A。
497. 隐患排查治理应纳入日常工作中，按照（　　）的流程形成闭环管理。
A. 排查（发现）—评估报告—治理（控制）—验收销号
B. 排查（发现）—治理（控制）—评估报告—验收销号
C. 评估报告—排查（发现）—治理（控制）—验收销号
D. 排查（发现）—分析鉴定—评估报告—治理（控制）—验收销号
答案：A。
498. 以下哪项属于安全隐患排查范围？（　　）
A. 与生产经营相关的安全责任体系、管理制度
B. 人员、场所、环境
C. 设备设施和活动
D. 以上都属于
答案：D。
499. 以下哪项属于安全隐患排查方式？（　　）
A. 电网年度和临时运行方式分析
B. 各类安全性评价或安全标准化查评
C. 各级各类安全检查
D. 以上都属于
答案：D。
500. 以下哪项属于安全隐患排查方式？（　　）
A. 各专业结合年度、阶段性重点工作和“二十四节气表”组织开展的专项隐患排查
B. 设备日常巡视、检修预试、在线监测和状态评估、季节性（节假日）检查
C. 风险辨识或危险源管理
D. 以上都属于
答案：D。
501. 以下哪项属于安全隐患排查依据？（　　）
A. 有关安全生产法律、法规
B. 设计规范、技术标准
C. 企业的安全生产目标
D. 以上都属于
答案：D。
502. 重大事故隐患由（　　）相关职能部门认定。
A. 省公司级单位或总部
B. 地市公司级单位
C. 地市公司级单位的二级机构或县公司级单位
D. 班组或专业部室
答案：A。
503. 一般事故隐患由（　　）认定。
A. 省公司级单位或总部
B. 地市公司级单位
C. 地市公司级单位的二级机构或县公司级单位
D. 班组或专业部室

答案：B。

504. 安全事件隐患由（　　）认定。

A. 省公司级单位或总部

B. 地市公司级单位

C. 地市公司级单位的二级机构或县公司级单位

D. 班组或专业部室

答案：C。

505. 初步判定为一般事故隐患的，（　　）内报地市公司级单位的专业职能部门。

A. 1周　　B. 5天　　C. 3天　　D. 24小时

答案：A。

506. 经评估仍为重大隐患的，地市公司级单位（　　）上报省公司级单位专业职能部门核定。

A. 12小时内　　B. 3天内　　C. 立即　　D. 24小时

答案：C。

507. 地市公司级单位评估判断存在重大事故隐患的应于（　　）内将详细内容报送省公司级单位专业职能部门核定。

A. 1周　　B. 5天　　C. 3天　　D. 24小时

答案：D。

508. 重大事故隐患治理应制订治理方案，由省公司级单位专业职能部门负责或其委托地市公司级单位编制，省公司级单位审查批准，在核定隐患后（　　）内完成编制、审批。

A. 30天　　B. 15天　　C. 10天　　D. 5天

答案：A。

509. 重大事故隐患治理方案，在省公司级单位编制审批后，受委托管理设备单位应在定稿后（　　）内抄送委托单位相关职能部门和安全监察部门备案。

A. 30天　　B. 15天　　C. 10天　　D. 5天

答案：D。

510. 一般事故隐患治理应制订治理方案或管控（应急）措施，由地市公司级单位负责在审定隐患后（　　）内完成。

A. 30天　　B. 15天　　C. 10天　　D. 5天

答案：B。

511. 安全事件隐患应制定治理措施，由地市公司级单位二级机构或县公司级单位在隐患认定后（　　）内完成。

A. 3周　　B. 2周　　C. 1周　　D. 5天

答案：C。

512. 下列哪一条不属于《国家电网公司安全隐患排查治理管理办法》中规定的安全隐患治理“五落实”？（　　）

A. 责任　　B. 措施　　C. 资金　　D. 项目

答案：D。

513. 以下哪一项不属于《国家电网公司安全隐患排查治理管理办法》中规定的安全隐患治理“五落实”？（　　）

A. 职责　　B. 资金　　C. 期限　　D. 应急预案

答案：A。

514. 事故隐患治理结果验收应在提出申请后（　　）内完成。

A. 30天　　B. 15天　　C. 10天　　D. 5天

答案：C。

515. 重大事故隐患治理应有书面验收报告，并由专业部门定稿后（　　）内抄送省公司级单位安全监察部门备案。

A. 1周　　B. 5天　　C. 3天　　D. 24小时

答案：C。

516. 省、地市和县公司级单位应开展定期评估，定期评估周期一般为地市、县公司级单位（　　）一次。

A. 每年　　B. 每季度　　C. 每月　　D. 每旬

答案：C。

517. 省、地市和县公司级单位应开展定期评估，省公司级单位至少（　　）一次。

A. 每年　　B. 每季度　　C. 每月　　D. 每旬

答案：B。

518. 与用户相关的安全隐患治理包括（　　）。

A. 由于电网限制或供电能力不足导致的安全隐患

B. 由于用户原因导致电网存在的安全隐患

C. 用户自身存在供用电安全隐患

D. 以上都属于

答案：D。

519. 由于用户原因导致电网存在的安全隐患，以下哪一项措施不合适？（　　）

A. 由地市或县公司级单位负责以安全隐患通知书的形式告知用户

B. 不需要向政府有关部门报告

C. 将安全隐患纳入闭环管理

D. 采取技术或管理措施防止对电网造成影响

答案：B。

520. 由于用户自身存在供用电安全隐患，以下哪一项措施不合适？（　　）

A. 由地市或县公司级单位负责以安全隐患通知书的形式告知产权单位

B. 提出整改要求

C. 告知安全责任，做好签收记录

D. 不需要向政府有关部门报告

答案：D。

521. 因计划检修、临时检修和特殊方式等使电网运行方式变化而引起的电网运行隐患风险，由相应（　　）发布预警通告。

A. 调度部门　　B. 设备部门　　C. 安监部门　　D. 营销部门

答案：A。

522. 重大事故隐患和一般事故隐患需逐级统计、上报至（　　）。

A. 公司总部　　B. 省公司级单位　　C. 地市公司级　　D. 县公司级

答案：A。

523. 安全事件隐患由地市公司级单位统计、上报至（　　），由其汇总后报公司总部备案。

A. 公司总部　　B. 省公司级单位　　C. 地市公司级　　D. 县公司级

答案：B。

524. 安全隐患信息报送执行（　　）制度。各级单位须如实记录并按时报送。

A. 零报告　　B. 及时上报

C. 有则报，无则不报　　D. 选择性上报答案：A。

525. 分部、省、地市和县公司级单位应运用（　　），做到“一患一档”。

A. 安全隐患管理信息系统　　B. 安全隐患管理记录系统

C. 电网隐患管理信息系统　　D. 生产隐患管理信息系统

答案：A。

526. 根据《国家电网公司安全隐患排查治理管理办法》，以下属于隐患档案信息的是（　　）。

A. 隐患简题　　B. 隐患来源　　C. 隐患内容　　D. 以上都是

答案：D。

527. 根据《国家电网公司安全隐患排查治理管理办法》，以下属于隐患档案信息的是（　　）。

A. 隐患所在单位　　B. 专业分类　　C. 归属职能部门　　D. 以上都是

答案：D。

528. 根据《国家电网公司安全隐患排查治理管理办法》，属于隐患档案信息的有（　　）。

A. 归属职能部门　　B. 评估等级　　C. 整改期限　　D. 以上都是

答案：D。

529. 对重大事故隐患，分部、省、地市和县公司级单位应按相关规定向（　　）有关部门报告。

A. 国家　　B. 地方政府　　C. 县政府　　D. 乡镇政府

答案：B。

530. 分部、省公司级单位对（　　）实施挂牌督办。

A. 特大事故隐患　　B. 重大事故隐患　　C. 一般事故隐患　　D. 安全事件隐患

答案：B。

531. 地市公司级单位对（　　）实施挂牌督办。

A. 特大事故隐患　　B. 重大事故隐患　　C. 一般事故隐患　　D. 安全事件隐患

答案：C。

532. 县公司级单位及地市公司级单位其他二级机构对（　　）实施挂牌督办。

A. 特大事故隐患　　B. 重大事故隐患　　C. 一般事故隐患　　D. 安全事件隐患

答案：D。

533. 分部、省公司、地市公司和县公司级单位安全监察部门根据掌握的隐患信息情况，以（　　）形式进行督办。

A. 安全监督通知书　　B. 安全监督整改通知书

C. 安全监查督办通知书　　D. 安全隐患督办通知书

答案：A。

534. 以下哪种情况应追究相关单位、人员责任？（　　）

A. 经事故分析认定存在应排查而未排查出隐患导致事故发生的

B. 瞒报安全隐患的

C. 因工作不力延误消除隐患并导致安全事故的

D. 以上都是

答案：D。

535.（　　）治理不力，追究分部、省公司级单位责任。

A. 特大事故隐患　　B. 重大事故隐患　　C. 一般事故隐患　　D. 安全事件隐患

答案：B。

536.（　　）治理不力，由分部、省公司级单位追究相关单位、人员责任。

A. 特大事故隐患　　B. 重大事故隐患　　C. 一般事故隐患　　D. 安全事件隐患

答案：C。

537.（　　）治理不力，由地市公司、县公司级单位追究相关单位、人员责任。

A. 特大事故隐患　　B. 重大事故隐患　　C. 一般事故隐患　　D. 安全事件隐患

答案：D。

538. 根据《国网安徽省电力有限公司重大安全生产隐患举报奖惩办法（试行）》，多人多次举报同一事项的，给予（　　）做出有效举报的实名举报人奖励。

A. 第一个　　B. 最后一个　　C. 前三个　　D. 全部举报人

答案：A。

539.（　　）是电网运行专业组组长，牵头组织开展电网运行及二次系统隐患排查治理工作考评。

A. 调控中心　　B. 设备部　　C. 建设部　　D. 安监部门

答案：A。

540. 调控中心是电网运行专业组组长，牵头组织开展（　　）隐患排查治理工作考评。

A. 信息和通信安全　　B. 电网运行及二次系统

C. 生产车辆交通安全　　D. 消防安全

答案：B。

541. 公司建立专项隐患排查报表制度。各专业部门每（　　）至少组织开展一次专项隐患排查。

A. 一个月　　B. 三个月　　C. 半年　　D. 一年

答案：C。

542.《电力安全事故应急处置和调查处理条例》规定，事故发生后，事故危及人身和设备安全的，发电厂、变电站运行值班人员（　　）。

A. 迅速离开现场

B. 立即采取停运发电机组和输变电设备等紧急处置措施

C. 立即汇报调度

D. 可以按照有关规定，立即采取停运发电机组和输变电设备等紧急处置措施

答案：D。

543.《电力安全事故应急处置和调查处理条例》规定，重要电力用户启动自备应急电源无效的，（　　）应当提供必要的支援。

A. 电网企业　　B. 地方政府　　C. 发电企业　　D. 以上都不正确

答案：A。

544.《电力安全事故应急处置和调查处理条例》规定，发生或达到下列情况之一者定为特别重大事故：区域性电网减供负荷（　　）以上。

A. 20%　　B. 30%　　C. 40%　　D. 50%

答案：B。

545. 发电机励磁调节器（包括电力系统稳定器）须经认证的检测中心的入网检测合格，挂网试运行（　　）以上，形成入网励磁调节器软件版本，才能进入电网运行。

A. 三个月　　B. 半年　　C. 一年　　D. 三年

答案：B。

546. 发电厂应准确掌握有（　　）送出线路及送出线路与直流换流站相连的汽轮发电机组轴系扭转振动频率。

A. 串联补偿电容器　　B. 串联补偿电抗器　　C. 并联补偿电容器　　D. 并联补偿电抗器

答案：A。

547. 利用自动电压控制系统对发电机调压时，受控机组励磁系统应投入（　　）。

A. 自动电压调节器　　B. 自动电流调节器　　C. 自动发电控制器　　D. 自动无功控制器

答案：A。

548. 发电厂应根据可能的进相深度，当（　　）成为限制进相因素时，应监视发电机功角进相运行。

A. 静稳定　　B. 机端电流

C. 机端电压　　D. 端部铁心和金属结构件温度

答案：A。

549. 当失步振荡中心在发电机—变压器组（　　）时，应立即解列发电机。

A. 内部　　B. 外部　　C. 边界　　D. 以上都不是

答案：A。

550. 风电场应经（　　）及动态试验验证定值整定正确，并向调度部门提供整定调试报告。

A. 稳态　　B. 暂态　　C. 静态　　D. 仿真

答案：C。

551. 风电场汇集线系统（　　）应快速切除。

A. 单相故障　　B. 三相故障　　C. 相间故障　　D. 保护故障

答案：A。

552. 重大活动期间，电网企业原则上安排相关电网保持全接线、全保护运行方式，不安排（　　）。

A. 设备紧急检修　　B. 设备调试　　C. 设备计划检修　　D. 设备计划检修和调试

答案：D。

553. 电网减供负荷，是指电力调度控制中心统一调度的电网在事故发生期间的实际负荷（　　）。

A. 最大减少量　　B. 最小减少量　　C. 最大增加量　　D. 最小增加量

答案：A。

554. 有下列情形之一者，定为一般电网事故（四级电网事件）（　　）。

A. 造成电网负荷 20000 兆瓦以上的省（自治区）电网减供负荷 5%以上 10%以下者

B. 造成其他设区的市电网减供负荷 20%以上 30%以下者

C. 地市级以上地方人民政府有关部门确定的特级或一级重要电力用户电网侧供电全部中断

D. 装机总容量 1000 兆瓦以上的发电厂因安全故障造成全厂对外停电

答案：A。

555. 有下列情形中为一般电网事故（四级电网事件）的是（　　）。

A. 造成其他设区的市电网 30%以上 50%以下供电用户停电者

B. 地市级以上地方人民政府有关部门确定的特级或一级重要电力用户电网侧供电全部中断

C. 造成电网负荷 150 兆瓦以上的县级市电网减供负荷 40%以上 60%以下者

D. 造成电网减供负荷 40 兆瓦以上 100 兆瓦以下者

答案：C。

556. 未构成一般以上电网事故（四级以上电网事件），符合下列条件中的（　　）定为五级电网事件。

A. 110 千伏以上系统中，一次事件造成同一变电站内两台以上主变压器跳闸

B. 造成电网负荷 150 兆瓦以上的县级市电网 50%以上 70%以下供电用户停电者

C. 变电站内 110 千伏（含 66 千伏）母线非计划全停

D. 变电站内 220 千伏以上任一电压等级母线非计划全停

答案：D。

557. 未构成一般以上电网事故（四级以上电网事件），但符合下列条件中的（　　）定为五级电网事件。

A. 造成电网减供负荷 100 兆瓦以上者

B. 造成电网负荷 150 兆瓦以下的县级市电网 50%以上供电用户停电者
C. 造成电网负荷 150 兆瓦以上的县级市电网减供负荷 40%以上 60%以下者
D. 变电站内 110 千伏（含 66 千伏）母线非计划全停
答案：A。
558. 未构成五级以上电网事件，但符合下列条件中的（　　）定为六级电网事件。
A. 造成电网减供负荷 40 兆瓦以上 100 兆瓦以下者
B. 220 千伏以上单一母线非计划停运
C. 同一输电断面两回以上线路同时停运
D. 110 千伏（含 66 千伏）系统中，开关失灵、继电保护或自动装置不正确动作致使越级跳闸
答案：A。
559. 未构成五级以上电网事件，符合下列条件中的（　　）定为六级电网事件。
A. 220 千伏以上单一母线非计划停运
B. 造成电网减供负荷 100 兆瓦以上者
C. 35 千伏变压器等主设备无主保护，或线路无保护运行
D. 地市级以上地方人民政府有关部门确定的二级重要电力用户电网侧供电全部中断
答案：D。
560. 未构成六级以上电网事件，符合下列条件中的（　　）定为七级电网事件。
A. 35 千伏以上输变电设备异常运行或被迫停止运行，并造成减供负荷者
B. 35 千伏变压器等主设备无主保护，或线路无保护运行
C. 地市级以上地方人民政府有关部门确定的二级重要电力用户电网侧供电全部中断
D. 电网输电断面超稳定限额连续运行时间超过 1 小时
答案：A。
561. 未构成七级以上电网事件，但符合下列条件中的（　　）定为八级电网事件。
A. 10 千伏（含 20 千伏、6 千伏）配电站非计划全停
B. 地市级以上地方人民政府有关部门确定的临时性重要电力用户电网侧供电全部中断
C. 变电站内 35 千伏母线非计划全停
D. 110 千伏（含 66 千伏）系统中，开关失灵、继电保护或自动装置不正确动作致使越级跳闸
答案：A。
562. 未构成七级以上电网事件，符合下列条件中的（　　）定为八级电网事件。
A. 地市级以上地方人民政府有关部门确定的二级重要电力用户电网侧供电全部中断
B. 35 千伏以上输变电设备异常运行或被迫停止运行，并造成减供负荷者
C. 35 千伏变压器等主设备无主保护，或线路无保护运行
D. 110 千伏（含 66 千伏）变压器等主设备无主保护，或线路无保护运行
答案：C。
563.《国家电网公司安全事故调查规程》规定，一次事故造成 10 人以上 30 人以下死亡，或者 50 人以上 100 人以下重伤者，属于（　　）。
A. 严重事故　　B. 重大事故　　C. 较大事故　　D. 一般事故
答案：B。
564.《国家电网公司安全事故调查规程》规定，220 千伏以上系统中，一次事件造成同一输电断面两回线路跳闸（自动重合成功不计）、或同一变电站内两台以上主变或两条以上母线跳闸，属于（　　）。
A. 四级电网事故　　B. 四级电网事件　　C. 五级电网事故　　D. 五级电网事件
答案：D。

565.《国家电网公司安全事故调查规程》规定，任何单位承包公司系统内产权单位或运行管理单位的工作中，造成其电网、设备、信息等事故的，均由（　　）单位统计。

A. 事故责任　　B. 事故人员所在

C. 该产权单位或运行管理　　D. 设备所在场所管理

答案：C。

566.《国家电网公司安全事故调查规程》规定，因调度机构过失，如下达调度命令错误、保护定值错误、误动、误碰等，造成发供电设备异常运行并构成事故时，调度机构应（　　）。

A. 负主要责任　　B. 负次要责任　　C. 负连带责任　　D. 统计为一次事故

答案：D。

567.《国家电网公司安全事故调查规程》规定，五级以上的即时报告事故均应在（　　）小时以内以书面形式上报。

A. 12　　B. 16　　C. 18　　D. 24

答案：D。

568.《国家电网公司安全事故调查规程》规定，事故可能导致电力系统稳定破坏和电网大面积停电的，各级调度机构应采取（　　）等必要措施。

A. 拉限负荷　　B. 解列电网　　C. 解列发电机组　　D. 以上都正确

答案：D。

569.《国家电网公司安全工作规定》中规定，反事故措施计划应根据上级颁发的反事故技术措施、需要治理的事故隐患、需要消除的（　　）、提高设备可靠性的技术改进措施及本单位事故防范对策进行编制。

A. 紧急缺陷　　B. 一般缺陷　　C. 重大缺陷　　D. 严重缺陷

答案：C。

570.（　　）兆瓦以上容量发电机变压器组应配置专用故障录波器。

A. 300　　B. 280　　C. 260　　D. 200

答案：D。

571. 跨越重要输电通道时，不宜在一档中跨越（　　）条及以上输电线路，且不宜在杆塔顶部跨越。

A. 5　　B. 4　　C. 3　　D. 2

答案：C。

572.《国家电网有限公司关于开展保障大电网安全专项行动的通知》要求落实“先降后控”要求，严控（　　）级以上风险。

A. 六　　B. 五　　C. 四　　D. 三

答案：C。

573. 调控机构安全保证体系和安全监督体系应相互协同、各司其职、各负其责，按照“谁主管、谁负责”原则、坚持“（　　）”，保障安全管理的组织、人员和投入，加大监督检查力度，抓好过程管理和绩效考核。

A. 管生产必须管安全　　B. 管业务必须管安全

C. 管后勤必须管安全　　D. 管安全必须管生产

答案：B。

574. 电网无功补偿遵循（　　）的原则。

A. 分线分变、就地平衡　　B. 分层分区、就地平衡

C. 分层分区、适度支援　　D. 分层分区、全局平衡

答案：B。

575. 变压器并联运行的条件不包括（　　）。

A. 变比相等　　B. 短路电压相等　　C. 接线组别相同　　D. 负荷大小相等

答案：D。

576. 电力系统的（　　）是指系统在某种运行方式下突然受到大的扰动后，经过一个机电暂态过程达到新的稳定运行状态或回到原来的稳定状态。

A. 静态稳定　　B. 暂态稳定　　C. 动态稳定　　D. 平衡稳定

答案：B。

577. （　　）不是保证安全的技术措施。

A. 停电　　B. 验电　　C. 接地　　D. 工作许可

答案：D。

578. 电力系统稳定可分为功角稳定、（　　）和电压稳定三大类以及若干子类。

A. 频率稳定　　B. 有功平衡稳定　　C. 暂态稳定　　D. 热稳定

答案：A。

579. 全面监视是指监控员对所有监控变电站进行全面的巡视检查，330 千伏及以上变电站每值至少（　　）。

A. 一次　　B. 两次　　C. 三次　　D. 四次

答案：B。

580. 下列哪种情况可由值班监控员进行开关监控远方操作？（　　）

A. 故障停运线路远方试送操作　　B. 开关未通过遥控验收

C. 开关正在检修（遥控传动除外）　　D. 不具备远方同期合闸操作条件的同期合闸

答案：A。

581. 装机容量在 3000MW 及以上的电网，频率偏差超出（　　）赫兹，即可视为电网频率异常。

A. 50±0.1　　B. 50±0.2　　C. 50±0.4　　D. 50±0.5

答案：B。

582. 以下哪项措施不能提高电力系统的静态稳定性？（　　）

A. 提高系统电压水平　　B. 采用串联电容器补偿

C. 采用直流输电　　D. 线路采用自动重合闸

答案：D。

583. 电网频率过高的处置原则不包括（　　）。

A. 调度员下令部分机组关闸停机　　B. 电厂值班员紧急降低机组出力

C. 命令抽水蓄能机组抽水运行　　D. 尽量提高系统电压

答案：D。

584. 电网频率过低的处置原则不包括（　　）。

A. 命令抽水蓄能机组抽水运行　　B. 迅速开启备用机组

C. 调度员下令拉开负荷线路开关　　D. 迅速调用预备容量

答案：A。

585. 下列哪种情况，不需要对变电站相关区域或设备开展特殊监视？（　　）

A. 电网检修高峰期间　　B. 遇特殊恶劣天气

C. 电网处于特殊运行方式　　D. 新设备试运行期间

答案：A。

586. 下列哪种情况，调控中心应将相应的监控职责临时移交运维单位？（　　）

A. 设备有严重或危急缺陷，需加强监视时

B. 设备重载或接近稳定限额运行时

C. 电网处于特殊运行方式时

D. 变电站内主变、断路器等重要设备发生严重故障，危及电网安全稳定运行

答案：D。

587. 火电机组的基本调峰标准应达到额定容量的（　　）。

A. 60% B. 50% C. 40% D. 35%

答案：B。

588. 500（330/220）千伏母线正常运行时，最高运行电压不得超过系统额定电压的（　　）。

A. 5% B. 10% C. 15% D. 20%

答案：B。

589. 并网电厂涉网安全防护技术监督，应坚持“安全第一、预防为主、（　　）”的原则。

A. 综合治理 B. 集中治理 C. 综合处理 D. 集中处理

答案：A。

590. 风电场低电压穿越要求：风电场并网点电压跌至20%标称电压时，风电场内风电机组能够保证不脱网连续运行（　　）毫秒。

A. 425 B. 500 C. 625 D. 800

答案：C。

591. 正常运行情况，装机容量在30～150兆瓦之间的风电场，10分钟有功功率变化最大限值（兆瓦）不超过（　　）。

A. 装机容量的1/2 B. 装机容量的1/3 C. 装机容量的1/4 D. 装机容量的1/5

答案：B。

592. 分布式电源接入电压等级宜按照200千瓦及以下分布式电源接入（　　）电压等级电网。

A. 220伏 B. 380伏 C. 10千伏 D. 35千伏

答案：B。

593. 以下选项中不属于AGC的控制过程的是（　　）。

A. 信息接收装置（远方终端） B. 主站无功自动控制程序

C. 发电机组自动化装置 D. 机组协调控制系统

答案：B。

594. 系统试验不包括（　　）。

A. 检验系统特性的试验 B. 确定仿真参数所进行的试验

C. 检验系统控制能力试验 D. 调试试验

答案：D。

595. 安全稳定措施及安全自动装置的稳定计算原则计算的重点是（　　）。

A. 校验第二级安全稳定标准中的故障类型

B. 校验第三级安全稳定标准中的故障类型

C. 校验第二级、第三级安全稳定标准中的故障类型

D. 校验第一级、第二级安全稳定标准中的故障类型

答案：C。

596. 新、改、扩建的发、输、变电工程首次并网（　　）天前，拟并网方应向相应电网调度机构提交资料，并报送并网运行申请书。

A. 60 B. 70 C. 80 D. 90

答案：D。

597. 新机投产或增容改造后，（　　）的交接或检修试验项目应完整，符合有关标准和规程规定。

A. 电气一次设备 B. 电气二次设备 C. 电气设备 D. 发电机组

答案：A。

598. 发电厂与电网连接处均应装设断路器。断路器三相故障清除时间：330 千伏及以上设备不大于（　　）毫秒。

A. 60　　B. 70　　C. 80　　D. 90

答案：D。

599. 发电厂与电网连接处均应装设断路器。断路器三相故障清除时间：110～220 千伏设备不大于（　　）毫秒。

A. 120　　B. 110　　C. 100　　D. 90

答案：A。

600. 电力系统稳定器（PSS）的定值由（　　）委托有资质的试验单位试验和审核后，报电网调度机构确定，电力系统稳定器的投入与退出按调度命令执行。

A. 电厂　　B. 电网调度机构　　C. 生产厂家　　D. 第三方机构

答案：A。

601. 火电机组的调峰能力应满足所在电网电源结构和负荷特性对调峰的需求，一般不小于（　　）机组额定有功功率，并在并网调度协议中明确。

A. 60%　　B. 50%　　C. 40%　　D. 30%

答案：B。

602. 火电机组最大负荷限幅为不小于机组额定容量的（　　），额定负荷运行的机组应参与一次调频增负荷调节。

A. 4%　　B. 6%　　C. 8%　　D. 10%

答案：B。

603. 水电机组最大负荷限幅为不小于机组额定容量的（　　），机组一次调频减负荷方向可不设下限。

A. 4%　　B. 6%　　C. 8%　　D. 10%

答案：D。

604. 发电机组月 AGC 可用率应不低于（　　）。

A. 90%　　B. 80%　　C. 70%　　D. 60%

答案：A。

605. 为保证局部小网的稳定运行，当引起电力系统振荡的故障点在发变组外部时，透平型发电机应当能够承受至少（　　）振荡周期，以使电力系统尽可能快速恢复稳定。

A. 1～5 个　　B. 5～20 个　　C. 10～20 个　　D. 1～10 个

答案：B。

606. AGC 机组工作在负荷控制方式时，机组的调整应考虑频率约束，当频率超过（　　）赫兹（该值根据电网要求可随时调整）范围时，机组不允许反调节。

A. 50±0.1　　B. 50±0.2　　C. 50±0.13　　D. 50±0.03

答案：A。

607. 对母线负荷预测要求说法不正确的是（　　）。

A. 母线负荷预测包括从次日到第八日的母线有功负荷预测

B. 应采用统一、规范的电网母线负荷模型，以便于相互校验

C. 下级电网调度机构管辖的母线负荷模型发生变化时应根据上级调度有关规定提前上报

D. 母线负荷预测应综合考虑日期、类型、气象、社会大事件、网络拓扑变化及负荷转供等因素对母线负荷的影响

答案：A。

608. 关于设备检修说法错误的是（　　）。

A. 按照应修必修、修必修好、一次停电综合配套检修的原则，统筹安排检修计划

B. 电网企业负责协调新设备启动和设备检修计划

C. 电网调度机构在安排与计划检修、非计划（临时）检修和新设备启动相关的电网运行方式时，应考虑发用电平衡，以有利于电网安全稳定运行

D. 应开展设备年度检修管理

答案：D。

609.（　　）负责协调新设备启动和设备检修计划。

A. 电力监管机构　　B. 电网调度机构　　C. 电网企业　　D. 电网使用者

答案：C。

610. 必要时，电网企业、电网使用者可向电网调度机构提出（　　）申请，电网调度机构应根据电网运行情况进行批复，在电网允许时及时安排。

A. 计划检修　　B. 计划停运

C. 非计划（临时）检修　　D. 新设备启动

答案：C。

611. 电网企业和电网使用者应向系统提供用于维护（　　）等方面的辅助服务。辅助服务的调度由电网调度机构负责。

A. 电压　　B. 频率稳定　　C. 电网故障后恢复　　D. 以上都是

答案：D。

612. 电网调频厂根据系统调频要求和电厂调整能力确定，在（　　）中明确。

A. 购售电合同　　B. 并网调度协议　　C. 调度规程　　D. 发电调度计划

答案：B。

613. 电网调度机构负责编制本网事故限电序位表和保障电力系统安全的限电序位表，报（　　）审批后执行。

A. 政府主管部门　　B. 电力监管机构　　C. 电网企业　　D. 电网使用者

答案：A。

614. 负荷控制程序顺序正确的是（　　）。

A. 供电企业自行控制负荷—供电企业指令负荷控制—电网调度机构指令负荷控制—自动低频、低压减负荷

B. 有序用电—自动低频、低压减—负荷直接拉路

C. 有序用电—直接拉路—自动低频、低压减负荷

D. 实施需求侧管理—供电企业指令负荷控制—电网调度机构指令负荷控制—自动低频、低压减负荷

答案：C。

615. 安全自动装置日常的运行维护和检查，由（　　）负责。

A. 电网调度机构　　B. 设备所在单位　　C. 电网使用者　　D. 电网企业

答案：B。

616. 光伏发电站应配置发电功率预测系统，系统具有（　　）小时短期发电功率预测。

A. 0～4　　B. 0～24　　C. 0～48　　D. 0～72

答案：D。

617. 风电场、光伏电站（　　）需完成功率预测系统的安装调试。

A. 并网运行前　　B. 并网运行时　　C. 并网运行后　　D. 试运行期间

答案：A。

618. 紧急负荷控制警报：由于系统裕度不足，可能在（　　）之内进行拉限负荷。

A. 15分钟　　B. 30分钟　　C. 60分钟　　D. 2小时

答案：B。

619. 系统试验的提出方应至少提前（　　）个月向电网企业提出书面系统试验申请。在申请中应明确试验的范围、目的、对相关厂站的要求和安全措施。

A. 1　　B. 2　　C. 3　　D. 4

答案：C。

620. 新、改、扩建的发、输、变电工程首次并网（　　）前，拟并网方应向电网调度机构提出一次设备命名、编号申请，提交正式资料。

A. 7天　　B. 10天　　C. 30天　　D. 90天

答案：D。

621.（　　）及以上电压等级变压器高抗等设备及容量（　　）及以上的发变组保护应按双重化配置。

A. 110千伏，100兆瓦　　B. 110千伏，300兆瓦

C. 220千伏，100兆瓦　　D. 220千伏，300兆瓦

答案：C。

622. 接入（　　）及以上电压等级发变组电气量保护应启动断路器失灵保护。

A. 35千伏　　B. 110千伏　　C. 220千伏　　D. 500千伏

答案：C。

623. 调度部门应督促发电厂在（　　）完成相关试验。

A. 并网运行前　　B. 商业运行前

C. 试运行期间　　D. 商业运行后

答案：B。

624.（　　）对所在电网内的各电厂站控系统AGC和AVC性能进行考核。

A. 电网企业　　B. 调度部门　　C. 电网使用者　　D. 技术监督部门

答案：B。

625. 调度部门应督促发电厂加强发电机励磁系统的运行监视，一旦发现励磁系统发生事故或异常时，应于事故发生后（　　）工作日内提出故障或异常原因分析，并将分析报告上报调度部门和技术监督部门。

A. 3个　　B. 7个　　C. 15个　　D. 30个

答案：A。

626.（　　）应督促发电厂将对励磁系统的要求，以及设备参数、操作步骤、紧急事故状态下的处理方法等列入现场运行规程。

A. 调度部门　　B. 技术监督部门　　C. 政府部门　　D. 试验单位

答案：A。

627. 调度部门对管辖范围内的发电厂励磁系统性能进行定期复核性试验，一般每（　　）复核一次。

A. 一年　　B. 三年　　C. 五年　　D. 十年

答案：C。

628. 单机容量（　　）及以上汽轮发电机组和燃气轮机要求进行调速器、励磁系统及PSS实测建模工作及并网试验工作。

A. 50兆瓦　　B. 100兆瓦　　C. 150兆瓦　　D. 200兆瓦

答案：B。

629. 按照《国家电网公司网源协调管理规定》的要求，调度部门负责本省（市）发电机组调速器、励磁系统及PSS实测建模试验的（　　）工作，初审建模试验方案及报告。

A. 技术支持　　B. 报告审核　　C. 组织实施　　D. 方案上报

答案：C。

630. 一次调频是指当电力系统频率偏离目标频率时，发电机组通过调速系统的自动反应，调整（　　）减少频率偏差所提供的服务。

A. 无功出力　　B. 有功出力　　C. 相角　　D. 负荷

答案：B。

631. 在发电机组辅助服务项目中，火电机组的基本调峰标准应达到额定容量的（　　）。

A. 30%　　B. 40%　　C. 50%　　D. 60%

答案：C。

632. 对基本辅助服务不进行补偿，当因（　　）原因不能提供基本辅助服务时调度部门将对发电企业进行考核。

A. 天气变化　　B. 电网部门　　C. 发电厂　　D. 电力用户

答案：C。

633. 发电机组的PSS定值（参数）经（　　）审核后报（　　），由（　　）审查同意后执行或由（　　）下达执行。

A. 技术监督单位，调度部门，调度部门，调度部门

B. 技术监督单位，调度部门，技术监督单位，调度部门

C. 技术监督单位，调度部门，调度部门，技术监督单位

D. 调度部门，调度部门，技术监督单位，调度部门

答案：A。

634. 发电机励磁系统正常时应投入（　　）运行，且PSS正常情况下必须置入投运状态。

A. 自动电流调节方式　　B. 自动无功调节方式

C. 自动电压调节方式　　D. 自动功率因数调节方式

答案：C。

635. 在电压允许偏差值范围内，供电电压的调整使电网高峰负荷时的电压值高于电网低谷负荷时的电压值为（　　）方式。

A. 顺调压　　B. 逆调压　　C. 恒调压　　D. 有载调压

答案：B。

636. 无功补偿设备的配置与设备类型选择，应进行技术经济比较。（　　）电网，应考虑提高电力系统稳定的作用。

A. 110千伏及以上　　B. 220千伏及以上　　C. 500千伏及以上　　D. 750千伏及以上

答案：B。

637. 10千伏用户的电压允许偏差值，为系统额定电压的（　　）。

A. ±7%　　B. +5%～−10%　　C. 0～+10%　　D. −3%～+7%

答案：A。

638. 500（330）千伏母线：向空载线路充电，在暂态过程衰减后线路末端电压不应超过系统额定电压的（　　），持续时间不应大于（　　）。

A. 1.1倍，30分钟　　B. 1.15倍，20分钟　　C. 1.15倍，30分钟　　D. 1.05倍，20分钟

答案：B。

639. 为保证用户受电端电压质量和降低线损，220千伏及以下电网电压的调整，宜实行（　　）方式。

A. 顺调压　　B. 逆调压　　C. 恒调压　　D. 有载调压

答案：B。

640. 关于 AVC 主站实时监视说法不正确的是（　　）。

A. 对母线电压越限的情况进行告警，提醒运行人员注意

B. 监视控制发电机的实时运行信息

C. 监视和统计电网内静态无功备用和旋转无功备用等备用情况

D. 可监视电网传输无功损耗信息

答案：D。

641. 省地协调控制中，省调 AVC 下发给地调 AVC 哪个数据量？（　　）

A. 可增/减无功　　B. 电压向上/下可调量

C. 关口功率因数上下限　　D. 以上都不是

答案：C。

642. 以下关于电厂 AVC 子站功能要求说法不正确的是（　　）。

A. 电厂 AVC 子站是电网 AVC 系统的执行节点

B. 应能通过机组自动电压调节执行电压/无功的调节功能

C. 运行状态应能通过远动传送至 AVC 主站

D. 当超过一定时间无法接收到主站下发的控制指令或主站指令通不过校验时，应闭锁或退出 AVC 控制，并给出报警

答案：D。

643. 发电机频率异常保护动作于（　　）。

A. 停机　　B. 解列　　C. 程序跳闸　　D. 信号

答案：D。

644. 发变组接入 220 千伏及以上系统时应配置（　　）断路器断口闪络保护。

A. 高压侧　　B. 中压侧　　C. 低压侧　　D. 高中低三侧

答案：A。

645. 自耦变压器的零序过电流保护应在（　　）配置。

A. 高压侧和中压侧　　B. 高压侧和低压侧

C. 中压侧和低压侧　　D. 高压侧、中压侧和低压侧

答案：A。

646. 变压器过负荷保护动作于（　　）。

A. 跳分段开关　　B. 跳母联开关　　C. 跳变压器三侧开关　　D. 信号

答案：D。

647. 在电力系统事故或紧急情况下，风电场有功功率变化（　　）电力系统调度机构规定的有功功率变化最大限值。

A. 可超出　　B. 应小于　　C. 应等于　　D. 以上选项都正确

答案：A。

648. 当电力系统频率高于 50.2 赫兹时，应（　　）风电场有功功率。

A. 降低　　B. 提高　　C. 保持　　D. 以上选项都正确

答案：A。

649. 风电场应当在全部机组并网调试运行后（　　）内向电力系统调度机构提供有关风电场运行特性的测试报告。

A. 6 个月　　B. 12 个月　　C. 2 个月　　D. 3 个月

答案：A。

650. 风电场并网前应提前（　　）向电网调度机构提交并网申请书，同时提交风电场相关的详细资料，资料应经调度部门审核确认符合有关要求。

A. 3 个月　　B. 6 个月　　C. 2 个月　　D. 4 个月

答案：A。

651. 电网输电线路的检修改造应综合考虑电网运行和风电场发电规律及特点，尽可能安排在（　　）实施，减少风电场的电量损失。

A. 小风季节　　B. 大风季节　　C. 无风天气　　D. 大风天气

答案：A。

652. 风电场运行方式计算分析时，应按照全网风电功率预测最大处理、（　　）两种情况。

A. 最大出力　　B. 瞬时出力　　C. 最小出力　　D. 平均出力

答案：C。

653. 风电场汇集线系统应采用合理的接地方式，确保风电场内（　　）快速切除。

A. 单相故障　　B. 三相故障　　C. 相间短路故障　　D. 接地故障

答案：A。

654. 风力发电场并网前验收，检查站内一次设备不包括（　　）。

A. 主变压器　　B. 无功补偿装置　　C. 接地系统　　D. 电力通信系统

答案：D。

655. 风电场应能自动调节其发出（或吸收）的无功功率，根据电力系统（　　）指令，实现对并网点电压的控制，其调节速度和控制精度应满足电力系统电压调节的要求。

A. 省调控中心　　B. 地调　　C. 调度机构　　D. AGC

答案：C。

656. 风电场无功动态调整的响应速度应与（　　）故障穿越能力相匹配，确保在调节过程中风电机组不因电压异常而脱网。

A. 场内风电机组　　B. 风电场　　C. 逆变器　　D. 主变压器

答案：A。

657. 在风电场高电压穿越运行时间要求中，当并网点工频电压值 $U>1.20$ 千伏时，风电场内无功补偿装置应具有每次运行（　　）的能力。

A. 20 分钟　　B. 允许退出运行　　C. 1 分钟　　D. 3 分钟

答案：B。

658. 电力系统事故或特殊运行方式下，按照电网调度机构的要求（　　）光伏发电站有功功率。

A. 降低　　B. 提高　　C. 保持　　D. 先提高后降低

答案：A。

659. 事故处理完毕，电力系统恢复正常运行状态后，光伏发电站（　　）并网运行。

A. 应按调度指令　　B. 自行　　C. 按场长指令　　D. 按地调指令

答案：A。

660. 光伏发电站应满足的低电压穿越要求，光伏发电站并网点电压跌至 0 时，光伏发电站应能不脱网连续运行（　　）。

A. 150 毫秒　　B. 0.625 毫秒　　C. 0.1 秒　　D. 1 秒

答案：A。

661. 光伏发电站在紧急状态或故障情况下退出运行时，应立即向（　　）汇报，经电网调度机构同意后按调度指令并网。

A. 电网调度机构　　B. 省调　　C. 地调　　D. 电站场场长

答案：A。

662. 光伏发电站出力为零时，（　　）应具备电网调用的能力。

A. 无功补偿设备　　B. 光伏逆变器　　C. 主变压器　　D. 光伏组件

答案：A。

663. 光伏发电站内部检修时，当影响的运行容量（　　）电网调度机构规定限值时，应向电网调度机构提出检修申请，并按电网调度机构批准的时间和作业内容执行。

A. 超过　　B. 低于　　C. 等于　　D. 小于

答案：A。

664. 短期系统负荷预测准确率要达到：本网用电负荷在 10000 兆瓦以上的，准确率为（　　）。

A. 90%　　B. 95%　　C. 97%　　D. 99%

答案：C。

665. 停电计划刚性管理满足以下要求：月度停电计划执行率≥（　　）。

A. 95%　　B. 90%　　C. 88%　　D. 85%

答案：D。

666. 国网安徽省电力公司电网运行风险预警等级与《国家电网公司安全事故调查规程》事故（事件）等级相对应，分为（　　）。

A. 一至八级　　B. 一至五级　　C. 一至四级　　D. 一至七级

答案：A。

667. 根据《国网安徽省电力公司电网运行风险预警管控工作规范》，不属于安徽电力调度控制中心职责的是（　　）。

A. 提出电网运行风险管控要求

B. 分析、辨识和评估安徽电网主网月度、周运行风险

C. 编制安徽电网主网运行风险预警通知单

D. 负责电网运行风险预警管控工作的全过程监督、检查、评价

答案：D。

668. 根据《国网安徽省电力公司电网运行风险预警管控工作规范》，不属于运检部职责的是（　　）。

A. 按照“预警通知单”要求，组织落实设备巡视、维护、消缺和安全防护等管控措施

B. 审核各相关单位对省公司发布的电网运行风险预警单的运检专业防控措施

C. 负责合理安排检修计划，评估发布重要输电通道名单

D. 督促相关部门和单位做好涉及电网风险的安全隐患排查和闭环治理工作

答案：D。

669. 根据《国网安徽省电力公司电网运行风险预警管控工作规范》，不属于营销部职责的是（　　）。

A. 签收主网预警通知单并在国网安监一体化信息平台发布

B. 对全省电力平衡不足或主网供电能力不足情况，组织落实负荷控制方案

C. 负责组织落实需求侧管理、供电服务、重要客户保电等控制措施，评估发布重要用户名单

D. 审核各相关单位对省公司发布的电网运行风险预警单的营销专业防控措施

答案：A。

670. 电网风险预警按照（　　）原则，规范各级风险预警发布。

A. “分级预警、分层管控”　　B. “统一发布、分级管理”

C. “统一管控、分级发布”　　D. “统一预警、分层管控”

答案：A。

671. 省公司负责发布省调直接调度管辖范围电网可能导致（　　）电网安全事件的风险预警。

A. 五级以上　B. 四级以上　C. 三级以上　D. 六级以上

答案：A。

672. 市公司负责发布地调管辖范围电网可能导致（　）电网安全事件的风险预警。

A. 六级以上　B. 八级以上且低于四级

C. 五级以上　D. 七级以上且低于四级

答案：D。

673. 下列哪项不属于省公司电网运行风险预警发布条件？（　）

A. 夏（冬）季用电高峰期间全省电力平衡不足或局部电网供电能力不足

B. 设备停电期间，全省电力平衡不足或局部电网供电能力不足

C. 设备停电期间，500 千伏及以上一条线路或一段母线或一台主变或同杆并架线路（30%以上同杆）故障，可能发生五级以上电网事件

D. 设备停电造成接入 110 千伏及以上电网的一级重要客户单电源供电

答案：D。

674. 在电网运行风险预警评估中省公司、地市公司应强化电网运行（　），建立健全风险预警评估机制，为预警发布和管控提供科学依据。

A. "年方式、月计划、周安排"　B. "月计划、周安排、日管控"

C. "年方式、月计划、日管控"　D. "年方式、月计划、周安排、日管控"

答案：D。

675. （　）编制"电网运行风险预警通知单"。

A. 各级调控部门　B. 运检部门　C. 营销部门　D. 安监部门

答案：A。

676. "电网运行风险预警通知单"执行部门（　）制度。

A. 会签和审批　B. 发布　C. 审核　D. 审批

答案：A。

677. "预警通知单"执行部门会签和审批制度，调控部门编制完成并送相关部门会签后，提交（　）审批。

A. 本单位领导　B. 本部门领导　C. 上一级调度　D. 风险预警主管部门

答案：A。

678. 地市公司五级电网风险预警由（　）审核批准。

A. 本单位行政正职　B. 本单位党务正职　C. 本单位分管副职　D. 本单位安全总监

答案：A。

679. 地市公司六级电网风险预警由（　）审核批准。

A. 本单位行政正职　B. 本单位党务正职　C. 本单位分管副职　D. 本单位安全总监

答案：C。

680. 七级电网风险预警，由（　）审核批准。

A. 调控部门负责人　B. 本单位安全总监　C. 运检部负责人　D. 本单位分管副职

答案：A。

681. 一、二级电网风险预警需报（　）审核同意。

A. 国网总部　B. 华东分部　C. 省公司行政正职　D. 省公司分管副职

答案：A。

682. "预警通知单"由（　）发布，并在预警管控系统挂网。

A. 安监部　B. 运检部门　C. 调度部门　D. 营销部

答案：C。

683. 预警发布应预留合理时间，四级以上“预警通知单”宜在工作实施（　　）个工作日前发布。

A. 1　　B. 3　　C. 2　　D. 4

答案：B。

684. 风险预警责任单位填写“预警反馈单”，在预警发布（　　）内在预警管控系统挂网反馈。

A. 24 小时　　B. 48 小时　　C. 36 小时　　D. 72 小时

答案：A。

685. “预警通知单”涉及工作实施前（　　）个工作日，各项预警管控措施均应落实到位，具备下达设备停电操作指令的条件。

A. 2　　B. 1　　C. 3　　D. 1.5

答案：B。

686. “电网运行风险预警报告单”按照“谁预警、谁报告”原则，（　　）风险预警，省公司调控中心向能源局及派出机构、地方政府电力运行主管部门行文报送。

A. 四级以上　　B. 五级以上　　C. 三级以上　　D. 六级以上

答案：A。

687. 电网运行风险预警报告按照（　　）原则，向能源局及派出机构、地方政府电力运行主管部门行文报送。

A. “谁预警、谁报告”　　B. “谁评估、谁报告”

C. “谁管控、谁报告”　　D. “谁发布、谁报告”

答案：A。

688. 对风险预警涉及的二级以上重要客户，营销部门提前（　　）个工作日向客户书面送达“电网运行风险预警告知单”。

A. 2　　B. 1　　C. 3　　D. 4

答案：A。

689. 对电厂送出可靠性造成影响或需要电源支撑的风险预警，调控部门提前 1 个工作日向相关并网电厂（　　）“预警告知单”并签收。

A. 口头告知　　B. 电话告知　　C. 书面送达　　D. 短信告知

答案：C。

690. 电网风险预警解除由（　　）负责在预警管控系统实施，并在周生产安全例会或日生产早会发布。

A. 调控部门　　B. 安监部门　　C. 应急指挥中心　　D. 运检部门

答案：A。

691. 电网风险预警状态因故延期或变更，需经（　　），方可延期或变更。

A. “预警通知单”审批人同意后　　B. “预警通知单”审核人同意后

C. 各会签部门同意后　　D. 调控部门负责人同意后

答案：A。

692. 有关重要用户的电网风险管控，（　　）负责通知签订调度协议的用户。

A. 调控部门　　B. 市场大客户室　　C. 营销部门　　D. 运检部门

答案：A。

693. 关于电网风险预警，公司实行专业部门的专业督查和公司安质部门的安全督查并行的（　　）督查模式。

A. “双轨制”　　B. “单轨制”　　C. “专人评价制”　　D. “部门协同制”

答案：A。

第六章　应急管理

694. 生产经营单位应当对从业人员进行安全生产教育和培训，保证从业人员具备必要的安全生产知识，熟悉有关的安全生产规章制度和安全操作规程，掌握本岗位的（　　）。

A. 技术要求　　B. 安全操作技能

C. 安全职责　　D. 安全目标

答案：B。

695. 从业人员有权对本单位安全生产工作中存在的问题提出批评、检举、控告；有权拒绝（　　）。

A. 应急抢修　　B. 越级指挥

C. 违章指挥和强令冒险作业　　D. 临时作业

答案：C。

696.《中华人民共和国安全生产法》规定，生产经营单位委托为安全生产提供技术、管理服务的机构，保证安全生产的责任仍由（　　）负责。

A. 委托管理服务的机构　　B. 本单位

C. 安全生产监督管理部门　　D. 地方人民政府

答案：B。

697. 生产经营单位发生生产安全事故后，事故现场有关人员应当立即报告（　　）。

A. 本单位负责人　　B. 安全监督部门

C. 上级领导　　D. 本单位安全员

答案：A。

698. 事故调查处理应当按照（　　）的原则，及时、准确地查清事故原因，查明事故性质和责任，总结事故教训，提出整改措施，并对事故责任者提出处理意见。

A. 四不放过　　B. 科学严谨、求真务实

C. 科学严谨、实事求是、循序渐进　　D. 科学严谨、依法依规、实事求是、注重实效

答案：D。

699. 电力企业的（　　）对本单位的安全生产工作全面负责。电力企业从业人员应当依法履行安全生产方面的义务。

A. 主要负责人　　B. 法人

C. 总工程师　　D. 工会

答案：A。

700. 突发事件是指突然发生，造成或者可能造成严重社会危害，需要采取应急处置措施予以应对的自然灾害、事故灾难、（　　）和社会安全事件。

A. 公共卫生事件　　B. 大面积停电

C. 战争　　D. 安全事故

答案：A。

701. 突发事件应对工作实行预防为主、预防与（　　）相结合的原则。

A. 处置　　B. 准备　　C. 应急　　D. 抢险

答案：C。

702. 国家建立重大突发事件（　　）体系，对可能发生的突发事件进行综合性评估，减少重大突发事件的发生，最大限度地减轻重大突发事件的影响。

A. 危险评估　　B. 风险评估　　C. 分级评估　　D. 响应评估

答案：B。

703. 国家建立统一领导、综合协调、分类管理、（　　）、属地管理为主的应急管理体制。

A. 各自负责　　B. 统一负责　　C. 分级负责　　D. 分类负责

答案：C。

704. 国家建立有效的社会动员机制，增强全民的公共安全和（　　）的意识，提高全社会的避险救助能力。

A. 防范风险　　B. 能源污染　　C. 社会隐患　　D. 救助风险

答案：A。

705. 国务院和县级以上地方各级人民政府是突发事件应对工作的行政领导机关，其办事机构及具体职责由（　　）规定。

A. 人民代表大会　　B. 国务院　　C. 最高人民法院　　D. 人民

答案：B。

706. 有关人民政府及其部门做出的应对突发事件的决定、命令，应当及时（　　）。

A. 发布　　B. 公布　　C. 宣传　　D. 宣布

答案：B。

707. （　　）、法人和其他组织有义务参与突发事件应对工作。

A. 公民　　B. 人民　　C. 人类　　D. 政府

答案：A。

708. 应急预案的制定、修订程序由（　　）规定。

A. 人民政府　　B. 人民代表大会　　C. 应急管理部门　　D. 国务院

答案：D。

709. 有关单位应当定期检测、（　　）其报警装置和应急救援设备、设施，使其处于良好状态，确保正常使用。

A. 维修　　B. 调试　　C. 运行　　D. 维护

答案：D。

710. 有关单位和人员报送、报告（　　）信息，应当做到及时、客观、真实，不得迟报、谎报、瞒报、漏报。

A. 突发事件　　B. 安全事故　　C. 自然灾害　　D. 紧急事件

答案：A。

711. 预警级别的划分标准由国务院或者（　　）制定。

A. 国务院确定的部门　　B. 国务院确定的个人

C. 国务院确定的单位　　D. 各级人民政府

答案：A。

712. 根据生产安全事故（以下简称事故）造成的人员伤亡或者直接经济损失，事故一般分为（　　）、重大事故、较大事故、一般事故。

A. 严重事故　　B. 十分重大事故　　C. 特别重大事故　　D. 特别严重事故

答案：C。

713. 事故调查处理应当坚持实事求是、（　　）的原则。

A. 尊重科学　　B. 严肃严格　　C. 有理有据　　D. 全面协调

答案：A。

714. 任何单位和个人不得阻挠和（　　）对事故的报告和依法调查处理。

A. 影响　　B. 干扰　　C. 干预　　D. 干涉

答案：D。

715. 安全生产监督管理部门和负有安全生产监督管理职责的有关部门逐级上报事故情况，每级上报的时间不得超过（　　）小时。

A. 1　　B. 2　　C. 3　　D. 4

答案：B。

716. 电力安全事故发生后，有关单位和人员应当妥善保护事故现场及工作日志、工作票、操作票等相关材料，及时保存故障录波图、（　　）、发电机组运行数据和输变电设备运行数据等相关资料。

A. 电力调度数据　　B. 行波测距数据

C. 电能表数据　　D. 电力通信数据

答案：A。

717. 电力安全事故危及人身和设备安全的，发电厂、（　　）可以按照有关规定，立即采取停运发电机组和输变电设备等紧急处置措施。

A. 市调　　B. 国调

C. 地调　　D. 变电运行值班员

答案：D。

718. 根据事故的具体情况，电力调度机构可以发布开启或者关停发电机组、调整发电机组有功和无功负荷、调整电网运行方式、调整供电调度计划等电力调度命令，发电企业、电力用户应（　　）执行。

A. 上报领导后　　B. 立即执行

C. 通知重要用户后　　D. 调整内部负荷后

答案：B。

719. 电网负荷 20000 兆瓦以上的省、自治区电网，减供负荷 13%以上 30%以下属于（　　）。

A. 特别重大事故　　B. 重大事故　　C. 较大事故　　D. 一般事故

答案：B。

720. 县级市减供负荷 40%以上（电网负荷 150 兆瓦以上的，减供负荷 40%以上 60%以下）属于（　　）。

A. 特别重大事故　　B. 重大事故　　C. 较大事故　　D. 一般事故

答案：D。

721. 国家突发事件预警发布热线是（　　）。

A. 12378　　B. 12379　　C. 12380　　D. 12381

答案：B。

722. 应急管理是一个动态的过程，包括预防、（　　）、响应和恢复四个阶段。

A. 演练　　B. 准备　　C. 演习　　D. 防范

答案：B。

723. 用灭火器灭火时，灭火器的喷射口应该对准火焰的（　　）。

A. 上部　　B. 中部　　C. 下部　　D. 根部

答案：D。

724. 反违章工作是指企业在预防违章、查处违章、整治违章等过程中，在制度建设、培训教育、（　　）、监督检查、评价考核等方面开展的相关工作。

A. 工程管理　　B. 现场管理　　C. 建设施工　　D. 安全保障

答案：B。

725. 倒闸操作可以通过就地操作、遥控操作、程序操作完成。（　　）的设备应满足有关技术条件。

A. 就地操作　　B. 就地操作、遥控操作

C. 就地操作、程序操作　　D. 遥控操作、程序操作

答案：D。

726. 公司各级单位应建立和完善安全风险管理体系、（　　）、事故调查体系，构建事前预防、事中控制、事后查处的工作机制，形成科学有效并持续改进的工作体系。

A. 应急预案体系　　B. 防御处置体系

C. 应急管理体系　　D. 应急处置体系

答案：C。

727. 公司各级单位应建立和完善安全风险管理体系、应急管理体系、事故调查体系，构建事前（　　）、事中控制、事后查处的工作机制。

A. 预防　　B. 通知　　C. 报告　　D. 预测

答案：A。

728. 公司各级单位应贯彻"谁主管谁负责、管业务必须管（　　）"的原则，做到计划、布置、检查、总结、考核业务工作的同时，计划、布置、检查、总结、考核安全工作。

A. 安全　　B. 生产　　C. 考核　　D. 风险

答案：A。

729.（　　）对业务范围内的安全工作负责，（　　）负责安全工作的综合协调和监督管理。

A. 安全保证体系，安全监督体系　　B. 安全责任体系，安全管控体系

C. 安全监督体系，安全保证体系　　D. 安全管控体系，安全责任体系

答案：A。

730. 省公司级单位应（　　）公布现行有效的规程制度清单；地市公司级单位、县公司级单位应（　　）至少一次对安全法律法规、标准规范、规章制度、操作规程的执行情况进行检查评估。

A. 定期，每两年　　B. 每年，每两年

C. 定期，每年　　D. 每年，每年

答案：C。

731. 安全性评价结果、（　　）结果应作为制订反事故措施计划和安全技术劳动保护措施计划的重要依据。

A. 运维分析　　B. 事故隐患排查

C. 缺陷统计　　D. 专项检查

答案：B。

732. 调控机构应全面实施安全风险管理，对各类安全风险进行（　　）和流程化控制。

A. 超前分析　　B. 精确评估　　C. 深入研究　　D. 提前预判

答案：A。

733. 公司应急预案管理工作应当遵循（　　）、分类管理、分级负责、条块结合、协调衔接的原则。

A. 统一核算　　B. 统一标准　　C. 统一方针　　D. 统一要求

答案：B。

734. 公司各级单位应按照"横向到边、纵向到底、上下对应、（　　）"的要求建立应急预案体系。

A. 前后呼应　　B. 前后对照　　C. 内外衔接　　D. 内外结合

答案：C。

735. 应急预案体系由总体应急预案、（　　）和现场处置方案构成。

A. 专项应急预案　B. 专业应急预案　C. 特殊应急预案　D. 一般应急预案

答案：A。

736. 总体应急预案由本单位应急管理（　　）组织编制。

A. 归口部门　B. 领导部门　C. 主要负责人　D. 企业负责人

答案：A。

737. 应急预案发布时，应统一进行（　　）。

A. 命名　B. 编号　C. 排序　D. 编码

答案：B。

738. 应急预案经评审、修改，符合要求后，由本单位（　　）（或分管领导）签署发布。

A. 主要负责人　B. 企业负责人　C. 总经理　D. 主要领导

答案：A。

739. 应急预案发布后（　　）个工作日内应在公司系统内部做好备案工作。

A. 15　B. 20　C. 25　D. 30

答案：B。

740. 公司总部各部门、各级单位应当将应急预案培训作为应急管理培训的重要内容，对与应急预案实施密切相关的管理人员和（　　）等组织开展应急预案培训。

A. 专业人员　B. 技术人员　C. 作业人员　D. 施工人员

答案：C。

741. 总体应急预案的培训和演练（　　）至少组织一次。

A. 每半年　B. 每一年　C. 每两年　D. 每五年

答案：C。

742. 各专项应急预案的培训和演练（　　）至少组织一次，各现场处置方案的培训和演练（　　）至少组织一次。

A. 每年，每年　B. 每两年，每年　C. 每年，每半年　D. 每半年，每半年

答案：C。

743. 应急预案演练分为（　　）演练和专项演练。

A. 综合　B. 总体　C. 全面　D. 基础

答案：A。

744. 应急预案演练方案经（　　）后实施。

A. 评审　B. 评估　C. 批准　D. 发布

答案：C。

745. 应急处置结束后应对应急预案的（　　）进行评估，并编制评估报告。

A. 实施质量　B. 实施成果　C. 实施情况　D. 实施效果

答案：D。

746. 公司各级单位应（　　）至少进行一次应急预案适用情况的评估。

A. 每季度　B. 每半年　C. 每年　D. 每两年

答案：C。

747. 应急预案（　　）至少修订一次。

A. 每半年　B. 每年　C. 每两年　D. 每三年

答案：D。

748. 公司各级单位应指定专门（　　）或人员负责应急预案管理相关工作。

A. 部门　B. 小组　C. 机构　D. 组织

答案：C。

749. 公司各级单位应急管理归口部门（　　）对本单位和所属下级单位应急预案管理工作进行检查，通报检查结果，以指导各级单位不断完善和提升应急预案管理水平。

A. 每月　　B. 每季度　　C. 每年　　D. 不定期

答案：D。

750. 按照突发事件发生的紧急程度、发展势态和可能造成的危害程度分为一级、二级、三级和四级，分别用红色、橙色、黄色和蓝色标示，（　　）为最高级别。

A. 一级　　B. 二级　　C. 三级　　D. 四级

答案：A。

751. 按照突发事件发生的紧急程度、发展势态和可能造成的危害程度分为一级、二级、三级和四级，分别用红色、橙色、黄色和（　　）标示。

A. 蓝色　　B. 白色　　C. 绿色　　D. 青色

答案：A。

752.《国家电网公司调度系统重大事件汇报规定》适用于（　　）电网发生大面积停电等重大事件时调控机构的汇报工作。

A. 公司总部　　B. 公司分部

C. 各级单位　　D. 公司总（分）部及所属各级单位

答案：D。

753. 调度系统重大事件包括（　　）、紧急报告类和一般报告类事件。

A. 特别紧急报告类　　B. 特急报告类　　C. 重要报告类　　D. 重大报告类

答案：B。

754. 调度系统重大事件包括特急报告类、（　　）和一般报告类事件。

A. 重要报告类　　B. 紧急报告类　　C. 危急报告类　　D. 重大报告类

答案：B。

755. 在直调范围内发生特急报告类事件的调控机构调度员，须在（　　）分钟内向上一级调控机构调度员进行特急报告。

A. 10　　B. 15　　C. 20　　D. 30

答案：B。

756. 相应调控机构在接到下级调控机构事件报告后，应按照逐级汇报的原则，（　　）分钟内将事件情况汇报至上一级调控机构。

A. 5　　B. 10　　C. 15　　D. 20

答案：A。

757. 特急报告类、紧急报告类、一般报告类事件应按调管范围由发生重大事件的调控机构尽快将详细情况以（　　）报送至上一级调控机构。

A. 电话告知　　B. 书面形式　　C. 当面告知　　D. 邮件形式

答案：B。

758. 发生重大事件后，相应调控机构的汇报内容主要包括事件发生时间、概况、（　　）等情况。

A. 造成的影响　　B. 造成的危害　　C. 造成的损失　　D. 造成的原因

答案：A。

759. 在发生严重电网事故或受自然灾害影响，恢复系统正常方式需要较长时间时，相关调控机构应（　　）向上级调控机构汇报恢复情况。

A. 适时　　B. 立即　　C. 随时　　D. 不必

答案：C。

760. 调控机构安全工作坚持“(　　)、预防为主、综合治理”的方针。

A. 安全先行　　B. 安全第一　　C. 前期防范　　D. 前期准备

答案：B。

761. 调控机构安全工作以防止发生电网稳定破坏、(　　) 和调控责任事故为重点。

A. 电网设备损坏　　B. 电网超限事故　　C. 人身伤亡事故　　D. 大面积停电事故

答案：D。

762. 调控机构安全保证体系和（　　）应相互协同、各司其职、各负其责。

A. 安全责任体系　　B. 安全生产体系　　C. 安全监督体系　　D. 安全运行体系

答案：C。

763. 加大监督检查力度，加强安全管理的（　　）全过程管控。

A. 闭环　　B. 专业　　C. 业务　　D. 人员

答案：A。

764. 调控机构应严格执行国家、电力行业及公司有关法律法规、技术标准、规程规定，不断完善安全（　　）机制，使安全生产工作实现制度化、规范化、标准化。

A. 生产　　B. 运行　　C. 监督　　D. 管理

答案：D。

765. 调控人员调换岗位，应当对其进行专门的安全教育和培训，经（　　）后，方可上岗。

A. 考试合格　　B. 领导同意　　C. 考查　　D. 实习

答案：A。

766. 调控机构结合季节安全生产特点组织迎峰度夏（冬、汛）专项检查，主要包括电网运行管理、设备监控管理、(　　)（含安控、继电保护、调度自动化)、网源协调管理、应急预案制定及演练、迎峰度夏（冬、汛）准备情况等方面。

A. 生产管理　　B. 二次设备管理　　C. 两票执行情况　　D. 电话录音

答案：B。

767. 调控应急指挥工作组应结合本调控机构实际情况，下设（　　)、综合协调等小组，协同参与应急处置。

A. 应急响应　　B. 应急准备　　C. 故障处置　　D. 应急处置

答案：C。

768. 调控机构每年度夏或度冬前，调度机构应至少组织（　　）电网联合反事故演习。

A. 二次　　B. 一次　　C. 三次　　D. 四次

答案：B。

769. 调控机构应定期组织开展应急预案的应急演练工作，及时对（　　）进行总结分析，查找存在的问题，提出预案及演练的改进建议。

A. 演练效果　　B. 演练形式　　C. 演练成效　　D. 演练过程

答案：A。

770. 调控机构应（　　）至少组织或参加一次电网联合反事故演习。

A. 每半年　　B. 每年　　C. 每两年　　D. 每季度

答案：B。

771. 联合反事故演习应组织相关人员（　　)，并开展反事故演习后评估。

A. 学习讨论　　B. 模拟演练　　C. 评估考核　　D. 现场观摩

答案：D。

772. 调控机构的应急指挥组工作统一负责电网运行信息的汇集与（　　)。

A. 发布　　B. 公布　　C. 报送　　D. 传达

答案：C。

773. 应急响应解除后，应急指挥工作组应及时向公司应急领导小组和上级调控机构报告，（　　）应对突发事件应急处置情况进行调查评估，提出改进措施。

A. 调控机构　　B. 运维单位　　C. 应急领导小组　　D. 企业负责人

答案：A。

774. 各级调控机构应加强备调运行管理，（　　）修订备调启用应急方案，明确组织体系、人员配置、技术支持及后勤保障等工作要求，规范备调启用的工作流程。

A. 滚动　　B. 持续　　C. 定期　　D. 动态

答案：D。

775. 备调场所应实行（　　）小时保卫值班，非备调运行、维护、管理和保卫人员不得进入备调场所和备调席位工作。

A. 12　　B. 24　　C. 48　　D. 72

答案：B。

776. 各级调控机构应加强调控机构备调演练管理，（　　）至少组织一次专业演练。

A. 每周　　B. 每月　　C. 每季度　　D. 每年

答案：B。

777. 各级调控机构应（　　）组织一次备调短时转入应急工作模式的整体演练，对技术支持系统切换、人员快速集结的应急响应速度进行检验。

A. 每季度　　B. 每半年　　C. 每年　　D. 每月

答案：A。

778. 各级调控机构应（　　）组织一次调控指挥权向备调转移的综合演练，全面检验备调运行水平和主备调业务切换能力。

A. 每半年　　B. 每年　　C. 每两年　　D. 每季度

答案：B。

779. 备调值班人员经（　　）、取得任职资格后方可上岗。

A. 领导批准　　B. 推荐任命　　C. 培训考试合格　　D. 招聘竞聘

答案：C。

780. 备调值班人员应（　　）定期到主调进行学习，参与主调调控值班，确保具备承担主调调控业务的能力。

A. 每季度　　B. 每半年　　C. 每年　　D. 每月

答案：C。

781. 主备调调控技术支持系统应保持（　　），并按照《电力监控系统安全防护规定》的要求建立完备的安全防护体系。

A. 同时运行　　B. 统一运行　　C. 切换运行　　D. 同步运行

答案：D。

782. 调控机构应对备调可用情况进行（　　）评估、（　　）评估，对备调临时启用的实战情况进行总结评估，完善有关管理流程，不断提升备调管理水平。

A. 月度，季度　　B. 季度，年度

C. 周，月　　D. 年中，年度

答案：B。

783. 针对电网存在的安全风险和危险点，制订切实可行、翔实、合理的措施、（　　）。

A. 手段　　B. 方法　　C. 计划　　D. 预测

答案：C。

784. 针对季节性特点应定期对电网安全隐患进行排查，及时提出具体（　　）。

A. 计划　　B. 整改措施　　C. 内容　　D. 条件

答案：B。

785. 调控部门应建立（　　）和危险点分析的常态机制。

A. 实时监控　　B. 调度计划　　C. 安全校核　　D. 风险评估

答案：D。

786. 定期开展安全生产保障能力评估。提出整改要点，实现电网调度控制运行风险的（　　）、在控。

A. 实时　　B. 预测　　C. 可控　　D. 评估

答案：C。

787. 公司各节点应履行安全生产责任，在流转中实现流程上下环节的（　　）和相互督促。

A. 支撑　　B. 监督　　C. 对应　　D. 帮助

答案：A。

788. 对调度主要业务做到四个凡是：凡是（　　）必须建立流程、凡是流程必须上线流转、凡是上线流程必须有审计功能、凡是流程必须有事后监督评价。

A. 核心业务　　B. 核心指标　　C. 核心数据　　D. 核心系统

答案：A。

789. 当班值班长在答复检修工作申请单前，应首先核对工作内容及（　　），确保工作内容与工作要求的安全措施匹配。

A. 检修计划　　B. 运行方式　　C. 停电范围　　D. 安全措施

答案：B。

790. 操作完毕后核对状态记录的控制措施包括：操作执行完毕后应及时核对一、二次设备状态；校正调度大屏（模拟盘）、核对 EMS 画面的设备状态；（　　）、核对相关安全自动装置的状态。

A. 核对应有人监护

B. 核对现场汇报操作完毕且调度员复诵正确后应记录执行完毕时间

C. 核对调度日志记录的设备状态

D. 核对发令用电话应有录音功能

答案：C。

791. 交接班期间监控设备发生故障时，应终止交接班，由（　　）进行事故处理，待处理告一段落，方可继续交接班。

A. 交班值　　B. 接班值　　C. 交班值或接班值　　D. 交班

答案：A。

792. 所有的停电计划均应经安全校核，对停电计划风险进行评估，必要时发布（　　）。

A. 负荷预测　　B. 预警通知　　C. 损失评估　　D. 负荷损失

答案：B。

793. 属于风险辨识项目“发电计划与电网检修计划配合”的典型控制措施的是（　　）。

A. 及时调整机组启停计划、申请联络线功率调整

B. 时刻关注检修计划、调度日志记录和 EMS 系统中发电机组状态信息

C. 核对机组影响出力，跟踪火电厂燃煤库存和天然气供应情况

D. 核对机组状态，实时掌握机组的运行工况

答案：D。

794. 按照《电力系统安全稳定计算规范》，对所辖电网正常方式及（　　）方式进行静态电压稳定裕度分析。

A. N-1　　B. N-2　　C. N-3　　D. N-4

答案：A。

795. 下列关于规范定值单内容的措施不正确的是（　　）。

A. 定值单应根据装置要求标明一、二次值

B. 定值单人员签字应齐全

C. 对定值单的控制字宜给出具体数值

D. 定值不需要根据装置要求标明一、二次值

答案：D。

796. 数据网设备维护各节点进行工作时，若影响到数据网络设备，必须提前（　　）向上级调度机构提出书面申请，经批复同意后方可进行工作。

A. 一天　　B. 两天　　C. 三天　　D. 七天

答案：C。

797. 当值值班员应充分掌握本班停电工作情况及预计送电时间，当值值班员获得相关单位延时送电信息后，应在计划结束时间前（　　）发起延时送电变更流程。

A. 10 分钟　　B. 20 分钟　　C. 半小时　　D. 一小时

答案：C。

798. 电网突发事件达到大面积停电分级标准时，应急指挥部应按照本级公司应急领导小组的指令启动应急处置机制，同时将（　　）等有关情况汇报上级应急指挥部。

A. 停电范围、负荷损失、发展趋势　　B. 停电范围、设备故障、发展趋势

C. 停电范围、负荷损失、设备故障　　D. 停电时间、停电范围、发展趋势

答案：A。

799. 应急响应期间，（　　）统一负责电网运行信息的汇集与报送工作。

A. 运营监控中心　　B. 调控当值值班长

C. 调控部门行政领导　　D. 调控应急指挥工作组

答案：D。

800. 在电网恢复过程中，应协调好（　　）之间的恢复次序，保证电网安全稳定留有一定裕度。

A. 电网、电厂、用户　　B. 居民、电厂、政府

C. 电网、电厂、工厂　　D. 政府、工厂、居民

答案：A。

801. 各级调控中心（　　）组织一次典型电网黑启动演练，熟练掌握电网黑启动预案。

A. 每月　　B. 每年　　C. 每季度　　D. 两年

答案：B。

802. 调控中心（　　）应组织一次备调短时转入应急工作模式的整体演练，主要包括技术支持系统切换、人员转移，但不涉及调控指挥权转移；每月应各组织一次月度专业演练，主要涉及调控运行专业和自动化专业。

A. 每半年　　B. 每年　　C. 每季度　　D. 两年

答案：C。

803. 落实“（　　）”原则，全面评估风险，及时发布预警，用足管控措施，确保风险可控。

A. 先控后降　　B. 先降后控　　C. 按步就班　　D. 管控

答案：B。

804. 各级调度安排的计划性停电工作，满足预警条件时，应至少提前（　　）小时发布电网运行风险预警。

A. 8　　B. 12　　C. 24　　D. 36

答案：D。

805. 电力系统稳定可分为（　　）、频率稳定和电压稳定三大类以及若干子类。

A. 功角稳定　　B. 有功平衡稳定　　C. 暂态稳定　　D. 热稳定

答案：A。

806. 依据《光伏发电站接入电力系统技术规定》，装机容量10兆瓦及以上的光伏发电站应配置（　　）。

A. PMU装置　　B. SCADA系统

C. 光伏发电功率预测系统　　D. AGC系统

答案：C。

807. 省级以上调控机构各专业以不发生人员责任的（　　）以上电网事件（事故）为基准，每年制定专业安全生产控制目标。

A. 三级　　B. 四级　　C. 五级　　D. 六级

答案：D。

808. 按照“（　　）”原则实施电网稳定管理。

A. 统一管理、分级负责　　B. 统一调度、分级管理

C. 统一安排、分步实施　　D. 统一调度、分级负责

答案：A。

809. 监控远方操作中，严格执行（　　）等要求。

A. 双席确认、唱票、复诵、监护、记录

B. 模拟预演、唱票、复诵、录音、监护

C. 模拟预演、唱票、复诵、监护、记录

D. 模拟预演、唱票、复诵、录音、记录

答案：C。

810. 电网发生故障时，（　　）应立即将故障发生的时间、设备名称及其状态等概况向相应调控机构值班调度员汇报。

A. 值班监控员、厂站运行值班人员

B. 值班监控员、输变电设备运维人员

C. 厂站运行值班人员、输变电设备运维人员

D. 值班监控员、厂站运行值班人员及输变电设备运维人员

答案：D。

811. 输电断面功率越限处置原则中，下列描述正确的是（　　）。

A. 送端电网发电厂增加出力，并提高电压

B. 送端电网发电厂降低出力，并降低电压

C. 送端电网限电

D. 改变电网运行方式，调整潮流分布

答案：D。

812. 调控机构按照（　　）的要求，建立电力二次系统纵深安全防护体系。

A. 安全分区、网络专用、纵向隔离、横向认证

B. 安全分区、网络共享、横向隔离、纵向认证

C. 安全分区、网络共享、纵向隔离、横向认证

D. 安全分区、网络专用、横向隔离、纵向认证

答案：D。

第七章 消防安全和紧急救护

813.《中华人民共和国消防法》自（　　）起施行。
A. 2008年5月1日　　B. 2008年10月28日
C. 2009年5月1日　　D. 2009年10月28日
答案：C。

814. 消防工作按照政府统一领导、部门依法监管、（　　）、公民积极参与的原则，实行消防安全责任制。
A. 单位全面负责　　B. 单位主要负责
C. 单位领导负责　　D. 单位主动负责
答案：A。

815.（　　）领导全国的消防工作。
A. 公安部　　B. 应急管理部　　C. 国务院　　D. 消防部
答案：C。

816. 单位的（　　）是本单位的消防安全责任人。
A. 消防控制室人员　　B. 法定代表人或主要负责人
C. 安全保卫负责人　　D. 分管消防安全的负责人
答案：D。

817. 电力消防工作的方针是（　　）。
A. 预防为主，防消结合　　B. 安全第一，防消结合
C. 安全第一，预防为主　　D. 安全第一，综合治理
答案：C。

818.《电力设备典型消防规程》适用于（　　）的电力生产企业。
A. 所有　　B. 除核电站以外
C. 除水电站以外　　D. 除光伏电站
答案：B。

819.《电力设备典型消防规程》规定电力企业的防火重点部位不应少于（　　）。
A. 60%　　B. 70%　　C. 80%　　D. 90%
答案：B。

820.《电力设备典型消防规程》规定电力企业义务消防队消防活动（　　）。
A. 每月不应少于一次　　B. 每季不应少于一次
C. 每半年不应少于一次　　D. 每年不应少于一次
答案：B。

821.《电力设备典型消防规程》规定电力企业义务消防员的人数不应少于职工总数的（　　）。
A. 10%　　B. 20%　　C. 30%　　D. 40%
答案：A。

822. 油管道严禁使用（　　）。
A. 塑料垫　　B. 橡胶垫　　C. 皮垫　　D. A和B
答案：C。

823. 油管道应尽量不布置在高温蒸汽管道（　　）。

A. 下方　　B. 上方　　C. 中间　　D. 上方或下方

答案：B。

824. 柴油机的油箱不应装在柴油机的（　　）。

A. 下方　　B. 上方　　C. 中间　　D. 上方或下方

答案：B。

825. 电动机的基础外围与建筑物或其他设备之间应留出净距离不少于（　　）米的通道。

A. 0.5　　B. 1　　C. 1.5　　D. 2

答案：B。

826. 电动机与墙之间，当一侧已有通道时，另一侧的净距离不少于（　　）米。

A. 0.3　　B. 0.5　　C. 1　　D. 2

答案：A。

827. 灭火器配置场所的火灾种类不包括（　　）。

A. 固体物质火灾　　B. 液体火灾

C. 气体火灾　　D. 非金属火灾

答案：D。

828. B类火灾是指（　　）或可融化固体物质火灾。

A. 固体物质火灾　　B. 液体火灾

C. 气体火灾　　D. 金属火灾

答案：B。

829. 工业建筑灭火器配置场所的危险等级，划分为三级，其中不包括（　　）。

A. 严重危险级　　B. 中危险级　　C. 轻危险级　　D. 较轻危险级

答案：D。

830. A类火灾场所应选择水型灭火器、磷酸铵盐干粉灭火器、泡沫灭火器或卤代烷灭火器（　　）。

A. 水型灭火器　　B. 二氧化碳灭火器

C. 磷酸铵盐干粉灭火器　　D. 泡沫灭火器或卤代烷灭火器

答案：B。

831. 灭火器不宜设置在（　　）或强腐蚀性的地点。

A. 干燥　　B. 不平整　　C. 潮湿　　D. 室外

答案：C。

832. 自动化机房消防设施的备用电源应由保安电源供给，未设置保安电源的应按（　　）类负荷供电，消防设施用电线路敷设应满足火灾时连续供电的需求。

A. Ⅰ　　B. Ⅱ　　C. Ⅲ　　D. Ⅳ

答案：B。

833. 自动化通信机房应满足密闭防尘和温度、湿度要求，窗户具备（　　）功能，防止阳光直射机柜和设备。

A. 隔温　　B. 防火　　C. 遮阳　　D. 耐温

答案：C。

834. 自动化机房在建设工程中，消防系统设计文件应报（　　）消防机构审核或备案，工程竣工后应报公安消防机关申请消防验收或备案。

A. 住建委　　B. 政府机关　　C. 公司　　D. 公安机关

答案：D。

835. 防雷接地是指在雷击时保护人体和（　　）免受雷击伤害所需的接地。

A. 设备　　B. 服务器　　C. 主机　　D. 传感器

答案：A。

836. 下列哪个选项符合C类机房的要求？（　　）

A. 信息系统运行中断将造成国家电网公司范围内生产经营等核心业务无法正常开展

B. 信息系统运行中断将造成国家电网公司总部范围内生产经营等核心业务无法正常开展

C. 信息系统运行中断将造成地市公司范围内生产经营等核心业务无法正常开展

D. 信息系统运行中断将造成县公司范围内生产经营等核心业务无法正常开展

答案：C。

837. A、B、C级机房中的变配电、不间断电源系统和（　　）内，宜设置洁净气体灭火系统。

A. 配电柜　　B. 电池室　　C. 出入口处　　D. 电缆沟道

答案：B。

838. 主机房出口应设置向疏散方向开启且能自动关闭的门，门应是防火材料，并应保证在任何情况下都能从机房（　　）打开。

A. 内　　B. 外　　C. 左　　D. 右

答案：A。

839. 根据《国家电网公司信息机房管理规范（试行）》，（　　）类信息机房中的主机房和基本工作间应安装消防系统。

A. A和B　　B. A　　C. B　　D. C

答案：A。

840. 根据《国家电网公司信息机房管理规范（试行）》，调度机房应设火灾自动报警系统，并应符合现行国家标准（　　）的规定。

A. 火灾自动报警系统设计规范　　B. 电力设备典型消防规程

C. 安规　　D. 调度规程

答案：A。

841. 根据《国家电网公司信息机房评价规范》，C类机房应设置的防护设备不包括（　　）。

A. 烟雾传感器　　B. 湿度计

C. 漏水传感器　　D. 空调

答案：D。

842. 根据《国家电网公司信息机房评价规范》，A类主机房及安全出口应设置事故应急照明，其照度不应低于（　　）勒克斯；主要通道及有关房间依据需要可设应急照明，照度不应低于1勒克斯。

A. 51　　B. 52　　C. 53　　D. 54

答案：A。

843. 根据《国家电网公司信息机房评价规范》，A类机房内甲醛浓度应小于0.08毫克/立方米。

A. 0.07　　B. 0.08　　C. 0.09　　D. 0.1

答案：B。

844. 根据《国家电网公司信息机房评价规范》，A类机房电源室温度要求为（　　）。

A. 5～10℃　　B. 10～20℃　　C. 15～25℃　　D. 20～30℃

答案：C。

845. 根据《国家电网公司信息机房评价规范》，A类机房手提灭火器的设置应符合现行（　　）的有关规定。灭火剂不应对电子信息设备造成污渍损害。

A. GB 50141　　B. GB 50142　　C. GB 50143　　D. GB 50140

答案：D。

846. 根据《国家电网公司信息机房评价规范》，A 类机房安全通道要保证畅通。如机房长度超过 15 米（或面积大于 90 平方米，应设（　　）个安全出口，并宜设于机房的两端。

A. 1　　B. 2　　C. 3　　D. 4

答案：B。

847. 国家电网公司 B 类信息机房主机房室温度要求为（　　）±1℃。

A. 22　　B. 23　　C. 24　　D. 25

答案：B。

848. 根据《国家电网公司信息机房评价规范》，在多层建筑或高层建筑物内 C 类信息机房不宜选择（　　）。

A. 底层　　B. 顶层　　C. 中间层　　D. A 或 B

答案：D。

849. 根据《国家电网公司信息机房评价规范》，C 类机房 UPS 后备时间不得少于标准容量（　　）时。

A. 0.5　　B. 1　　C. 1.5　　D. 2

答案：A。

850. 根据《国家电网公司信息机房评价规范》，D 类机房应设有防小动物措施，机房内所有的缝隙、孔洞应用（　　）材料封堵。

A. 防水　　B. 防火　　C. 防静电　　D. 防尘

答案：B。

851. 一级动火工作票由申请动火部门（　　）签发。

A. 负责人或技术负责人　　B. 负责人

C. 技术负责人　　D. 监护人

答案：A。

852. 一级动火工作票由（　　）审核。

A. 安监部门负责人、保卫（消防）部门负责人

B. 厂级安监人员、保卫（消防）人员

C. 部门安全员、义务消防员

D. 监护人

答案：A。

853. 二级动火工作票由（　　）签发。

A. 申请动火部门负责人或技术负责人

B. 申请动火班组班长或班组技术人员

C. 申请动火部门安全员

D. 申请动火部门监护人

答案：B。

854. 二级动火工作票由（　　）审核。

A. 安监部门负责人、保卫（消防）部门负责人

B. 厂级安监人员、保卫（消防）人员

C. 部门安全员、义务消防员

D. 部门安全员

答案：B。

855. 一、二级动火（　　），各级审批人和动火工作票签发人均应到现场检查防火安全措施是否正确完备，测定可燃气体、易燃液体的可燃蒸气含量或粉尘浓度是否合格，并在监护下做明火试验，

确认无问题后，方可动火作业。

A. 在首次动火时　　B. 在每次动火前

C. 动火作业过程中　　D. 在每次动火后

答案：A。

856. 风力（　　）的露天作业，严禁动火。

A. 达到 4 级以上　　B. 达到 5 级以上

C. 达到 6 级以上　　D. 达到 7 级以上

答案：B。

857. 动火工作票（　　）代替设备停复役或检修工作票。

A. 不得　　B. 可以

C. 在紧急情况下可以　　D. 有时可以

答案：A。

858. 外单位来生产区内动火，应由（　　），按动火等级履行动火工作票制度。

A. 外单位负责该项工作人员　　B. 负责该项工作的本厂人员

C. 责任班组班长或技术人员　　D. 负责该项工作的安全员

答案：B。

859. 动火工作票签发人（　　）兼任该项工作的工作负责人。

A. 不得　　B. 可以

C. 在紧急情况下可以　　D. 有时可以

答案：A。

860. 动火工作票的审批人、消防监护人（　　）签发动火工作票。

A. 不得　　B. 可以

C. 在紧急情况下可以　　D. 有时可以

答案：A。

861. 动火工作负责人（　　）填写动火工作票。

A. 不得　　B. 可以

C. 在紧急情况下可以　　D. 有时可以

答案：B。

862. 紧急救护时，发现伤员意识不清、瞳孔扩大无反应、呼吸、心跳停止时，应立即在现场就地抢救，用（　　）支持呼吸和循环，对脑、心重要脏器供氧。

A. 心脏按压法　　B. 口对口呼吸法

C. 口对鼻呼吸法　　D. 心脏复苏法

答案：D。

863. 触电急救，在医务人员（　　）前，不得放弃现场抢救，更不能只根据没有呼吸或脉搏的表现，擅自判定伤员死亡，放弃抢救。

A. 未到达　　B. 未接替救治

C. 做出死亡判断　　D. 判断呼吸或脉搏表现

答案：B。

864. 触电急救应分秒必争，一经明确心跳、呼吸停止的，立即就地迅速用（　　）进行抢救，并坚持不断地进行，同时及早与医疗急救中心（医疗部门）联系，争取医务人员接替救治。

A. 心脏按压法　　B. 口对口呼吸法

C. 口对鼻呼吸法　　D. 心脏复苏法

答案：D。

865. 触电急救，脱离电源就是要把触电者接触的那一部分带电设备的（　　）断路器（开关）、隔离开关（刀闸）或其他断路设备断开。

A. 有关　　B. 所有　　C. 高压　　D. 低压

答案：B。

866. 如果触电者触及断落在地上的带电高压导线，在尚未确定线路无电及救护人员未采取安全措施（如穿绝缘靴或临时双脚并紧跳跃地接近触电者）前，不能接近断线点至（　　）米范围内，以防止跨步电压伤人。

A. 4～6　　B. 6～8　　C. 8～10　　D. 10～12

答案：C。

867. 触电伤员脱离电源后，判断伤员有无意识应在（　　）秒以内完成。

A. 5　　B. 10　　C. 30　　D. 60

答案：B。

868. 触电伤员脱离电源后，正确抢救体位是（　　）。

A. 左侧卧位　　B. 右侧卧位

C. 仰卧位　　D. 俯卧位

答案：C。

869. 触电急救，当采用胸外心脏按压法进行急救时，伤员应仰卧于（　　）上。

A. 柔软床垫　　B. 硬板床或地

C. 担架　　D. 弹簧床

答案：B。

870. 触电急救，胸外心脏按压频率应保持在（　　）次/分钟。

A. 60　　B. 80　　C. 100　　D. 120

答案：C。

871. 婴儿心脏按压频率为大于100次/分钟，因为对婴幼儿可以一个人同时做心脏按压和人工呼吸，按压和呼吸比是（　　）。

A. 4：1　　B. 5：1　　C. 6：1　　D. 8：1

答案：B。

872. 触电急救抢救过程中，如发现触电者皮肤（　　），瞳孔（　　），则说明抢救收到了效果。

A. 由红变紫，由大变小　　B. 由紫变红，由大变小

C. 由红变紫，由小变大　　D. 由红变紫，由小变大

答案：B。

873. 进行心肺复苏法时，如有担架搬运伤员，应该持续做心肺复苏，中断时间不超过（　　）秒。

A. 5　　B. 10　　C. 30　　D. 60

答案：A。

874. 被电击伤并经过心肺复苏抢救成功的电击伤员，都应让其充分休息，并在医务人员指导下进行不少于（　　）小时的心脏监护。

A. 12　　B. 24　　C. 36　　D. 48

答案：D。

875. 烧伤急救时，强碱或碱灼伤应迅速脱去被溅染衣物，现场立即用大量清水彻底冲洗，要彻底，然后用适当的药物中和；冲洗时间不少于（　　）分钟。

A. 5　　B. 10　　C. 15　　D. 20

答案：B。

876. 犬咬伤后应立即用肥皂水或清水冲洗伤口至少（　　）分钟，同时用挤压法自上而下将残留伤口内唾液挤出，然后用碘酒清洁伤口。

A. 5　　B. 10　　C. 15　　D. 20

答案：C。

877. 触电者脱离电源以后，如神志清醒，判断意识无，有心跳，但呼吸停止或极微弱，应立即用（　　），使气道开放，并进行口对口人工呼吸。

A. 心肺复苏法　　B. 仰头抬颈法

C. 仰头抬颏法　　D. 推颌法

答案：C。

878. 触电者脱离电源后，如神志丧失，判定意识无，心跳停止，但有极微弱的呼吸，应立即施行（　　）抢救。

A. 心肺复苏法　　B. 仰头抬颈法

C. 仰头抬颏法　　D. 推颌法

答案：A。

879. 触电者脱离电源后，如心跳、呼吸停止，应立即进行（　　）抢救，不得延误或中断。

A. 心肺复苏法　　B. 仰头抬颈法

C. 仰头抬颏法　　D. 推颌法

答案：A。

880. 触电者脱离电源以后，如有搏动，则每（　　）秒继续吹气一次。

A. 3　　B. 5　　C. 8　　D. 6

答案：B。

881. 在进行口对口人工呼吸时，因注意吹气量不要过大，约（　　）毫升左右为宜。

A. 400　　B. 600　　C. 800　　D. 1000

答案：B。

882. 在对触电者进行胸外心脏按压抢救时，应注意频率保持在（　　）次/分钟。

A. 60　　B. 80　　C. 100　　D. 120

答案：C。

883. 现场心肺复苏应坚持不断地进行，通道狭窄、上下楼层、送上救护车等地操作中断不得超过（　　）秒。

A. 20　　B. 30　　C. 60　　D. 120

答案：B。

884. 怀疑患者颈椎脊髓损伤时，专业救护者打开患者气道应使用的方法是（　　）。

A. 仰头举颏法　　B. 双手推举下颏法

C. 举头抬颈法　　D. 仰头抬颈法

答案：B。

885. 通过人体的电流强度取决于（　　）。

A. 触电电压　　B. 人体电阻

C. 触电电压和人体电阻　　D. 都不对

答案：C。

886. 电击是指电流对人体（　　）的伤害。

A. 内部组织　　B. 表皮

C. 局部　　D. 神经系统

答案：A。

887. 当发现触电者呼吸微弱或停止时，应立即通畅触电者的气道以促进触电者呼吸或便于抢救。通畅气道主要采用（　　）。

A. 抬起下颏法　　B. 仰头抬颈法

C. 仰头举颏法　　D. 推颌法

答案：C。

888. 在进行口对口人工呼吸时，对受伤儿童，吹气量应保持在（　　）毫升左右，以胸廓能上抬为宜。

A. 400　　B. 500　　C. 600　　D. 800

答案：B。

889. 通畅气道时主要采用仰头举颏法，其中成人头部后仰程度应以（　　）为宜。

A. 60°　　B. 70°　　C. 80°　　D. 90°

答案：D。

890. 触电伤员如意识丧失，应在开放气道后（　　）秒内用看、听、试的方法判定伤员有无呼吸。

A. 5　　B. 10　　C. 15　　D. 20

答案：B。

891. 在进行胸外心脏按压时，按压与人工呼吸的比例关系通常是，成人为 30：2，婴儿、儿童为（　　）。

A. 15：2　　B. 20：2　　C. 25：2　　D. 30：2

答案：A。

892. 下列描述口对口人工呼吸的方法，哪项是错误的？（　　）

A. 首先必须畅通气道

B. 吹气时不要按压轮廓

C. 吹气时捏紧病人鼻孔

D. 胸外心脏按压与人工呼吸的比例为 20：2

答案：D。

893. 对判断有无脉搏，下列说法正确的是（　　）。

A. 同时触摸双侧颈动脉

B. 触摸颈动脉时，不要用力过大

C. 检查时间不得短于 10 秒

D. 不能触摸股动脉

答案：B。

894. 病人心肺复苏后，脑复苏的主要措施是（　　）。

A. 维持有效的循环　　B. 确保呼吸道通畅

C. 降温和脱水疗法　　D. 加强基础护理

答案：C。

895. 手法开放气道时，非专业急救者打开患者气道常使用的方法是（　　）。

A. 仰头举颏法　　B. 双手推举下颏法

C. 举头抬颈法　　D. 仰头抬颈法

答案：A。

第八章　备用调度安全管理

896.（　）负责本调控机构备调的建设及管理工作。
A. 主调　B. 备调　C. 省调　D. 地调
答案：A。
897.（　）负责组织开展综合性演练，组织实施人员培训和备调评估工作。
A. 主调　B. 备调　C. 省调　D. 地调
答案：A。
898.（　）负责组织审批备调技术支持系统重大故障处理、检修等工作。
A. 主调　B. 备调　C. 省调　D. 地调
答案：A。
899.（　）负责编制备调技术支持系统、场所及后勤辅助设施的技改、大修计划。
A. 主调　B. 备调　C. 省调　D. 地调
答案：A。
900.（　）负责在突发情况下，组织实施主备调调控指挥权转移。
A. 主调　B. 备调
C. 省调　D. 地调
答案：A。
901. 华北、华东、华中分中心与国调采用（　）实现备用。
A. 主调间异地互备模式　B. 循环互备模式
C. 异地互备模式　D. 同城互备模式
答案：A。
902. 东北分中心、吉林省调与黑龙江省调采用（　）实现备用。
A. 主调间异地互备模式　B. 循环互备模式
C. 异地互备模式　D. 同城互备模式
答案：B。
903. 西北分中心与甘肃省调之间采用（　）实现备用。
A. 主调间异地互备模式　B. 循环互备模式
C. 异地互备模式　D. 同城互备模式
答案：C。
904. 采用互备模式的备调技术支持系统、场所及后勤辅助设施的技改、大修计划，备调的日常维护、重大故障处理、检修等工作职责分工由（　）确定。
A. 主调机构　B. 备调机构
C. 参与互备的调控机构共同协商　D. 本地调度机构
答案：C。
905. 主调应（　）安排调控、通信、自动化等专业人员赴备调同步值守。
A. 每月　B. 每季度
C. 每半年　D. 每年
答案：B。

906. 备调（　　）技术人员应学习了解主调电网基本情况、电网运行及调控机构各专业管理特点。

A. 调度专业　　B. 监控专业　　C. 自动化专业　　D. 各专业

答案：D。

907. 备调值班人员培训考核、上岗资格认定由（　　）统一负责。

A. 主调　　B. 备调　　C. 主备调　　D. 地调

答案：A。

908. 备调值班人员取得上岗资格后，每年应不少于（　　）次赴主调进行学习，参与主调调控值班，熟悉系统运行方式、运行规定和工作要求。

A. 1　　B. 2　　C. 3　　D. 4

答案：B。

909. 备调值班人员值班期间应使用和验证（　　）技术支持系统，发现缺陷及时通知专业人员进行处理。

A. 主调　　B. 备调　　C. 主备调　　D. 地调

答案：B。

910. 主调值班人员在值班期间应同步使用（　　）调度室内的备调技术支持系统专用终端。

A. 主调　　B. 备调　　C. 主备调　　D. 地调

答案：A。

911. （　　）所在地自动化值班人员应监视备调自动化系统运行状况。

A. 主调　　B. 备调　　C. 主备调　　D. 地调

答案：B。

912. 备调值班人员应（　　）对备调调度、监控电话进行测试。

A. 每月　　B. 每季度　　C. 每半年　　D. 每周

答案：A。

913. 省级以上（　　）应针对可能发生的突发事件及危险源制订备调启用专项应急预案。

A. 主调　　B. 备调　　C. 主备调　　D. 地调

答案：A。

914. 备调值班场所席位设置应满足应急工作模式下各专业人员工作要求，备调调度室内（　　）设置专用备调席位 2 席。

A. 小于　　B. 至少　　C. 大于　　D. 等于

答案：B。

915. 备调场所的消防工作应纳入（　　）消防工作统一管理和维护。

A. 主调　　B. 备调

C. 所在单位　　D. 主备调共同管理

答案：C。

916. 备调技术支持系统的日常维护工作应采取（　　）的方式，由主调负责、备调配合实施。

A. 远程维护　　B. 就地维护

C. 远程维护和就地维护相结合　　D. 定期远程维护和就地维护相替换

答案：C。

917. 省备调调度技术支持系统机房应纳入（　　）调控机构机房统一管理。

A. 主调　　B. 备调

C. 所在地　　D. 主备调

答案：C。

918. 备调调度技术支持系统运行维护管理部门发现数据传输通道异常时，应立即通知（　　）。

A. 调控中心负责人　　B. 对应通信调度值班员

C. 信通公司负责人　　D. 安监部负责人

答案：B。

919. 通信维护单位需要中断备调调度技术支持系统数据传输通道时，应按有关规定事先取得（　　）的同意后方能执行。

A. 自动化管理部门　　B. 调度管理部门

C. 通信管理部门　　D. 备调管理部门

答案：A。

920. 调控机构调控运行、自动化、通信专业（　　）应组织一次月度专业演练，校验主备调技术支持系统技术及管理资料的一致性、可用性。

A. 每周　　B. 每月　　C. 每季　　D. 每年

答案：B。

921. 调控机构（　　）应组织一次备调短时转入应急工作模式的整体演练。

A. 每周　　B. 每月　　C. 每季　　D. 每年

答案：C。

922. 调控机构（　　）应至少组织一次备调转入应急工作模式、调控指挥权转移的综合演练。

A. 每周　　B. 每月　　C. 每季　　D. 每年

答案：D。

923. 省备调应急综合演练在主备调均应有主调负责人及各专业人员参加，要求主调至少应关闭值班场所及 SCADA 功能，并至少通过（　　）以上的连续检验。

A. 2 小时　　B. 12 小时　　C. 24 小时　　D. 48 小时

答案：C。

924. 省备调短时转入应急工作模式的整体演练，演练时间在（　　）以上。

A. 2 小时　　B. 12 小时　　C. 24 小时　　D. 48 小时

答案：A。

925. 省备调启用工作小组组长由（　　）担任。

A. 主调安全生产第一责任人　　B. 备调所在单位分管生产的负责人

C. 省调调控中心第一责任人　　D. 备调调控中心第一责任人

答案：A。

926. 省备调启用工作小组常务副组长由（　　）担任。

A. 主调安全生产第一责任人　　B. 备调所在单位分管生产的负责人

C. 省调调控中心第一责任人　　D. 备调调控中心第一责任人

答案：B。

927. 对采用互备模式的调控机构，参与（　　）都应分别成立主备调切换工作小组。

A. 主调　　B. 备调

C. 互备的调控机构　　D. 主备调

答案：C。

928. 随着备调技术支持系统的完善和备调值班人员业务技能水平的提高，应逐步实现备调对主调的（　　）。

A. 延时切换　　B. 实时切换

C. 准实时切换　　D. 随机切换

答案：B。

929. 省备调调控指挥权转移后，备调值班调度员应立即汇报（　　）。

A. 本级调控机构　　B. 上级调控机构

C. 上级调控中心第一责任人　　D. 备调调控中心第一责任人

答案：B。

930. 省备调由应急工作模式转入正常工作模式，调控机构经评估确认主调已具备行使电网调控指挥权能力后，由（　　）发出启动主备调切换流程的指令。

A. 主调安全生产第一责任人　　B. 备调所在单位分管生产的负责人

C. 省调调控中心第一责任人　　D. 备调调控中心第一责任人

答案：A。

931. 调控机构各专业结合专业演练（　　）对备调管理情况进行一次专业评估，形成专业评估报告。

A. 每周　　B. 每月　　C. 每季　　D. 每年

答案：C。

932. 调控机构各专业对备调管理情况进行一次专业评估，对发现的问题，应列出解决时间、责任人，由（　　）督导限期整改。

A. 主调安全生产第一责任人　　B. 备调所在单位分管生产的负责人

C. 主调负责人　　D. 备调负责人

答案：C。

933. 调控机构结合年度演练，（　　）对备调管理情况进行一次总体评估，形成总体评估报告。

A. 每周　　B. 每月　　C. 每季　　D. 每年

答案：D。

934. 调控机构结合年度演练，对备调管理情况进行一次总体评估，对发现的问题，应制订计划，落实资金，限定解决时间、责任人，由（　　）督导限期整改。

A. 主调安全生产第一责任人　　B. 备调所在单位分管生产的负责人

C. 主调负责人　　D. 备调负责人

答案：C。

935. 因突发事件导致调控指挥权转移至备调，事件结束后（　　）内，调控机构应组织分析评估。

A. 一周　　B. 一月　　C. 一季　　D. 一年

答案：A。

936. 因突发事件导致调控指挥权转移至备调，事件结束后由（　　）负责督导整改措施的落实工作。

A. 主调　　B. 备调　　C. 互备的调控机构　　D. 主备调

答案：A。

937. 调控机构安全工作核心是（　　）。

A. 提升安全生产保障能力　　B. 强化本质安全管理

C. 保障电网安全稳定运行　　D. 杜绝调度责任事故

答案：B。

938. 调控机构应严格执行国家、电力行业及公司有关法律法规、技术标准、规程规定，不断完善（　　）。

A. 动力机制　　B. 约束机制

C. 运行机制　　D. 安全管理机制

答案：D。

939. 省级以上调控机构以不发生负有人员责任的（　　）以上电网事件为基准，逐年制定安全生产目标。

A. 四级　　B. 五级　　C. 六级　　D. 七级

答案：B。

940. 省级以上调控机构内设专业处室（科室）以不发生负有人员责任的（　　）以上电网事件（事故）为基准，逐年制订专业安全生产目标。

A. 四级　　B. 五级　　C. 六级　　D. 七级

答案：C。

941. 调控机构（　　）作为安全第一责任人，对本级机构安全工作和安全目标负全面责任。

A. 行政正职　　B. 党政正职

C. 行政副职　　D. 分管副职

答案：A。

942. 调控机构内设专业处室专业负责人对本专业安全生产工作负责，接受本调控机构（　　）的领导。

A. 安全第一责任人　　B. 分管行政副职

C. 分管党建副职　　D. 安全第一责任人和分管行政副职

答案：D。

943. 调控机构应逐级签订安全责任书，确保安全责任落实（　　）。

A. 到岗到位　　B. 到岗到人　　C. 到岗　　D. 到位

答案：B。

944. 调控机构安全责任书应按照（　　）安全生产控制目标要求制定安全责任。

A. 一级　　B. 二级　　C. 三级　　D. 四级

答案：B。

945. 调控机构安全责任书应根据本岗位的安全职责制定，应具有针对性、层次性，实行（　　）控制。

A. 单层级　　B. 双层级　　C. 精准层级　　D. 多层级

答案：D。

946. 安全责任书期限为（　　），人员岗位变动后，应重新签订安全责任书。

A. 半年　　B. 一年　　C. 二年　　D. 三年

答案：B。

947. 各级调控机构建立安全监督网络，在调控机构内部建立中心、内设专业处室（　　）安全监督体系。

A. 一级　　B. 二级　　C. 三级　　D. 四级

答案：B。

948. 调控机构安全员任职条件：坚持原则，具备（　　）职称。

A. 初级及以上　　B. 中级及以上

C. 高级及以上　　D. 中级

答案：B。

949. 调控机构专职安全员应具备电网（　　）工作经验，应经过安全生产管理专项培训，具备上岗资格。

A. 运行　　B. 管理

C. 运行、管理　　D. 生产管理

答案：C。

950. 调控机构（　　）负责对核心业务进行抽查，汇总、编制、发布月度安全监督查评报告。

A. 行政领导　　B. 分管领导

C. 安全员　　D. 专业安全员

答案：C。

951. 调控机构内部日常安全监督的主要内容不包括（　　）。

A. 调控值班考勤情况　　B. 隐患排查及治理情况

C. 调控电话录音　　D. 电网日前停电检修工作票

答案：A。

952. 调控机构安全员应（　　）组织分析安全监督工作中存在的问题，提出改进意见及建议。

A. 定期　　B. 不定期　　C. 每月　　D. 每季

答案：A。

953. 调控机构应加强文件分级分类和目录管理，动态修编目录，及时更新文件，（　　）至少开展一次安全法律法规、技术标准、规章制度有效性检查活动。

A. 每周　　B. 每月　　C. 每季　　D. 每年

答案：D。

954. 各级调控机构应（　　）对所辖电网调度控制规程进行一次复查，根据需要进行补充修订。

A. 每周　　B. 每月　　C. 每季　　D. 每年

答案：D。

955. 各级调控机构应（　　）对所辖电网调度控制规程进行一次全面修订，在履行审批手续后印发执行。

A. 每年　　B. 每三年　　C. 每三至五年　　D. 每五年

答案：C。

956. 调控机构应加强在岗生产人员现场培训，除调控运行、设备监控管理专业外的其他专业至少每年开展（　　）。

A. 一次　　B. 两次　　C. 三次　　D. 四次

答案：A。

957. 离开调控运行岗位（　　）的调控人员，应重新熟悉设备和系统运行方式，并经安全规程及业务考试合格后，方可重新开展调控运行工作。

A. 一个月及以上　　B. 三个月及以上

C. 六个月及以上　　D. 十二个月及以上

答案：B。

958. 调控机构（　　）进行一次全员安全知识和安全规程制度考试，不及格的应限期补考，合格后方可重新上岗。

A. 每月　　B. 每季　　C. 每年　　D. 每两年

答案：C。

959. 调控机构安全活动记录主要内容不包括（　　）。

A. 传达上级有关安全生产指示　　B. 学习事故通报及安全生产简报

C. 讨论班组人事安排　　D. 其他与安全生产有关的工作

答案：C。

960. 调控机构班组主管领导（　　）至少参加一次班组安全活动，对安全活动进行检查指导。

A. 每周　　B. 每半月

C. 每月　　D. 每季

答案：C。

961. 调控机构应定期召开季度安全分析会，会议主要内容不包括（　　）。

A. 组织学习有关安全生产的文件

B. 通报季度电网运行情况

C. 综合分析安全生产趋势和可能存在的风险

D. 根据安全生产趋势，针对电网运行存在的问题，研究应对事故的预防对策和措施

答案：B。

962. 调控机构应根据季节性特点、检修时段，（　　）至少组织一次调控系统安全专项检查。

A. 每月　　B. 每季　　C. 每年　　D. 每两年

答案：C。

963. 调控机构应按照调控系统安全生产保障能力评估标准开展（　　）工作，针对存在的问题制订整改计划，并对落实情况进行跟踪检查。

A. 自查评　　B. 互查评　　C. 查评　　D. 评估

答案：A。

964. 各级调控机构应全面实施安全风险管理，推行安全管理（　　）。

A. 流程化　　B. 规范化　　C. 典型化　　D. 标准化

答案：D。

965. 调控机构应至多（　　）滚动分析校核，全面评估电网运行情况、安全稳定措施落实情况及其实施效果，分析预测电网安全运行面临的风险，组织制订风险专项治理方案。

A. 一年　　B. 三年　　C. 三至五年　　D. 五年

答案：C。

966. 调控机构（　　）负责各专业隐患排查治理归口管理工作。

A. 分管领导　　B. 安全员　　C. 专业负责人　　D. 第一责任人

答案：B。

967. 调控机构调控运行专业（　　）应至少举行一次专业反事故演习。

A. 每月　　B. 每季　　C. 每年　　D. 每两年

答案：A。

968. 调控机构立项的、涉及调度保密信息的工程项目在签订合同时应同步签订（　　）协议。

A. 调度　　B. 供用电　　C. 保密　　D. 服务

答案：C。

969. 工程开工前应对施工方项目经理、现场负责人、技术员和安全员进行全面的（　　），并有完整的记录或资料。

A. 设计交底　　B. 安全技术交底

C. 施工交底　　D. 资料交底

答案：B。

970. 进入调控机房开展作业需履行（　　）手续，实施专人监护。

A. 操作票　　B. 指令票

C. 检修申请票　　D. 工作票

答案：D。

971. 地市级调控机构的备用调度是地调利用区域内所辖（　　）基础设施，建设独立于主调的备调技术支持系统。

A. 县调　　B. 变电站

C. 电厂　　D. 县调、变电站

答案：D。

972. 地、县备用调度应逐步实现对主调实时业务、技术支持系统、实时数据采集、备用场所及值班设施的（　　）备用。

A. 异地　　B. 同步　　C. 实时　　D. 切换

答案：C。

973. 主备调人员及技术支持系统应实行（　　）运行管理。

A. 一体化　　B. 标准化　　C. 规范化　　D. 同质化

答案：D。

974. 备调值班设施应采取独立于其他设施的 UPS 电源（　　）供电。

A. 单独　　B. 并列　　C. 集中　　D. 专线

答案：A。

975. 实时业务备用方面，地为县备模式的地调应设置（　　）备用调度席位和专岗。

A. 专用　　B. 县调　　C. 地调　　D. 配、县调

答案：B。

976. 主备调调度技术支持系统应保持同步运行、同步升级改造，确保（　　）一致。设备新投、变动时，主调模型、数据应保证及时同步到备调。

A. 电网模型和信息　　B. 数据

C. 系统　　D. 系统及数据

答案：A。

977. （　　）负责突发情况下组织实施主备调调控指挥权转移。

A. 公司　　B. 主调　　C. 应急办　　D. 调控中心

答案：B。

978. （　　）协调通信运维单位负责备调调度技术支持系统的通道组织和方式安排，制订并组织实施备调通信系统的升级、改造方案，组织应急通信演练。

A. 调控中心　　B. 运检部　　C. 信通公司　　D. 主调自动化专业

答案：D。

979. 正常工作模式是指主调和备调正常履行各自的调控职能，主调掌握电网调控指挥权，备调值班设施正常运行，备调通信自动化等技术支持系统处于（　　）状态，为主调提供数据容灾备份。

A. 实时运行　　B. 备用　　C. 待用　　D. 停用

答案：A。

980. 应急工作模式是指因突发事件，主调无法正常履行调控职能，按照备调启用条件、程序和指令，（　　）在备调行使电网调控指挥权。

A. 备调人员　　B. 主调人员　　C. 值班人员　　D. 工作人员

答案：B。

981. 备调应针对可能发生的突发事件及危险源至少制订以下预案（方案）：备调场所突发事件应急预案；（　　）；备调通信系统故障处置方案。

A. 备调技术支持系统瘫痪处置方案　　B. 备调技术支持系统中断处置方案

C. 备调技术支持系统故障处置方案　　D. 备调技术支持系统停电处置方案

答案：C。

982. 主调应针对可能发生的突发事件及危险源制订（　　）专项应急预案，预案应包括组织体系、人员配置、工作程序及后勤保障等内容。

A. 备调启用　　B. 事故处置

C. 工作场所　　D. 大面积停电

答案：A。

983. 备调（　　），每月至少与主调同步更新一次。

A. 电子资料　　B. 系统模型　　C. 书面资料　　D. 系统数据

答案：C。

984. （　　）负责进行备调技术支持系统常态化检查、测试及故障消缺等日常维护工作。

A. 地调运维人员　　B. 自动化主站运维人员

C. 自动化厂站运维人员　　D. 备调所在单位值班人员

答案：A。

985. 备调值班场所席位设置应满足应急工作模式下各专业人员工作要求，备调调度室内至少设置专用备调席位（　　）席。

A. 1　　B. 2　　C. 3　　D. 4

答案：B。

986. （　　）负责对备调值班设施及备调技术支持系统日常巡视。

A. 备调所在单位值班人员　　B. 地调运维人员

C. 自动化主站运维人员　　D. 自动化厂站运维人员

答案：A。

987. 厂站设备新投、变动时，调控机构应（　　）完成主备调技术支持系统的接入调试。

A. 依次　　B. 分期

C. 结合现场情况　　D. 同时

答案：D。

988. 备调技术支持（　　）应定期进行备份。

A. 系统　　B. 系统和数据　　C. 软件　　D. 数据

答案：B。

989. （　　）应负责备调技术支持系统及通信调度台的运行状态监视，负责开展调度、监控电话测试，数据同步管理。

A. 通信　　B. 自动化　　C. 备调　　D. 主调

答案：D。

990. 备调调度技术支持系统机房应纳入（　　）机房统一管理。

A. 所在变电站　　B. 所在地调控机构

C. 所在地通信专业　　D. 自动化

答案：B。

991. 发电厂、变电站基建竣工投运时，备调调度技术支持系统数据传输通道应保证（　　）建成投运。

A. 提前　　B. 一次性　　C. 同步　　D. 依次

答案：C。

992. 通信运维单位需要中断备调调度技术支持系统数据传输通道时，应按有关规定事先取得（　　）管理部门的同意后方能执行。

A. 主调自动化　　B. 上级调控

C. 上级通信　　D. 备调自动化

答案：A。

993. 地县调控机构应（　　）安排值班人员赴备调值守，熟悉备调技术支持系统及备调值班场所工作环境。

A. 每月　　B. 每季度　　C. 每半年　　D. 每年

答案：B。

994. 地县调控机构应（　　）组织一次调控指挥权转移的综合演练。

A. 每季度　　B. 每半年　　C. 每年　　D. 每月

答案：C。

995. 综合演练时，（　　）应有主调负责人及各专业人员参加。

A. 主备调　　B. 主调　　C. 备调　　D. 演练现场

答案：A。

996. 演练应包括技术支持系统切换、人员转移和调控指挥权转移，主调至少应关闭值班场所及（　　）。

A. 停止运行监视　　B. 停止调控操作

C. 关闭技术支持系统　　D. 关闭 SCADA 功能

答案：D。

997. 备调年度演练至少应通过（　　）以上的连续启用检验。

A. 12 小时　　B. 24 小时　　C. 48 小时　　D. 8 小时

答案：B。

998. 主调应成立备调工作小组，在接到“备调启用”指令后，负责备调的启用和运行维护管理。组长由主调安全生产第一责任人担任，常务副组长由（　　）担任。

A. 分管自动化专业的调控副主任

B. 分管调控专业的调控副主任

C. 组长指定人员

D. 实时业务备用所在地部门（处室、单位）的负责人

答案：D。

999. 备调由正常工作模式转入应急工作模式，原则上调控指挥权转移应在主调人员赶赴备调就位后进行；危急情况下主调失效，主调人员可以先进行调控指挥权转移至（　　），再立即赶赴备调。

A. 实时业务备用承担单位　　B. 备调所在变电站

C. 备调所在县调　　D. 备调所在单位

答案：A。

1000. 调控机构应在接到“备调由正常转入应急工作模式”的批准后，备调工作小组原则上应在（　　）内到达备调开展工作。

A. 1～2 小时　　B. 2～3 小时　　C. 1 小时　　D. 2 小时

答案：B。

1001. 调控机构应在接到“备调由正常转入应急工作模式”的批准后，备调所在地单位应在（　　）内落实有关后勤保障条件。

A. 1～2 小时　　B. 2～3 小时　　C. 1 小时　　D. 2 小时

答案：D。

1002. 调控指挥权转移后，备调值班调度员应立即汇报（　　）。

A. 公司分管领导　　B. 公司应急办

C. 主调　　D. 上级调度

答案：D。

1003. 经评估确认主调已具备行使电网调控指挥权能力后，由（　　）发出启动主备调切换流程的指令，确认满足调控指挥权转移的条件并正式交接后，电网调控指挥权由备调转回至主调。

A. 公司分管领导　　B. 公司应急办主任

C. 主调安全生产第一责任人　　D. 上级调度

答案：C。

1004. 调控指挥权的转回不安排在备调正在进行倒闸操作、（　　）及恶劣天气时进行。

A. 运行值班　　B. 异常事故处理

C. 调度业务联系　　D. 节假日

答案：B。

1005. 调控指挥权转回后，主调值班调度员应立即汇报（　　）。

A. 公司分管领导　　B. 公司应急办

C. 主调　　D. 上级调度

答案：D。

1006. 地市级调控机构的备用调度是利用通信和自动化手段远程浏览、控制地调主调和备调技术支持系统，同时利用（　　）实现对地调实时调度业务的备用。

A. 主调人员　　B. 变电站值班员

C. 备调人员　　D. 省调、县调或相关人员

答案：D。

1007. （　　）负责组织编制和修订备调应急工作预案，明确组织体系、人员配置、技术支持及后勤保障等方面的要求和启动备调的相关工作流程。

A. 主调　　B. 调控机构

C. 安监部　　D. 应急办

答案：A。

1008. （　　）负责备调的后勤保障，提供有关办公、生活、消防、安全保障等条件。

A. 主调　　B. 备调所在单位

C. 综合服务中心　　D. 应急办

答案：B。

1009. 备调调度技术支持系统数据传输通道应与主调技术支持系统数据传输通道（　　）。

A. 交叉共用　　B. 保持一致

C. 绝对独立　　D. 相对独立

答案：D。

1010. 地县调控机构应结合年度演练，（　　）对备调管理情况进行一次总体评估。

A. 每季度　　B. 每半年　　C. 每年　　D. 每三年

答案：C。

1011. 发生因突发事件导致调控指挥权转移至备调，事件结束后（　　）内，地县调控机构应组织分析评估。

A. 5 天　　B. 7 天　　C. 10 天　　D. 15 天

答案：B。

1012. 为保障（　　）的连续性，提高电网调控的抗灾能力，依据国家有关法规和公司相关规章制度制定《国家电网公司地县级备用调度运行管理工作规定》。

A. 电网运行　　B. 电力供应

C. 调控机构运转　　D. 电力调控指挥

答案：D。

1013. 调控机构主备调综合转换演练评估是实现对调控机构主备调综合转换演练过程、备调场所设施设备建设与维护、（　　）建设与维护、常态化演练情况进行全面诊断和量化评价。

A. 备调系统电网模型和信息　　B. 备调系统数据

C. 备用调度系统　　D. 备调系统及数据

答案：C。

1014. 为强化主备调综合转换演练实战效果，确保在突发事件下主备调之间实现（　　）的平稳移交，依据国家有关法规和公司有关规定特制定《国家电网公司调控机构主备调综合转换演练评估管理办法》。

A. 调控权　　B. 调度权　　C. 监控权　　D. 电网管理权

答案：B。

1015. （　　）即按照统一安排，根据分中心、省、地（县）调控机构主备调综合转换演练年度计划，组织相关专业专家对相应调控机构主备调综合转换演练进行抽检评估。

A. 自评　　B. 互评　　C. 综合查评　　D. 集中查评

答案：D。

1016. （　　）即对本单位主备调综合转换演练情况进行自评估。

A. 自评　　B. 互评　　C. 综合查评　　D. 集中查评

答案：A。

1017. （　　）即同级调控机构在上级调控机构的组织下开展主备调综合转换演练交叉评价。

A. 自评　　B. 互评　　C. 综合查评　　D. 集中查评

答案：B。

1018. 调控机构应（　　）开展主备调综合转换演练评估工作，评估可采用自评、互评、集中查评三种方式。

A. 定期　　B. 每年　　C. 每三年　　D. 每半年

答案：B。

1019. “互评”即同级调控机构在（　　）的组织下开展主备调综合转换演练交叉评价。

A. 上级调控机构　　B. 上级安监部门　　C. 上级业务部门　　D. 上级主管部门

答案：A。

1020. 开展主备调综合转换演练前，调控机构应按重大事项报告相关规定向本公司有关部门及（　　）进行汇报。

A. 上级调控机构　　B. 上级安监部门

C. 上级业务部门　　D. 上级主管部门

答案：A。

1021. 被评估单位应在评估完成后（　　）个工作日内向上级调控机构报送演练总结及整改（计划）报告。

A. 5　　B. 7　　C. 10　　D. 15

答案：C。

1022. 备调选址应在上下级调度、平级调度或地理区域内变电站（运维站）等（　　）进行系统维护、能够提供业务备用的地点建立独立的备用应急值班场所。

A. 有人　　B. 无人　　C. 专人　　D. 多人

答案：A。

1023. 备调场所与主调保持适当的地理距离，具备可靠的交通运输保障手段，人员从主备到达备调调度场所端对端交通时间不超过（　　）。

A. 1 小时　　B. 1.5 小时　　C. 2 小时　　D. 3 小时

答案：D。

1024. 备调场所应至少设立（　　）席专用调度席位，承担监控业务的调控机构还应设立（　　）席专用监控席位。

A. 1，1　　B. 1，2　　C. 2，1　　D. 2，2

答案：D。

1025. 备调场所应设立（　　）办公区，并配置计划、方式、保护、自动化等工作席位。

A. 综合技术　　B. 技术支持　　C. 二次管理　　D. 综合管理

答案：B。

1026. 备调场所每席位应配备 EMS、OMS 和（　　），满足调控运行和技术支持业务开展。

A. 电脑　　B. 录音电话

C. 打印机　　D. 调度电话系统（行政电话）终端

答案：D。

1027. 备调场所和相关机房应满足（　　）等要求。消防器材配置符合标准且定期维护，记录完整；门禁齐备，出入履行登记手续。

A. 防火、防盗　　B. 防小动物　　C. 防雷击　　D. 防火、防恐

答案：D。

1028. 备调应建设独立的（　　）及 OMS 系统，该系统应包括 SCADA、监控功能等与主调系统一致的全功能模块，备调系统功能应与主调一致。

A. 调度技术支持系统　　B. 电力监控安全管控系统

C. EMS 系统　　D. 电能量管理系统

答案：C。

1029. 主备调应相互接入对侧系统远程终端，主调常态使用备调远程终端开展（部分）调控业务，主备调控系统（　　）。

A. 并列运行、单独应用　　B. 分列运行、交叉应用

C. 并列运行、交叉应用　　D. 分列运行、单独应用

答案：C。

1030. 备调系统设备采用（　　）冗余配置，可靠性和系统性能满足指标要求。

A. 双机、单网　　B. 双机、双网

C. 单机、双网　　D. 单机、单网

答案：B。

1031. 备调系统应用服务器应具备（　　）能力，并保持数据同步、操作顺畅。

A. 热切　　B. 冷切　　C. 自启　　D. 自修复

答案：A。

1032. 备调系统应采用（　　）的远动通道实现对调控范围内变电站和发电厂信息采集的全覆盖。

A. 复用　　B. 专用　　C. 单独　　D. 独立

答案：D。

1033. 备调系统满足（　　）要求，主调、备调系统人工操作结果保存同步。

A. 人工维护　　B. 自动维护　　C. 源端维护　　D. 异地维护

答案：C。

1034. 备调系统应建立在（　　）或光缆通道及传输设备达标场所，实现对所辖电网实时数据的采集和分布处理。

A. 调度数据网核心聚节点　　B. 调度数据网第一汇聚节点

C. 调度数据网第二汇聚节点　　D. 调度数据网接入层节点

答案：C。

1035. 备调系统应建立在调度数据网第二汇聚节点或光缆通道及传输设备达标场所，实现对所辖电网实时数据的采集和分布处理，并通过（　　）实现变电站和发电厂信息采集。

A. 专用通道　　B. 模拟通道　　C. 网络通道　　D. 租用通道

答案：C。

1036. 备调系统应与调控范围内变电站和发电厂实现（　　）通信，相关量测量采用“直采直送”。

A. 双网双平面　　B. 双网单平面　　C. 单网双平面　　D. 单网单平面

答案：A。

1037. 备调 UPS 在交流电源消失后，不间断供电维持时间应不小于（　　）。

A. 2 小时　　B. 3 小时　　C. 4 小时　　D. 5 小时

答案：A。

1038. 备调系统应基于（　　）管理，实现本地操作人员的权限管理和安全认证，并应部署纵向加密认证装置。

A. 密码　　B. 口令　　C. 认证　　D. 数字证书

答案：B。

1039. 备调座席应连接专用的（　　），使用与主调一致的人机设备，具备与主调一致的数据内容和显示界面，操作流程一致。

A. 录音电话　　B. 系统工作站　　C. 调度电话　　D. 调度交换机

答案：D。

1040. 备调应具备独立的（　　）设备，对备调调度电话进行实时录音，并具有查询、备份等功能。

A. 电话录音　　B. 电脑录音　　C. 本地录音　　D. 网络录音

答案：B。

1041. 备调通信站点应具备（　　）条以上物理路由独立的光缆通道。

A. 1　　B. 2　　C. 3　　D. 4

答案：B。

1042. 备调场所资料至少（　　）更新一次，与主调保持一致。

A. 每月　　B. 每季　　C. 每半年　　D. 每年

答案：A。

1043.（　　）应对备调值班场所设施及备调系统进行例行巡视并做好记录。

A. 责任单位　　B. 调控机构

C. 备调所在地的运维单位　　D. 备调人员

答案：A。

1044. 备调值班员应具备（　　）值班资格，并统一纳入主调调度员持证上岗管理。

A. 主调　　B. 备调　　C. 变电运维　　D. 发电厂

答案：A。

1045. 省级及以上调控机构主备调综合转换演练时长应不少于 48 小时，地县级调控机构不少于（　　）。

A. 48 小时　　B. 24 小时　　C. 12 小时　　D. 8 小时

答案：B。

1046. 综合转换演练方案应以（　　）专项应急预案为基础，明确演练流程、内容和各类保障措施等重点事项的安排。

A. 备调启用　　B. 事故处置

C. 大面积停电　　D. 备调技术支持系统故障处置

答案：A。

多选题

第一章　电网安全规定及法律法规

1. 安全生产工作应当以人为本，坚持安全发展，坚持（　　）的方针，强化和落实生产经营单位的主体责任。

A. 安全第一　B. 预防为主　C. 综合治理　D. 防灾减灾

答案：ABC。

2. 安全生产工作应当以人为本，建立（　　）的机制。

A. 生产经营单位负责　B. 职工参与

C. 政府监管　D. 行业自律和社会监督

答案：ABCD。

3. 各级人民政府及其有关部门应当采取多种形式，加强对有关安全生产的（　　）的宣传，增强全社会的安全生产意识。

A. 法律　B. 制度　C. 法规　D. 安全生产知识

答案：ACD。

4. 生产经营单位的安全生产责任制应当明确各岗位的（　　）等内容。

A. 责任领导　B. 责任人员　C. 责任范围　D. 考核标准

答案：BCD。

5. 新闻、（　　）等单位有进行安全生产公益宣传教育的义务，有对违反安全生产法律、法规的行为进行舆论监督的权利。

A. 出版　B. 广播　C. 电影　D. 电视

答案：ABCD。

6. 事故调查处理应当按照（　　）的原则。

A. 科学严谨　B. 依法依规　C. 实事求是　D. 注重实效

答案：ABCD。

7. 电力（　　）应当依法保护环境，采取新技术，减少有害物质排放，防治污染和其他公害。

A. 建设　B. 生产　C. 供应　D. 使用

答案：ABCD。

8. （　　）依法实行自主经营、自负盈亏，并接受电力管理部门的监督。

A. 电力设计企业　B. 电力建设企业

C. 电力生产企业　D. 电网经营企业

答案：BCD。

9. 输变电工程、调度通信自动化工程等电网配套工程和环境保护工程，应当与发电工程项目（　　）。

A. 同时设计　B. 同时建设

C. 同时验收　D. 同时投入使用

答案：ABCD。

10. 电力生产与电网运行应当遵循（　　）的原则。

A. 安全　B. 稳定　C. 优质　D. 经济

答案：ACD。

11. 电网运行应当（　　）。

A. 经济　　B. 连续

C. 稳定　　D. 保证供电可靠性

答案：BCD。

12. 国家对电力供应和使用，实行（　　）的管理原则。

A. 按需用电　　B. 安全用电

C. 节约用电　　D. 计划用电

答案：BCD。

13. 申请（　　）用电，应当依照规定的程序办理手续。

A. 新装　　B. 临时

C. 增加用电容量　　D. 变更用电和终止用电

答案：ABCD。

14. 任何单位和个人不得危害（　　）设施。

A. 发电　　B. 变电

C. 电力线路　　D. 及其有关辅助

答案：ABCD。

15. 有下列行为之一，应当给予治安管理处罚的，由公安机关依照治安管理处罚条例的有关规定予以处罚；构成犯罪的，依法追究刑事责任（　　）。

A. 阻碍电力建设或者电力设施抢修，致使电力建设或者电力设施抢修不能正常进行的

B. 扰乱电力生产企业、变电所、电力调度机构和供电企业的秩序，致使生产、工作和营业不能正常进行的

C. 殴打、公然侮辱履行职务的查电人员或者抄表收费人员的

D. 拒绝、阻碍电力监督检查人员依法执行职务的

答案：ABCD。

16. 电力管理部门的工作人员（　　）构成犯罪的，依法追究刑事责任；尚不构成犯罪的，依法给予行政处罚。

A. 麻痹大意　　B. 滥用职权　　C. 玩忽职守　　D. 徇私舞弊

答案：BCD。

17.《电网调度管理条例》所称电网调度，是指电网调度机构为保障电网的安全、优质、经济运行，对电网运行进行的（　　）。

A. 组织　　B. 指挥　　C. 指导　　D. 协调

答案：ABCD。

18. 调度系统包括各级调度机构和电网内的（　　）的运行值班单位。

A. 发电厂　　B. 售电公司　　C. 变电站　　D. 用户

答案：AC。

19. 省级电网管理部门、省辖市级电网管理部门、县级电网管理部门应当根据本级人民政府的（　　），提出事故及超计划用电的限电序位表，经本级人民政府的生产调度部门审核，报本级人民政府批准后，由调度机构执行。

A. 电网安全运行的需要　　B. 生产调度部门的要求

C. 政策规定　　D. 用户的特点

答案：ABD。

20. 任何单位和个人不得违反《电网调度管理条例》干预调度系统的值班人员（　　）调度指令；调度系统的值班人员依法执行公务，有权拒绝各种非法干预。

A. 发布　　B. 下达　　C. 执行　　D. 修改

答案：AC。

21. 并网运行的（　　），必须服从调度机构的统一调度。

A. 发电厂　　B. 电网　　C. 用户　　D. 水电站

答案：AB。

22. 调控机构安全工作坚持（　　）的方针。

A. 联防联控　　B. 安全第一　　C. 预防为主　　D. 综合治理

答案：BCD。

23. 调控机构安全保证体系和安全监督体系应（　　）。

A. 共单其责　　B. 相互协同　　C. 各司其职　　D. 各负其责

答案：BCD。

24. 调控机构应严格执行国家、电力行业及公司有关法律法规、技术标准、规程规定，不断完善安全管理机制，使安全生产工作实现（　　）。

A. 制度化　　B. 规范化　　C. 标准化　　D. 程序化

答案：ABC。

25. 调控机构应将安全责任分解落实到（　　），确保安全责任落实到岗到人。

A. 各层级　　B. 各专业　　C. 各单位　　D. 各岗位

答案：ABD。

26. 中心安全员负责对核心业务进行抽查，（　　）月度安全监督查评报告，提出评价意见和整改建议，对整改措施落实情况进行跟踪检查。

A. 汇总　　B. 编制　　C. 发布　　D. 审核

答案：ABC。

27. 调控机构安全员应定期组织分析安全监督工作中存在的问题，提出改进（　　），并对整改落实情况进行监督检查。

A. 意见　　B. 建议　　C. 方法　　D. 措施

答案：AB。

28. 各级调控机构应加强安全监督技术支撑手段建设，深化（　　）安全监督一体化管控平台应用，不断提升安全监督管理水平。

A. 省地县　　B. 国（分）

C. 省（自治区、直辖市）　　D. 地（县）

答案：BCD。

29. 各级调控机构应严格执行（　　）颁发的安全生产法律、法规、技术标准、规章制度和反事故措施。

A. 国家　　B. 行业　　C. 地方　　D. 上级主管部门

答案：ABD。

30. 各级调控机构应严格执行国家、行业和上级主管部门颁发的安全生产法律、（　　）。

A. 法规　　B. 技术标准　　C. 规章制度　　D. 反事故措施

答案：ABCD。

31. 调控机构每年至少开展一次安全（　　）有效性检查活动。

A. 法律　　B. 法规　　C. 技术标准　　D. 规章制度

答案：ABCD。

32. 调控机构安全管理实施细则的（　　）应严格履行相关审批程序。

A. 补充　　B. 修订　　C. 复审　　D. 印发

答案：ABCD。

33. 调控机构新入职人员的安全生产教育培训的主要内容应包括（　　）。

A. 电力安全生产法律法规　　B. 技术标准

C. 规章制度　　D. 调控机构内部安全生产工作要求

答案：ABCD。

34. 调控机构新上岗调控运行值班人员专业培训的主要形式包括（　　）等。

A. 发电厂和变电站现场实习　　B. 跟班实习

C. 各专业轮岗学习　　D. 专业技术培训等

答案：ABCD。

35. 调控机构应定期组织在岗人员的安全生产教育培训，对在岗人员开展有针对性的（　　）等培训工作。

A. 现场考问　　B. 技术问答

C. 事故预想　　D. 反事故演习

答案：ABCD。

36. 加强调控系统反违章管理，各级调控机构应执行预防违章和查处违章的工作机制，开展违章（　　）。

A. 抽查　　B. 自查　　C. 互查　　D. 稽查

答案：BCD。

37. 各级调控机构应全面实施安全风险管理，推行安全管理标准化，对各类安全风险进行超前分析和流程化控制，形成（　　）的安全风险管理工作机制。

A. 管理规范　　B. 责任落实

C. 闭环动态　　D. 持续改进

答案：ABCD。

38. 调控机构应建立风险预警机制，开展月度计划、日计划运行方式分析工作，评估（　　）的电网风险。

A. 临时方式　　B. 特殊方式

C. 过渡方式　　D. 正常方式

答案：ABC。

39. 重大活动承办方选择活动主办场所、相关服务场所时，应当优先选择具备（　　）及以上供电电源且自备（　　）容量满足重要负荷用电要求的场所。

A. 双回路　　B. 三回路　　C. 应急电源　　D. 发电机

答案：AC。

40. 调控机构应以核心业务的流程化、信息化推动调控工作的（　　）。

A. 常态化　　B. 标准化　　C. 规范化　　D. 制度化

答案：BC。

41. 调控机构应针对（　　）、继电保护定值整定及流转、技术支持系统使用等电网调控主要生产活动，按要求开展核心业务流程及标准化作业程序建设。

A. 新设备启动　　B. 调控倒闸操作

C. 调度自动化系统设备检修　　D. 日前停电计划

答案：ABCD。

42. 调控机构应加强核心业务流程建立、执行到（　　）的全过程管理。

A. 审计　　B. 监督　　C. 评估　　D. 改进

答案：ABCD。

43. 调控机构应加强电力监控系统安全防护工作，坚持“（　　）”的原则，保障电力监控系统安全运行。

A. 安全分区　　B. 网络专用

C. 横向隔离　　D. 纵向认证

答案：ABCD。

44. 调控机构应建立运行值班员业务承载力分析机制，合理调配调度员、监控员值班期间的（　　），安全、高效开展电网运行工作。

A. 时间　　B. 人数　　C. 工作量　　D. 状态

答案：BC。

45. 按照“（　　）”的原则，建立完善调控机构应急预案体系。

A. 实际　　B. 有效　　C. 实用　　D. 实效

答案：ACD。

46. 调控机构应急预案体系，主要包括（　　）等。

A. 调控机构应对大面积停电事件处置方案　　B. 调控场所应急处置方案

C. 重要厂站全停应急处置方案　　D. 黑启动方案

答案：ABCD。

47. 调度联合反事故演习参演单位应包含相关（　　）等各级调控对象。

A. 调控机构　　B. 运维班（变电站）

C. 发电厂（场、站）　　D. 用户

答案：ABCD。

48. 调度管辖范围内（　　）等出现严重故障，调控机构应及时启动应急响应，并按照相关规定向上级调控机构、公司有关部门报告。

A. 用户　　B. 电网

C. 自动化系统　　D. 场所

答案：BCD。

49. 应急响应解除后，应急指挥工作组应及时向（　　）报告，调控机构应对突发事件应急处置情况进行调查评估，提出改进措施。

A. 公司应急领导小组　　B. 部门主任

C. 公司领导　　D. 上级调控机构

答案：AD。

50. 各级调控机构应加强备调运行管理，动态修订备调启用应急方案，明确（　　）等工作要求，规范备调启用的工作流程。

A. 组织体系　　B. 人员配置

C. 技术支持　　D. 后勤保障

答案：ABCD。

51. 备调场所应实行24小时保卫值班，非（　　）人员不得进入备调场所和备调席位工作。

A. 备调运行　　B. 维护

C. 管理　　D. 保卫

答案：ABCD。

52. 备调值班人员经（　　）后方可上岗。

A. 培训考试合格　　B. 现场实习合格

C. 笔试合格　　D. 取得任职资格

答案：AD。

53. 调控机构应对备调可用情况进行（　　）评估、（　　）评估，对备调临时启用的实战情况进行总结评估，完善有关管理流程，不断提升备调管理水平。

A. 月度　　B. 季度

C. 半年度　　D. 年度

答案：BD。

54. 调控机构与（　　）签订并网调度协议时，应明确双方在电网运行方面的安全责任与义务。

A. 发电企业　　B. 用户

C. 大用户　　D. 直调大用户

答案：AD。

55.（　　）建发电机组满足并网必备条件后方可并网，新机组完成各项系统调试工作，经技术认定、评审合格后，方可进入商业运行。

A. 新　　B. 扩　　C. 改　　D. 修

答案：ABC。

56. 及时向（　　）通报涉网安全要求，组织开展涉网安全专题培训。

A. 发电企业　　B. 用户

C. 大用户　　D. 直调大用户

答案：AD。

57. 工程开工前应对施工方（　　）进行全面的安全技术交底，并有完整的记录或资料。

A. 项目经理　　B. 现场负责人

C. 技术员　　D. 安全员

答案：ABCD。

58. 安全奖惩应坚持（　　）相结合、（　　）相结合的原则。

A. 精神鼓励　　B. 物质奖励

C. 思想教育　　D. 经济处罚

答案：ABCD。

59. 调控机构应对安全生产工作方面有突出表现的下级调控机构和个人提出表彰奖励建议，对造成安全生产事故的下级调控机构和个人在（　　）方面实行"一票否决"。

A. 评先　　B. 评优

C. 评奖　　D. 评选

答案：AB。

60.（　　）由国家电网公司或其授权的分部、省电力公司、国家电网公司直属公司组织调查。

A. 一般（四级）以上人身　　B. 五级以上电网

C. 较大（三级）以上设备事故　　D. 五级信息系统事件

答案：ABCD。

第二章　安全管理理论基础

61. 搞好安全管理是防止（　　）的根本对策。

A. 伤亡事故　　B. 职业危害　　C. 交通事故　　D. 火灾事故

答案：AB。

62. 以下关于安全的描述正确的是（　　）。

A. 安全是人的身心免受外界（不利）因素影响的存在状态（包括健康状态）及其保障条件

B. 人的身心存在的安全状态及其保障条件构成了安全的整体

C. 安全指的是由外部因素及内在状态构成的统一整体

D. 安全不是瞬间的结果，而是对系统在某一时期、某一阶段过程状态的描述

答案：ABD。

63. 安全管理是管理者对安全生产进行的（　　）和控制的一系列活动。

A. 计划　　B. 组织　　C. 监督　　D. 协调

答案：ABCD。

64. 安全管理按照主体和范围大小的不同，可分为（　　）。

A. 宏观安全管理　　B. 微观安全管理

C. 广义安全管理　　D. 狭义安全管理

答案：AB。

65. 安全管理按照对象的不同可分为（　　）。

A. 宏观安全管理　　B. 微观安全管理

C. 广义安全管理　　D. 狭义安全管理

答案：CD。

66. 安全管理的研究对象涉及（　　）之间在防止事故发生、避免人身伤害和财产损失方面存在的关系。

A. 人与人　　B. 人与自然

C. 人与物　　D. 人与环境

答案：ACD。

67. 安全管理学的研究内容包括（　　）。

A. 安全管理学的理论基础　　B. 安全管理方法

C. 事故管理　　D. 安全文化

答案：ABCD。

68. 安全管理学的理论基础包括（　　）。

A. 管理学理论基础　　B. 事故致因理论

C. 安全管理学基本原理　　D. 安全管理技术

答案：ABC。

69. 安全管理学方法包括（　　）。

A. 安全目标管理　　B. 系统安全管理

C. 体系化安全管理　　D. 安全信息管理

答案：ABCD。

70. 事故管理包括（　　）。

A. 事故统计与分析　　B. 事故调查与处理

C. 事故预防与控制　　D. 事故解决方法

答案：ABC。

71. 以下有关安全管理学的特点描述正确的是（　　）。

A. 系统性　　B. 决策性

C. 前瞻性　　D. 实用性

答案：ABCD。

72. 管理就是管理者经济、有效地运用组织的各种资源，通过（　　）和控制等一系列行为活动使组织成功达到某种目的的过程。

A. 计划　　B. 组织　　C. 指挥　　D. 协调

答案：ABCD。

73. 科学管理理论又称古典管理理论，其核心代表有（　　）。

A. 美国泰勒的科学管理理论

B. 法国法约尔的一般管理理论

C. 德国韦伯的理想行政组织体系理论

D. 美国梅奥的行为管理学

答案：ABC。

74. 事故指的是在生产活动过程中发生的一个或一系列非计划的（意外的）可导致（　　）的事件。

A. 人员伤亡　　B. 设备损坏

C. 财产损失　　D. 环境危害

答案：ABCD。

75. 以下属于事故的特征的是（　　）。

A. 因果性　　B. 偶然性

C. 潜伏性　　D. 可预测性

答案：ABCD。

76. 海音里希提出的事故因果连锁过程包括的因素有（　　）和伤害。

A. 遗传及社会环境　　B. 人的缺点或失误

C. 人的不安全行为或物的不安全状态　　D. 事故

答案：ABCD。

77. 以下属于博德事故因果连锁理论事故连锁过程的是（　　）。

A. 管理缺陷　　B. 个人及工作条件的因素

C. 直接原因　　D. 事故和损失

答案：ABCD。

78. 能量转移理论中将伤害分为（　　）。

A. 第一类伤害　　B. 第二类伤害

C. 第三类伤害　　D. 第四类伤害

答案：AB。

79. 事故致因理论是从大量典型事故模型事故的本质原因的分析中所提炼出的（　　）。

A. 事故机理　　B. 事故结果

C. 事故模型　　D. 事故教训

答案：AC。

80. 动态变化理论分为（　　）。

A. 扰动理论　　B. 轨迹交叉理论

C. 事故致因理论　　D. 变化-失误理论

答案：AD。

81. 安全管理基本原理是对管理学基本原理的继承和发展，主要包括系统原理和（　　）。

A. 人本原理　　B. 预防原理

C. 强制原理　　D. 责任原理

答案：ABCD。

82. 人本原理体现了以人为本的指导思想，包括三个原则，即（　　）。

A. 激励原则　　B. 动力原则

C. 能级原则　　D. 安全第一原则

答案：ABC。

83. 系统原理是指人们在从事管理工作时，运用系统的（　　）对管理活动进行充分的系统分析，以达到安全管理的优化目标。

A. 观点　　B. 理论　　C. 案例　　D. 方法

答案：ABD。

84. 在管理活动中运用系统原理应遵循（　　）和封闭原则。

A. 动态相关性原则　　B. 整分合原则

C. 弹性原则　　D. 反馈原则

答案：ABCD。

85. 人本原理是指管理者要达到组织目标，一切管理活动都必须以人为中心，以人的（　　）的发挥为核心和动力来进行。

A. 思想性　　B. 积极性　　C. 主动性　　D. 创造性

答案：BCD。

86. 人本原理中动力原则规定基本动力有哪几类？（　　）

A. 物质动力　　B. 精神动力　　C. 信息动力　　D. 精神动力

答案：ABC。

87. 我国安全生产的方针是（　　）。

A. 安全第一　　B. 预防为主

C. 综合治理　　D. 科学规划

答案：ABC。

88. 本质安全化包括（　　）。

A. 失误-安全功能　　B. 故障-安全功能

C. 失误-故障功能　　D. 安全-故障功能

答案：AB。

89. 运用预防原理需要应用的原则有（　　）。

A. 偶然损失原则　　B. 因果关系原则

C. 3E 原则　　D. 3P 原则

答案：ABCD。

90. 运用强制原理应遵循的原则有（　　）。

A. 安全第一原则　　B. 因果关系原则

C. 3E 原则　　D. 监督原则

答案：AD。

91. 文化具有（　　）和时代性等特征。

A. 实践性　　B. 人本性　　C. 民族性　　D. 开放性

答案：ABCD。

92. 以下关于安全文化与安全管理表述正确的是（　　）。

A. 安全文化与安全管理有内在联系，但不可以相互取代，两者相辅相成又相互促进

B. 安全文化对安全管理有影响和决定作用

C. 安全文化是安全管理的软手段

D. 安全管理是安全文化的一种表现形式

答案：ABCD。

93. 以下关于安全生产的要素描述正确的是（　　）。

A. 安全文化　　B. 安全法制

C. 安全责任　　D. 安全科技和投入

答案：ABCD。

94. 安全生产的“五要素”是指安全文化、安全法制、（　　）。

A. 安全责任　　B. 安全管理

C. 安全科技　　D. 安全投入

答案：ACD。

95. 企业安全文化建设可通过（　　）等方法进行。

A. 班组及职工的安全文化建设

B. 管理层及决策者的安全文化建设

C. 生产现场的安全文化建设

D. 企业人文环境的安全文化建设

答案：ABCD。

96. 以下关于安全管理计划必须具备的要素描述正确的是（　　）。

A. 目标　　B. 措施　　C. 步骤　　D. 注意事项

答案：ABC。

97. 安全管理计划的形式按时间顺序划分可分为（　　）。

A. 长期计划　　B. 中期计划　　C. 短期计划　　D. 微计划

答案：ABC。

98. 安全管理计划的形式按计划的层级划分可分为（　　）。

A. 顶层计划　　B. 高层计划　　C. 中层计划　　D. 基层计划

答案：BCD。

99. 安全管理组织是安全管理职能之一，完善的安全管理组织应具备（　　）。

A. 有各自明确的保障生产安全、人与财务不受损失的目的

B. 由一定的承担安全管理职能的人群组成

C. 有相应的系统性结构，用以控制和规范安全管理组织内成员的行为

D. 有安全管理部门并配置安全员，负责组织的安全管理

答案：ABC。

100. 以下关于安全管理人员素质的要求，描述正确的是（　　）。

A. 品德素质好，坚持原则，热爱职业安全健康管理工作，身体健康

B. 掌握职业安全健康技术专业知识和劳动保护业务知识

C. 懂得企业的生产流程、工艺技术，了解企业生产中的危险因素和危险源，熟悉现有的防护措施

D. 具有一定的文化水平，有较强的组织管理能力与协调能力

答案：ABCD。

101. 安全系统的控制模型有（　　）几个特点。

A. 安全系统状态的触发性和不可逆性

B. 系统的随机性

C. 系统的不可预测性

D. 系统的自组织性

答案：ABD。

102. 反馈控制是控制系统中使用最为广泛的控制方式，以下关于安全系统的反馈控制描述正确的是（　　）。

A. 局部状态反馈　　B. 事故后反馈

C. 正反馈　　D. 负反馈

答案：ABCD。

103. 安全文化的范畴包含（　　）。

A. 安全观念文化　　B. 安全行为文化

C. 安全管理文化　　D. 安全物态文化

答案：ABCD。

104. 对安全管理计划在安全管理中的作用，以下说法正确的有（　　）。

A. 安全管理计划是安全决策目标实现的保证

B. 安全管理计划是安全工作的实施纲领

C. 能够使安全管理活动取得最佳效益

D. 安全管理计划能够协调合理利用一切资源

答案：ABCD。

105. 安全专业人员的主要职责有（　　）。

A. 定期向企业法人代表或负责人提交安全生产书面意见，针对本企业安全状况编制企业的安全方案、目标、计划及有关安全技术措施及经费的开支计划

B. 参与制订防止伤亡事故、火灾等事故和职业危害的措施，组织重大危险源管理、应急管理、工商保险管理等安全操作规程

C. 组织定期或不定期的安全检查，及时处理发现的事故隐患

D. 组织、指导员工的安全生产宣传、教育和培训工作，开展安全竞赛、评比活动等

答案：ABCD。

106. 制订安全目标的原则有（　　）。

A. 科学预测原则　　B. 职工参与原则

C. 方案优选原则　　D. 信息反馈原则

答案：ABCD。

107. 以下属于系统安全的特点的有（　　）。

A. 早　　B. 快　　C. 省　　D. 好

答案：ABCD。

108. 实施系统安全管理的要点描述正确的是（　　）。

A. 建立健全的系统安全组织机构

B. 强调系统安全设计的重要性

C. 风险分析是系统安全大纲的核心

D. 信息是系统安全工作的基础

答案：ABCD。

109. 常见的安全警示标志有（　　）。

A. 禁止标志　　B. 指令标志

C. 提示标志　　D. 警告标志

答案：ABCD。

110. 安全生产标准版具有（　　）的特点。

A. 先进性　　B. 系统全面性

C. 可操作性　　D. 管理量化性

答案：ABCD。

111. 安全管理体系的运行基础是（　　）。

A. 计划（Plan）　　B. 实施（Do）

C. 检查（Check）　　D. 改进（Action）

答案：ABCD。

112. 职业安全健康管理体系的特点有（　　）。

A. 系统性　　B. 先进性

C. 持续改进性　　D. 预防性

答案：ABCD。

113. 风险预控管理体系的原则有（　　）。

A. 封闭性原则　　B. 系统性原则

C. 预先性　　D. 时效性

答案：ABCD。

114. 从信息的形态来划分，安全信息可分为（　　）。

A. 一次信息　　B. 二次信息

C. 三次信息　　D. 四次信息

答案：AB。

115. 从信息的产生及其作用的不同来划分，安全信息可分为（　　）。

A. 安全指令信息　　B. 安全管理信息

C. 安全指标信息　　D. 事故信息

答案：ABCD。

116. 安全信息的主要功能表现在（　　）几个方面。

A. 安全信息为编制安全目标和管理方案提供依据

B. 安全信息具有预防事故的功能

C. 安全信息具有控制事故的功能

D. 安全信息具有避免事故的功能

答案：ABC。

117. 安全管理信息系统的主要特点是（　　）。

A. 开放性　　B. 人工性

C. 社会性　　D. 模糊性

答案：ABCD。

第三章 安全生产目标管理

118. 公司各级单位应贯彻国家法律、法规和行业有关制度标准及其他规范性文件，补充完善安全管理规章制度和现场规程，使安全工作（ ）。

A. 制度化 B. 规范化 C. 流程化 D. 标准化

答案：ABD。

119. 公司各级单位应贯彻（ ）的原则，做到计划、布置、检查、总结、考核业务工作的同时，计划、布置、检查、总结、考核安全工作。

A. 谁主管谁负责 B. 谁工作谁负责

C. 管业务必须管安全 D. 管现场必须管安全

答案：AC。

120. 国网公司安全工作的总体目标是防止（ ）。

A. 人身死亡 B. 大面积停电

C. 大电网解列 D. 主设备严重损坏

答案：ABD。

121. 省级电网公司的安全目标有（ ）。

A. 不发生人身死亡事故 B. 不发生一般及以上电网、设备事故

C. 不发生重大火灾事故 D. 不发生煤矿重大及以上非伤亡事故

答案：ABCD。

122. 下列不是省级电网公司安全目标的有（ ）。

A. 不发生人身死亡事故 B. 不发生五级及以上电网、设备事件

C. 不发生一般及以上火灾事故 D. 不发生六级及以上信息系统事件

答案：BCD。

123. 下列不是地市供电企业安全目标的有（ ）。

A. 不发生五级及以上人身事故 B. 不发生六级及以上电网、设备事件

C. 不发生一般及以上火灾事故 D. 不发生六级及以上信息系统事件

答案：ABC。

124. 地市供电企业的安全目标有（ ）。

A. 不发生重伤及以上人身事故 B. 不发生五级及以上电网、设备事件

C. 不发生一般及以上火灾事故 D. 不发生六级及以上信息系统事件

答案：ABCD。

125. 县公司级单位的安全目标有（ ）。

A. 不发生五级及以上人身事故 B. 不发生六级及以上电网、设备事件

C. 不发生一般及以上火灾事故 D. 不发生煤矿一般及以上非伤亡事故

答案：ABCD。

126. 下列不是县公司级单位安全目标的有（ ）。

A. 不发生人身死亡事故 B. 不发生一般及以上电网、设备事故

C. 不发生重大火灾事故 D. 不发生煤矿重大及以上非伤亡事故

答案：ABCD。

127. 下列是省级以上调控机构安全生产目标的有（　　）。

A. 不发生有人员责任的一般以上电网事故

B. 不发生有人员责任的一般以上设备事故

C. 不发生五级信息系统事件

D. 不发生调控生产场所火灾事故

答案：ABCD。

128. 公司实行（　　）的原则。对实现安全目标的单位，以及对安全工作做出突出贡献的部门、集体和个人予以奖励。

A. 安全目标考核　　B. 过程管控并重

C. 分层分级奖励　　D. 精神奖励

答案：ABC。

129. 按照“尽职免责，失职追责”原则，从（　　）环节，对未完成年度安全目标、发生安全事故（事件）、安全责任履责不到位、发生重复性违章等管理失责情况的单位及个人进行责任追究和处罚。

A. 规划设计　　B. 招标采购　　C. 施工验收　　D. 教育培训

答案：ABCD。

130. 公司安监部门是公司安全生产专项奖的业务管理部门，负责制定相关奖惩细则，组织开展（　　）。

A. 专项考核　　B. 奖惩兑现　　C. 管理评估　　D. 提出兑现方案

答案：AD。

131. 公司人资部是公司安全生产奖惩的归口管理部门，负责建立健全相关制度体系，明确奖惩额度并纳入工资总额计划管理，实施（　　）。

A. 专项考核　　B. 奖惩兑现　　C. 管理评估　　D. 提出兑现方案

答案：BC。

132. 大力推进作业安全管控（　　），严格执行“两票三制”，建立员工反违章常态机制，全年无严重违章、未发生安全事件。

A. 标准化　　B. 制度化　　C. 流程化　　D. 精益化

答案：ABC。

133. 安全生产业绩根据各单位事故事件（人身、电网、设备、信息）、（　　）等安全生产客观指标得出。

A. 继电保护运行　　B. 接地

C. 输变电设备跳闸　　D. 主设备损坏

答案：AC。

134. 季度安全考核奖，具体考核细则由（　　）会同相关专业部门制订并发布实施。

A. 安监部　　B. 财务部　　C. 人资部　　D. 调控中心

答案：AC。

135. 安全生产特殊贡献奖的奖励条件：在电网异常、安全生产突发事件中能够（　　）应急处置的，避免了突发事件的扩大，降低了损害范围和后果，成效显著的。

A. 及时　　B. 高效　　C. 准确　　D. 科学

答案：ACD。

136. 采用或发明（　　），能显著提高本质安全水平，经过实践证实具有普遍推广价值的项目。

A. 新技术　　B. 新设备　　C. 新方法　　D. 新系统

答案：ABC。

137. 按照（　　）的原则，依据《中华人民共和国安全生产法》《国家电网公司安全事故调查规程》进行事故调查和定性，按照国网和省公司有关安全职责要求进行责任认定，并按照人事管理权限，对事故有关责任单位和人员给予处罚。

A. 有奖有罚　　B. 尽职免责　　C. 奖罚有据　　D. 失职追责

答案：AC。

138. 处罚措施包括：组织处理、政纪处分、（　　）和"说清楚"等。

A. 经济处罚　　B. 下发"督办单"

C. 曝光　　D. 通报约谈

答案：ABCD。

139. 对发生（　　）安全事故（一级人身、电网、设备事件）并负有责任的单位，每起核减当年工资总额的（　　）。

A. 特别重大　　B. 重大　　C. 3%　　D. 3.50%

答案：AC。

140. 对发生（　　）安全事故（二级人身、电网、设备事件）并负有责任的单位，每起核减当年工资总额的（　　）。

A. 特别重大　　B. 重大　　C. 2.40%　　D. 2.50%

答案：BC。

141. 对发生（　　）安全事故（三级人身、电网、设备事件）并负有责任的单位，每起核减当年工资总额的（　　）。

A. 重大　　B. 较大　　C. 1.50%　　D. 2%

答案：BD。

142. 对发生（　　）安全事故（一级人身、电网、设备事件）并负有责任的市级公司，每起分别扣减主要负责人和有关分管负责人（　　）万元绩效年薪（考核定级前）。

A. 特别重大　　B. 重大　　C. 30　　D. 35

答案：AC。

143. 对发生（　　）安全事故（二级人身、电网、设备事件）并负有责任的市级公司，每起分别扣减主要负责人和有关分管负责人（　　）万元绩效年薪（考核定级前）。

A. 重大　　B. 较大　　C. 20　　D. 25

答案：AC。

144. 对发生（　　）安全事故（三级人身、电网、设备事件）并负有责任的市级公司，每起分别扣减主要负责人和有关分管负责人（　　）万元绩效年薪（考核定级前）。

A. 重大　　B. 较大　　C. 7.5　　D. 8

答案：BC。

145. 发生（　　）安全事故（一级人身、电网、设备事件），事故调查报告认定负有管理责任的部门（包括但不限于发展、财务、安监、设备管理、营销、调控、集体企业管理办公室、科信、建设、物资、人资、后勤等部门，以下同），扣减部门主要负责人和有关分管负责人（　　）万元绩效工资。

A. 特别重大　　B. 重大　　C. 10　　D. 15

答案：AD。

146. 对发生（　　）安全事故（二级人身、电网、设备事件），事故调查报告认定负有管理责任的部门，每起分别扣减部门主要负责人和有关分管负责人（　　）万元绩效工资。

A. 重大　　B. 较大　　C. 10　　D. 15

答案：AC。

147. 对发生（　　）安全事故（三级人身、电网、设备事件），事故调查报告认定负有管理责任的部门，每起分别扣减部门主要负责人和有关分管负责人（　　）万元绩效工资。

A. 重大　　B. 较大　　C. 3.5　　D. 3.75

答案：BD。

148. 发生性质严重、影响恶劣的责任事故，事故单位主要负责人立即（　　）配合调查，后续根据事故调查结论给予（　　）等处罚。

A. 停职　　B. 撤职　　C. 扣除奖金　　D. 离岗撤职

答案：AD。

149. 发生八级及以上人身事件、六级及以上电网设备事件、七级及以上信息事件，责任单位有关领导要在事故发生后的（　　）天内到省公司（　　）。

A. 7　　B. 10　　C. “说清楚”　　D. “汇报清楚”

答案：AC。

150. 公司实行安全事故“一票否决”制度。对未实现安全目标的单位（集体）、负有事故责任的个人，以及造成后果的单位和个人，在（　　）等方面实行“一票否决”。

A. 评先　　B. 评优　　C. 评奖　　D. 评职称

答案：AB。

151. 事故发生后有（　　），根据事故类别和级别，对有关单位和相关人员至少提高一个事故等级处罚，对主要策划者和决策人按事故主要责任者给予提高等级的处罚。

A. 迟报、漏报、谎报或瞒报事故的　　B. 伪造或故意破坏事故现场的

C. 销毁有关证据、资料的　　D. 事故发生后逃匿的

答案：ABCD。

152. 因安全工作受到（　　），单位应书面通知本人，并记入本人档案。

A. 纪律处分　　B. 行政惩罚

C. 通报批评　　D. 经济处罚

答案：AD。

153. 相关责任人为中共党员的，应按照（　　）等相关规定给予党纪处分。

A.《中国共产党纪律处分条例》　　B.《国家电网公司纪律审查工作规定》

C.《国网电网电力安全工作规程》　　D.《安徽省电力调度规程》

答案：AB。

154. 公司所属各单位应强化安全生产过程管控考核。有（　　），要严肃通报，限期改正，对有关单位和责任人员进行考核。

A. 未按照规定设置安全生产管理机构或者配备安全生产管理人员的

B. 特种作业人员未按照规定经专门的安全作业培训并取得相应资格，上岗作业的

C. 未按照规定制定生产安全事故应急救援预案或者未定期组织演练的

D. 未在有较大危险因素的生产经营场所和有关设施、设备上设置明显的安全警示标志的

答案：ABCD。

155. 各市级单位（含直属单位）、县公司，应按照上级单位安全奖惩工作规定，结合本单位工作特点，制订本单位安全考核奖惩实施细则，并报上一级主管单位（　　）备案。

A. 安监部　　B. 人资部　　C. 运检部　　D. 调控中心

答案：AB。

156. 各级单位应在本单位安全考核奖惩实施细则中，按照《国家电网公司安全工作奖惩规定》的要求，明确对各类事故事件[尤其是（　　）级安全事件（人身、电网、设备、信息系统）]的处罚措施，并严格按照“四不放过”原则，对事故单位、事故责任人进行处罚。

A. 五　　B. 六　　C. 七　　D. 八

答案：ABCD。

157. 公司所属各单位根据公司《安全生产反违章工作管理实施规范》对发生违章的责任人员和单位进行计分管理，对相关责任人进行（　　）。

A. 经济处罚　　B. 纪律处分　　C. 组织处理　　D. 通报批评

答案：AC。

158. 奖项设置要考虑安全工作中承担的（　　），承担主要安全责任和风险的基层单位班组生产一线人员、“三种人”（工作许可人、工作负责人、工作票签发人）奖励人数不少于总奖励人数的60%，奖励额度所占比重不小于70%。

A. 安全责任　　B. 风险程度　　C. 贡献大小　　D. 工程难度

答案：ABC。

159. 奖项设置要考虑安全工作中承担的安全责任、风险程度、贡献大小，承担主要安全责任和风险的基层单位班组生产一线人员、“三种人”（工作许可人、工作负责人、工作票签发人）奖励人数不少于总奖励人数的（　　），奖励额度所占比重不小于（　　）。

A. 50%　　B. 60%　　C. 70%　　D. 80%

答案：BC。

160. 设备“零跳闸”奖的考核标准：全年未发生（　　）及以上主变跳闸事件，110千伏及以上输电线路（含电缆）跳闸、停运次数不高于省公司设备管理部下达的预控值；奖励标准不低于（　　）元/人。

A. 35千伏　　B. 110千伏　　C. 1000　　D. 2000

答案：BD。

161. 继电保护安全运行奖的奖励范围仅限于从事二次管理、运检的相关专业室人员，考核标准：全年未发生（　　）及以上继电保护“三误”事件，奖励标准不低于（　　）元/人。

A. 35千伏　　B. 110千伏　　C. 1000　　D. 2000

答案：BD。

162. 优秀技术监督项目奖的考核范围仅限于从事技术监督管理及相关专业室人员，由各单位（　　），每年不超过3个项目。

A. 申报　　B. 审核　　C. 评选　　D. 公示

答案：ABC。

163. 优秀技术监督项目奖的考核标准：技术监督成效明显，全年未发生因技术监督管理不到位引起的（　　）及以上输变电设备跳闸、非计划停运事件；奖励标准不低于（　　）元/项。

A. 35千伏　　B. 110千伏　　C. 5000　　D. 10000

答案：BD。

164. 对在安全生产中做出突出贡献的单位、集体和个人进行表扬、奖励（　　）、科学高效抢险救灾。根据贡献大小，按不低于2000元/人进行奖励。

A. 及时制止严重违章　　B. 排查治理重大隐患

C. 正确处置复杂故障（电网异常）　　D. 顺利完成重大保电任务

答案：ABCD。

165. 对严格执行过程管控，确保安全生产的单位、集体和个人进行表扬、奖励（　　）、“无违章个人”和“无违章工地（项目部）”等表扬奖励项目。

A. 工作票执行无差错　　B. 调度和倒闸操作无差错

C. 信息通信系统无中断　　D. “无违章班组”

答案：ABCD。

166. 工作票执行无差错奖的考核条件：每月根据工作票执行数量、两票评价规范性进行考核，进行（　　）。

A. 统计　　B. 考核　　C. 兑现　　D. 评优

答案：ABC。

167. 奖励标准结合各类工作票的（　　），实现差异化奖励，对第一种工作票（含高压停电事故应急抢修单）的奖励金额不低于50元/张。

A. 现场风险　　B. 安全责任　　C. 贡献大小　　D. 管控难度

答案：AD。

168. 对被各级稽查发现有严重及以上违章的，相关（　　）的当月工作票执行无差错奖全部扣除。

A. 工作负责人　　B. 工作许可人

C. 工作票签发人　　D. 工作申报人

答案：ABC。

169. 调度和倒闸操作无差错奖，根据下达调令、执行操作的步数（项数）累计，调令步数每安全达到（　　）项、现场执行操作每安全达到1000步（项），予以不低于（　　）元即时奖励。

A. 50　　B. 100　　C. 200　　D. 300

答案：BC。

170. 对出现（　　）的单位，全年不得兑现调度和倒闸操作无差错奖。

A. 误调度　　B. 误操作　　C. 误整定　　D. 误汇报

答案：AB。

171. 各市供电公司应对所属县供电公司的安全考核奖惩办法制定和实施进行（　　）。

A. 发布　　B. 监督　　C. 指导　　D. 评估

答案：BC。

172. 各单位严肃开展奖惩工作。要本着（　　）的原则，细化奖惩标准，规范实施流程，明确兑现方式、周期。

A. 公平公正　　B. 实事求是　　C. 公开透明　　D. 有奖有罚

答案：ABC。

173. 省公司将对各单位的安全奖惩工作开展情况纳入安全巡查范围进行（　　）。

A. 跟踪　　B. 点评　　C. 指导　　D. 监督

答案：ABD。

174. 有关事故等级和事故归属的划分按国务院有关部门法规、规定及《国家电网公司安全事故调查规程》执行。考核事故不包括因（　　）等自然灾害超过设计标准承受能力和因不可抗力发生的事故。

A. 雨雪冰冻、暴风雪　　B. 洪水　　C. 地震　　D. 泥石流

答案：ABCD。

175. 有关集体、班组的数量以年初的机构编制为准，做出的处理结果不作为处理和判定（　　）责任的依据。

A. 刑事　　B. 行政　　C. 民事　　D. 党纪

答案：ABC。

176. 在安全事故调查结束后（　　）内，事故单位必须对事故有关责任人进行处理；逾期不处理的，省公司将对事故责任单位主要负责人，视情节给予（　　）。

A. 一周　　B. 一个月　　C. 行政处分　　D. 经济处罚

答案：BC。

第四章　安全生产保证和监督体系及例行工作

177. 除矿山、金属冶炼、建筑施工、道路运输单位和危险物品的生产、经营、储存以外的生产经营单位，从业人员超过一百人的，应当设置（　　）。

A. 专职　　B. 安全生产管理机构
C. 配备专职安全生产管理人员　　D. 兼职的安全生产管理人

答案：BC。

178. 除矿山、金属冶炼、建筑施工、道路运输单位和危险物品的生产、经营、储存以外的生产经营单位，从业人员在一百人以下的，应当配备（　　）。

A. 专职　　B. 安全生产管理机构
C. 专职安全生产管理人员　　D. 兼职的安全生产管理人

答案：AD。

179. 生产经营单位做出涉及安全生产的经营决策，应当听取（　　）的意见。

A. 安全生产管理机构　　B. 中层管理人员
C. 安全生产管理人员　　D. 中层管理机构

答案：AC。

180. 生产经营单位的主要负责人和安全生产管理人员必须具备与本单位所从事的生产经营活动相应的（　　）。

A. 操作技能　　B. 安全生产知识
C. 沟通能力　　D. 管理能力

答案：BD。

181. 从业人员应熟悉有关的（　　），掌握本岗位的安全操作技能，了解事故应急处理措施，知悉自身在安全生产方面的权利和义务。

A. 继电保护知识　　B. 安全生产规章制度
C. 调控业务知识　　D. 安全操作规程

答案：BD。

182. 生产经营单位应当建立安全生产教育和培训档案，如实记录（　　）等情况。

A. 安全生产教育　　B. 培训的时间、内容、参加人员
C. 考核结果　　D. 技能教育培训

答案：ABC。

183. 生产经营单位采用（　　）或者使用（　　），必须了解、掌握其安全技术特性，采取有效的安全防护措施，并对从业人员进行专门的安全生产教育和培训。

A. 新工艺　　B. 新技术　　C. 新材料　　D. 新设备

答案：ABCD。

184. 生产经营单位新建、改建、扩建工程项目（以下统称建设项目）的安全设施，必须与主体工程（　　）。

A. 同时设计　　B. 同时规划
C. 同时施工　　D. 同时投入生产和使用

答案：ACD。

185. 生产经营单位必须对安全设备进行经常性（　　），并定期（　　），保证正常运转。

A. 维护　　B. 保养　　C. 检测　　D. 检查

答案：ABC。

186. 生产经营单位应当教育和督促从业人员严格执行本单位的（　　）。

A. 班前会、班后会制度　　B. 安全生产规章制度

C. 安全操作规程　　D. 现场勘察制度

答案：BC。

187. 生产经营单位不得将生产经营（　　）发包或者出租给不具备安全生产条件或者相应资质的单位或者个人。

A. 项目　　B. 场所　　C. 设备　　D. 技术

答案：ABC。

188. 两个以上生产经营单位在同一作业区域内进行生产经营活动，可能危及对方生产安全的，应当（　　），并指定专职安全生产管理人员进行安全检查与协调。

A. 签订安全生产管理协议　　B. 明确各自的安全生产管理职责

C. 应当采取的安全措施　　D. 区别安全责任范围

答案：ABC。

189. 制定《中华人民共和国电力法》的目的是保障和促进电力事业的发展，维护（　　）的合法权益，保障电力安全运行。

A. 电力投资者　　B. 电力经营者

C. 电力使用者　　D. 地方政府

答案：ABC。

190. 发生事故的电力企业主要负责人有（　　）行为之一的，由电力监管机构处其上一年年收入40％～80％的罚款。

A. 不立即组织事故抢救的　　B. 迟报或者漏报事故的

C. 在事故调查处理期间擅离职守的　　D. 事故发生后逃匿的

答案：ABC。

191. 电力企业对事故发生负有责任的，由电力监管机构依照规定处以罚款，下列说法正确的是（　　）。

A. 发生一般事故的，处10万元以上20万元以下的罚款

B. 发生较大事故的，处20万元以上50万元以下的罚款

C. 发生重大事故的，处50万元以上200万元以下的罚款

D. 发生特别重大事故的，处200万元以上500万元以下的罚款

答案：ABCD。

192. 国家处置电网大面积停电事件应急预案中应急保障包括（　　）。

A. 技术保障　　B. 装备保障　　C. 人员保障　　D. 物资保障

答案：ABC。

193. 违反《电网调度管理条例》规定，有下列行为之一的，对主管人员和直接责任人员由其所在单位或者上级机关给予行政处分。（　　）

A. 不执行有关调度机构批准的检修计划的

B. 不执行调度指令和调度机构下达的保证电网安全的措施的

C. 不如实反映执行调度指令情况的

D. 不如实反映电网运行情况的

答案：ABCD。

194. 电力企业发生下列情形之一的人身伤亡，为电力生产人身事故。（　　）

A. 员工从事与电力生产有关的工作过程中，发生人身伤亡的

B. 员工从事与电力生产有关的工作过程中，发生本企业负有同等以上责任的交通事故，造成人身伤亡的

C. 在电力生产区域内，外单位人员从事与电力生产有关的工作过程中，发生本企业负有责任的人身伤亡的

D. 员工意外发生人身伤亡的

答案：ABC。

195. 企业安全生产责任体系“五落实”中，（　　）对本企业安全生产工作共同承担领导责任。

A. 董事长　　B. 党组织书记　　C. 总经理　　D. 副总经理

答案：ABC。

196. 企业安全生产责任体系“五落实”中，应定期向（　　）报告安全生产情况，并向社会公示。

A. 董事会　　B. 安全委员会

C. 上级安全督查机构　　D. 业绩考核部门

答案：AD。

197. 下列属于企业安全生产责任体系“五落实”的是（　　）。

A. 必须落实安全生产“一岗双责　　B. 必须落实“党政同责”要求

C. 必须落实安全生产组织领导机构　　D. 必须落实安全管理力量

答案：ABCD。

198. 企业安全生产责任体系“五落实”包括（　　）。

A. 必须落实安全生产报告制度　　B. 必须落实安全责任制度

C. 必须落实“党政同责”要求　　D. 必须落实考核管理制度

答案：AC。

199. 下列属于企业安全生产责任体系“五落实”的有（　　）。

A. 必须落实“党政同责”要求　　B. 必须落实安全生产组织领导机构

C. 必须落实安全生产报告制度　　D. 必须落实安全责任制度

答案：ABC。

200. 下列属于企业安全生产责任体系“五落实”的“五到位”的有（　　）。

A. 安全责任到位　　B. 安全投入到位

C. 安全培训到位　　D. 安全管理到位

答案：ABCD。

201. 企业安全生产责任体系“五到位”包括（　　）。

A. 安全管理到位　　B. 安全责任到位

C. 安全培训到位　　D. 安全监督到位

答案：ABC。

202. 下列属于企业安全生产责任体系“五到位”的有（　　）。

A. 安全投入到位　　B. 安全监督到位

C. 奖惩措施到位　　D. 应急救援到位

答案：AD。

203. 安全责任体系及安全目标的风险辨识要点是，建立安全生产责任制及（　　）情况。

A. 落实　　B. 考核　　C. 检查　　D. 监督

答案：AB。

204. 安全责任体系及安全目标风险辨识的典型控制措施是（　　）。

A. 制定符合上级规定和本电网实际的中心、专业处室（班组）、岗位各级、各类人员安全生产责任制

B. 定期考核奖惩制度的执行情况

C. 按照要求制定明确的电网调度安全生产目标

D. 按照要求编制并落实安全责任清单

答案：ABCD。

205. 安全保障体系的风险辨识典型控制措施是，建立（　　）两级安全保障体系。

A. 公司　　B. 中心　　C. 专业处室（班组）　　D. 个人

答案：BC。

206. 安全保障体系的风险辨识内容是，未建立（　　）的安全生产保障体系，安全保障不力，导致安全隐患。

A. 有系统　　B. 具体　　C. 有效　　D. 分层次

答案：AD。

207. 调度系统安全生产保障能力评估风险辨识典型控制措施有哪些？（　　）

A. 严格执行措施、计划

B. 调度机构应建立定期开展调度系统安全生产保障能力自评估的常态机制

C. 结合实际开展电网调度控制运行分析

D. 定期开展安全生产保障能力自评估，提出整改要点，实现电网调度控制运行风险的可控、在控

答案：BD。

208. 调控机构实行以行政正职为安全第一责任人的安全生产责任制，建立健全安全生产（　　）体系、（　　）体系和（　　）体系。

A. 制度　　B. 责任　　C. 保证　　D. 监督

答案：BCD。

209. 调控机构安全保证体系和安全监督体系应相互协同、各司其职、各负其责。坚持“（　　）”的原则。

A. 谁主管谁负责　　B. 管业务必须管安全

C. 安全第一　　D. 预防为主

答案：AB。

210. 调控机构内设专业处室（科室、班组）专业负责人对本专业安全生产工作负责，接受本调控机构（　　）的领导。

A. 班组长　　B. 党委书记

C. 安全第一责任人　　D. 分管行政副职

答案：CD。

211. 调控机构安全责任书应根据本岗位的安全职责制定，应具有（　　），实行多层级控制。

A. 先进性　　B. 针对性　　C. 层次性　　D. 动态性

答案：BC。

212. 下列属于调控机构安全生产保障能力评估内容涉及专业的有（　　）。

A. 调控运行　　B. 设备监控　　C. 调度计划　　D. 水电及新能源

答案：ABCD。

213. 下列属于调控机构安全生产保障能力评估内容专业的有（　　）。

A. 系统运行　　B. 继电保护　　C. 自动化　　D. 综合安全管理

答案：ABCD。

214. 调控机构安全生产保障能力评估工作坚持“(　　)”的原则。

A. 贵在真实　　B. 重在整改

C. 风险管理　　D. 政府监督

答案：AB。

215. 为保证评估工作的真实性，调控机构安全生产保障能力评估结果实行的“三不挂钩”原则分别有（　　）。

A. 不与奖金挂钩　　B. 不与评比挂钩

C. 不与领导班子业绩挂钩　　D. 不与工作绩效挂钩

答案：ABC。

216. 对未承担设备集中监控职责的调控分中心，不参与（　　）等集中监控相关项目的查评。

A. 设备监控专业　　B. 监控运行

C. 监控系统功能建设　　D. 设备监控巡视

答案：ABC。

217. 对未单独设置水电及新能源专业的单位，根据是否承担（　　）专业管理职责，查评相关项目。

A. 水电　　B. 风电　　C. 光伏　　D. 潮汐发电

答案：ABCD。

218. 国家处置电网大面积停电事件应急预案中的保障措施包括（　　）。

A. 队伍保障　　B. 装备物资保障

C. 通信、交通与运输保障　　D. 技术保障

答案：ABCD。

219. 根据《国家电网公司电网调度控制管理通则》的规定，属于省调主要职责的有（　　）。

A. 负责省级电网调控运行，调度管辖省域内 220 千伏电网和终端 500（330）千伏系统，直调所辖电厂

B. 承担省域内±660 千伏及以下直流和 750 千伏（重要枢纽站除外）、500 千伏、330 千伏枢纽站变电设备运行集中监控、输变电设备状态在线监测与分析业务

C. 负责贯彻落实公司电力调度控制方面的规章制度、技术标准及其他规范性文件

D. 承担所辖省级电网调度运行、设备监控、调度计划、水电及新能源、运行方式、继电保护、自动化、燃料等各专业管理职责

答案：ABCD。

220. 根据《国家电网公司电网调度控制管理通则》的规定，属于地调和县调主要职责的有（　　）。

A. 负责地区电网调控运行，调度管辖 10～110（66）千伏和终端 220 千伏系统

B. 承担地域内 35～220 千伏和 330 千伏终端站变电设备运行集中监控、输变电设备状态在线监测与分析业务

C. 负责配网故障研判及抢修协调指挥业务

D. 负责贯彻落实公司电力调度控制方面的规章制度、技术标准及其他规范性文件

答案：ABCD。

221. 根据《国家电网公司电网调度控制管理通则》的规定，电网运行业务中，属于调控机构的职责划分有（　　）。

A. 负责收集、发现运行电网存在的安全隐患和薄弱环节，分析提出电网补强措施

B. 负责组织开展电网过渡期 2～3 年滚动分析校核工作，提出优化工程建设时序和配套补强措施建议

C. 负责编制电网调控运行规划，并纳入发展规划部门制订的公司发展规划
D. 负责审定设备停电计划，并向相关单位发布批准的停电计划
答案：ABCD。
222. 对调控日常管理的安全生产保障能力评估中，属于重点评估项目的有（　　）。
A. 调度操作管理　　B. 调控运行值班人员人数
C. 操作票智能化　　D. 调控值班管理
答案：BC。
223. 对调控运行安全管理的安全生产保障能力评估中，属于重点评估项目的是（　　）。
A. 电网运行危险点分析
B. 对调控运行人员使用智能电网调度控制系统各种应用的要求
C. 反事故演习
D. 典型事故处置预案
答案：ABCD。
224. 对基础保障能力的安全生产保障能力评估中，属于重点评估项目的是（　　）。
A. 调度自动化系统运行可靠性
B. 调度自动化系统功能实用化
C. 备用调度系统
D. 通信通道要求
答案：AC。
225. 国网安徽省电力有限公司调度控制中心调度控制处处长安全责任清单有（　　）。
A. 贯彻执行国家、行业有关安全法规制度及工作要求，落实公司有关安全工作部署
B. 组织制订调控运行安全生产相关规章制度
C. 组织开展专业范围内安全教育培训
D. 组织开展调度运行安全管理
答案：ABCD。
226. 国网安徽省电力有限公司调度控制中心调度控制处主值调度员安全责任清单有（　　）。
A. 贯彻执行国家、行业有关安全法规制度及工作要求，落实公司有关安全工作部署
B. 负责兼职在线安全分析师工作
C. 协助值长做好值班期间电网调度运行安全管理
D. 协助值长做好值班期间电网调度运行安全管理
答案：ABCD。
227. 国网安徽省电力有限公司调度控制中心调度控制处监控值长安全责任清单有（　　）。
A. 贯彻执行国家、行业有关安全法规制度及工作要求，落实公司有关安全工作部署
B. 协助处长落实监控专业安全培训
C. 负责监控运行安全管理工作
D. 负责开展办公及非生产性土地、房屋及其附属设施、设备等安全管理
答案：ABC。
228. 国网安徽省电力有限公司调度控制中心自动化处安全责任清单有（　　）。
A. 贯彻执行国家、行业有关安全法规制度及工作要求，落实公司有关安全工作部署
B. 制订（修订）自动化专业规章制度
C. 开展专业范围内的安全教育培训工作
D. 开展专业范围内的安全管理工作
答案：ABCD。

229. 制定《国家电网公司安全工作规定》的目的是贯彻“安全第一、预防为主、综合治理”的方针，加强安全监督管理，防范安全事故，(　　)。

A. 保证员工人身安全　　B. 保证电网安全稳定运行和可靠供电

C. 保证国家和投资者资产免遭损失　　D. 规范安全管理流程

答案：ABC。

230. 为了贯彻“(　　)”的方针，加强安全监督管理，防范安全事故，保证员工人身安全，保证电网安全稳定运行和可靠供电，保证国家和投资者资产免遭损失，制订《国家电网公司安全工作规定》。

A. 安全第一　　B. 预防为主　　C. 综合治理　　D. 科学防治

答案：ABC。

231. 公司各级单位实行以各级行政正职为安全第一责任人的安全责任制，建立健全(　　)，并充分发挥作用。

A. 安全保证体系　　B. 安全督查体系　　C. 安全监督体系　　D. 安全保障体系

答案：AC。

232. 公司各级单位应建立和完善(　　)，构建事前预防、事中控制、事后查处的工作机制，形成科学有效并持续改进的工作体系。

A. 安全风险管理体系　　B. 应急管理体系

C. 安全三级网络体系　　D. 事故调查体系

答案：ABD。

233. 公司各级单位应建立和完善安全风险管理体系、应急管理体系、事故调查体系，构建(　　)的工作机制，形成科学有效并持续改进的工作体系。

A. 事前预防　　B. 事中控制　　C. 事后查处　　D. 事后复盘

答案：ABC。

234. 公司各级单位应贯彻“(　　)”的原则，做到计划、布置、检查、总结、考核业务工作的同时，计划、布置、检查、总结、考核安全工作。

A. 安全生产责任制　　B. 谁主管谁负责

C. 安全考核　　D. 管业务必须管安全

答案：BD。

235. 以下哪些是省（直辖市、自治区）电力公司和公司直属单位（以下简称“省公司级单位”）的安全目标？(　　)

A. 不发生人身死亡事故　　B. 不发生大面积停电事故

C. 不发生一般及以上电网、设备事故　　D. 不发生重大火灾事故

答案：ACD。

236. 国家电网公司安全工作的总体目标是(　　)。

A. 防止发生大面积停电　　B. 防止发生主设备严重损坏

C. 防止发生重大火灾　　D. 防止发生煤矿透水、瓦斯爆炸

答案：ABCD。

237. 公司各级单位行政正职安全工作的基本职责包括(　　)。

A. 建立、健全本单位安全责任制

B. 保证安全监督管理机构及其人员配备符合要求，支持安全监督管理部门履行职责

C. 组织制订并实施本单位安全生产教育和培训计划

D. 建立安全指标控制和考核体系，形成激励约束机制

答案：ABCD。

238. 公司各级单位的各部门、各岗位应有明确的安全管理职责，做到责任分担，并实行下级对上级的安全逐级负责制。安全保证体系对业务范围内的安全工作负责，安全监督体系负责安全工作的（　　）。

A. 综合协调　　B. 集中控制　　C. 监督管理　　D. 现场管理

答案：AC。

239. 安全监督管理机构应满足的基本要求是（　　）。

A. 从事安全监督管理工作的人员符合岗位条件，人员数量满足工作需要

B. 专业搭配合理，岗位职责明确

C. 配备监督管理工作必需的装备

D. 开展监督管理必要培训

答案：ABC。

240. 安全监督管理机构应（　　）。

A. 贯彻执行国家和上级单位有关规定及工作部署

B. 组织制订本单位安全监督管理和应急管理方面的规章制度

C. 牵头并督促其他职能部门开展安全性评价、隐患排查治理、安全检查和安全风险管控等工作

D. 积极探索和推广科学、先进的安全管理方式和技术

答案：ABCD。

241. 以下关于安全监督管理机构的职责描述正确的是（　　）。

A. 监督本单位各级人员安全责任制的落实

B. 监督各项安全规章制度、反事故措施、安全技术劳动保护措施和上级有关安全工作要求的贯彻执行

C. 负责组织基建、生产、发电、供用电、农电、信息等安全的监督、检查和评价

D. 负责组织交通安全、电力设施保护、防汛、消防、防灾减灾的监督检查

答案：ABCD。

242. 安全监督管理机构应监督建设项目安全设施“三同时”的执行情况，“三同时”指的是（　　）。

A. 与主体工程同时设计　　B. 同时监理

C. 同时施工　　D. 同时投入生产和使用

答案：ABD。

243. 安全监督管理机构应参加和协助本单位领导组织安全事故调查，监督“四不放过”原则的贯彻落实，完成事故统计、分析、上报工作并提出考核意见，“四不放过”指的是（　　）。

A. 事故原因未查清不放过　　B. 责任人员未处理不放过

C. 整改措施未落实不放过　　D. 有关人员未受教育不放过

答案：ABCD。

244. 安全监督管理机构参与（　　）等工作。

A. 电网规划　　B. 工程和技改项目的设计审查

C. 施工队伍资质审查和竣工验收　　D. 安全方面科研成果鉴定

答案：ABCD。

245. 根据《国家电网公司安全工作规定》，下列属于安全监督管理机构的职责的是（　　）。

A. 负责编制安全应急规划并组织实施

B. 负责组织协调公司应急体系建设及公司应急管理日常工作

C. 负责归口管理安全生产事故隐患排查治理工作并进行监督、检查与评价

D. 负责指导集体企业安全监察相关管理工作

答案：ABCD。

246. 安全监督管理机构应负责组织基建、生产、发电、供用电、农电、信息等安全的（　　）。

A. 稽查　　B. 监督　　C. 检查　　D. 评价

答案：BCD。

247. 安全监督管理机构应负责组织交通安全、（　　）的监督检查。

A. 电力设施保护　　B. 防汛　　C. 消防　　D. 防灾减灾

答案：ABCD。

248. 安全监督管理机构应监督涉及（　　）的技术状况，涉及人身安全的防护状况。

A. 电网　　B. 设备　　C. 信息安全　　D. 网络安全

答案：ABC。

249. 安全监督管理机构应对监督检查中发现的（　　），及时下达安全监督通知书，限期解决，并向主管领导报告。

A. 违章　　B. 异常　　C. 重大问题　　D. 隐患

答案：CD。

250. 安全监督管理机构应组织制定（　　）等相关配备标准和管理制度，并监督执行。

A. 安全帽　　B. 安全工器具　　C. 安全围栏　　D. 安全防护用品

答案：BD。

251. 安全监督管理机构应参与（　　）的设计审查、施工队伍资质审查和竣工验收，以及安全方面科研成果鉴定等工作。

A. 电网规划　　B. 工程　　C. 技改项目　　D. 设备采购

答案：ABC。

252. 安全监督管理机构可借助学会、协会、专家组织或其他中介机构和社会组织，对本单位或所属单位的安全状况提供（　　）。

A. 诊断　　B. 检查　　C. 分析　　D. 评价

答案：ACD。

253. 安全监督管理机构可借助（　　），对本单位或所属单位的安全状况提供诊断、分析和评价。

A. 学会　　B. 协会

C. 专家组织或其他中介机构　　D. 社会组织

答案：ABCD。

254. 公司所属各级单位应及时（　　）现场规程，现场规程的补充或修订应严格履行审批程序。

A. 编写　　B. 修订　　C. 复查　　D. 批准

答案：BC。

255. 公司所属各单位应按规定严格执行（　　），检修、施工作业应严格执行现场勘察制度。

A. “两票三制”　　B. 交接班制

C. 设备定期试验轮换制　　D. 班前会、班后会制度

答案：AD。

256. “两票”指的是（　　）。

A. 检修申请票　　B. 调令票　　C. 工作票　　D. 操作票

答案：CD。

257. “三制”指的是（　　）。

A. 交接班制　　B. 巡回检查制

C. 设备定期试验轮换制　　D. 监护复讼制

答案：ABC。

258. 安全监督管理机构负责监督（　　）的实施，并建立相应的考核机制，对存在的问题应及时向主管领导汇报。

A. 反事故措施计划　　B. 安全技术劳动保护措施计划

C. 技改计划　　D. 停电计划

答案：AB。

259. 当（　　）时，应及时对现场规程进行补充或对有关条文进行修订，书面通知有关人员。

A. 上级颁发新的规程　　B. 上级颁发新的反事故技术措施

C. 设备系统变动　　D. 本单位事故防范措施需要

答案：ABCD。

260. （　　）应作为制订反事故措施计划和安全技术劳动保护措施计划的重要依据。

A. 春秋季安全大检查结果　　B. 安全性评价结果

C. 事故隐患排查结果　　D. 安全管理中存在的问题

答案：BC。

261. 省公司级单位、地市公司级单位、县公司级单位及其所属的检修、运行、发电企业（单位）每年应编制年度两措计划，“两措计划”是指（　　）。

A. 安全措施计划　　B. 反事故措施计划

C. 安全技术劳动保护措施计划　　D. 年度综合计划

答案：BC。

262. （　　）应定期进行仿真系统的培训。

A. 变电站运维人员　　B. 检修人员

C. 配电抢修人员　　D. 电网调控人员

答案：AD。

263. （　　）应由取得相应资质的安全培训机构进行培训，并持证上岗。

A. 企业主要负责人　　B. 安全生产管理人员

C. 特种作业人员　　D. 生产岗位班组长

答案：ABC。

264. 新入单位的人员（含实习、代培人员）应（　　）。

A. 进行安全教育封闭继续

B. 进行安全教育培训

C. 经《电力安全工作规程》考试合格后方可进入生产现场工作

D. 经《电力安全工作规程》考试后方可进入生产现场工作

答案：BC。

265. 新上岗生产人员应当经过下列培训，并经考试合格后上岗。（　　）

A. 运维、调控人员（含技术人员）、从事倒闸操作的检修人员，应经过现场规程制度的学习、现场见习和至少2个月的跟班实习

B. 检修、试验人员（含技术人员），应经过检修、试验规程的学习和至少2个月的跟班实习

C. 用电检查、装换表、业扩报装人员，应经过现场规程制度的学习、现场见习和至少1个月的跟班实习

D. 特种作业人员，应经专门培训，并经考试合格取得资格、单位书面批准后，方能参加相应的作业

答案：ABCD。

266. 公司所属各级单位应加大应急培训和科普宣教力度，对（　　）人员定期开展不同层面的应急理论和技能培训，结合实际经常向全体员工宣传应急知识。

A. 应急救援基干分队　　B. 安全监督管理

C. 应急抢修队伍　　D. 应急专家队伍

答案：ACD。

267. 关于在岗生产人员的培训描述正确的是（　　）。

A. 在岗生产人员应定期进行有针对性的现场考问、反事故演习、技术问答、事故预想等现场培训活动

B. 因故间断电气工作连续 3 个月以上者，应重新学习《电力安全工作规程》，并经考试合格后，方可再上岗工作

C. 生产人员调换岗位或者其岗位需面临新工艺、新技术、新设备、新材料时，应当对其进行专门的安全教育和培训，经考试合格后，方可上岗

D. 变电站运维人员、电网调控人员，应定期进行仿真系统的培训

答案：ABCD。

268. 以下有关在岗生产人员的培训，描述正确的是（　　）。

A. 各基层单位应积极推进生产岗位人员安全等级培训、考核、认证工作

B. 生产岗位班组长应每年进行安全知识、现场安全管理、现场安全风险管控等知识培训，考试合格后方可上岗

C. 在岗生产人员每年再培训不得少于 8 学时

D. 离开特种作业岗位 6 个月的作业人员，应重新进行实际操作考试，经确认合格后方可上岗作业

答案：ABCD。

269. 以下说法正确的有（　　）。

A. 企业主要负责人、安全生产管理人员、特种作业人员应由取得相应资质的安全培训机构进行培训，并持证上岗

B. 省公司级单位领导、安全监督管理机构负责人应自觉接受公司和政府有关部门组织的安全法律法规考试

C. 发生或造成人员死亡事故的，其主要负责人和安全生产管理人员应当重新参加安全培训

D. 对造成人员死亡事故负有直接责任的特种作业人员，应当重新参加安全培训

答案：ABD。

270. 地市供电企业对所属的县供电企业负责人，地市公司级单位和县公司级单位对所属的建设部、调控中心、业务支撑和实施机构及其二级机构的负责人、专业技术人员，每年进行一次有关（　　）考试。

A. 安全管理办法　　B. 安全法律法规　　C. 规章制度　　D. 规程规范

答案：BCD。

271. 公司所属各级单位应每年对生产人员的安全考试进行（　　），并对情况进行通报。

A. 统考　　B. 抽考　　C. 调考　　D. 考察

答案：BC。

272. 地市公司级单位、县公司级单位每年应对（　　）进行培训，经考试合格后，书面公布有资格担任的人员名单。

A. 工作票签发人　　B. 工作负责人　　C. 工作许可人　　D. 工作监护人

答案：ABC。

273. 省公司级单位应依托培训中心建立安全教育实训基地，完善（　　），编写员工安全应知应会读本，建立安全事故案例库和制作警示片，及时对有关人员进行教育。

A. 安全培训场所　　B. 安全培训教材　　C. 考试题库　　D. 设施设备

答案：AD。

274. 省公司级单位、地市公司级单位、县公司级单位应建立安全生产月、周、日例会制度，对安全生产实行（　　），协调解决安全工作存在的问题，建立安全风险日常管控和协调机制。

A. 年部署　　B. 月计划　　C. 周安排　　D. 日管控

答案：BCD。

275. 安全监督例会召开频次描述正确的是（　　）。

A. 省公司级单位应每半年召开一次安全监督例会

B. 地市公司级单位应每月召开一次安全网例会

C. 县公司级单位应每月召开一次安全网例会

D. 县公司级单位应每月召开两次安全网例会

答案：ABC。

276. 公司各级单位应定期召开各类安全例会，主要包括（　　）。

A. 年度安全工作会　　B. 月、周、日安全生产例会

C. 安全监督例会　　D. 总经理月度工作会

答案：ABC。

277. 班前会应结合当班运行方式、工作任务（　　）。

A. 开展安全风险分析

B. 布置风险预控措施

C. 组织交待工作任务、作业风险和安全措施

D. 检查个人安全工器具、个人劳动防护用品和人员精神状况

答案：ABCD。

278. 班后会应总结讲评当班工作和安全情况（　　）。

A. 表扬遵章守纪　　B. 批评忽视安全、违章作业等不良现象

C. 布置下一个工作日任务　　D. 布置风险预控措施

答案：ABC。

279. 公司各级单位应定期组织开展各项安全活动，以下关于安全活动定义描述正确的是（　　）。

A. 年度安全活动指的是根据公司年度安全工作安排，组织开展专项安全活动，抓好活动各项任务的分解、细化和落实

B. 安全生产月活动指的是根据全国安全生产月活动要求，结合本单位安全工作实际情况，每年开展为期一个月的主题安全月活动

C. 安全日活动指的是班组每周或每个轮值进行一次安全日活动，活动内容应联系实际，有针对性，并做好记录班组上级主管领导每月至少参加一次班组安全日活动并检查活动情况

D. 安全检查指的是公司各级单位应定期和不定期进行安全检查，组织进行春季、秋季等季节性安全检查，组织开展各类专项安全检查

答案：ABC。

280. 公司各级单位应（　　）进行安全检查，组织进行春季、秋季等季节性安全检查，组织开展各类专项安全检查。

A. 定期　　B. 不定期　　C. 不间断　　D. 随机

答案：AB。

281. 关于“两票”管理描述正确的是（　　）。

A. 班组每月两次，基层单位所属的业务支撑和实施机构及其二级机构至少每季度一次，基层单位至少每半年一次

B. 公司所属各级单位应建立“两票”管理制度，分层次对操作票和工作票进行分析、评价和考核

C. 班组每月一次，基层单位所属的业务支撑和实施机构及其二级机构至少每季度一次，基层单位

至少每半年一次

D. 基层单位每年至少进行一次“两票”知识调考

答案：BCD。

282. 公司各级单位应建立预防违章和查处违章的工作机制，开展违章（　　），采用违章曝光和违章记分等手段，加大反违章力度。定期通报反违章情况，对违章现象进行点评和分析。

A. 稽查　　B. 自查　　C. 互查　　D. 督查

答案：ABC。

283. 公司各级单位应编写安全（　　），综合安全情况，分析事故规律，吸取事故教训。

A. 通报　　B. 日报　　C. 快报　　D. 月报

答案：AC。

284. 公司各级单位应建立应急资金保障机制，落实（　　）所需资金，提高应急保障能力。

A. 应急队伍　　B. 应急评估　　C. 应急装备　　D. 应急物资

答案：ABD。

285. 公司各级单位发生安全事故后，应严格依据国家、行业和公司的有关规定，（　　）报告事故情况，任何单位和个人对事故不得迟报、漏报、谎报或者瞒报。

A. 及时　　B. 准确　　C. 完整　　D. 高效

答案：ABC。

286. 事故调查应坚持实事求是、尊重科学的原则，及时、准确地查清事故（　　），明确事故性质，认定事故责任，总结事故教训，提出整改措施，并对事故责任者提出处理意见，严格执行“四不放过”。

A. 经过　　B. 原因　　C. 时间　　D. 损失

答案：ABD。

287. 事故调查和处理要求（　　）。

A. 任何单位和个人不得阻挠和干涉对事故的报告和调查处理

B. 任何单位和个人对隐瞒事故或阻碍事故调查的行为有权向公司系统各级单位反映

C. 任何单位和个人不得故意破坏事故现场，不得伪造、隐匿或者毁灭相关证据

D. 任何单位和个人对事故不得迟报、漏报、谎报或者瞒报

答案：ABCD。

288. 项目法人（管理单位）应明确（　　）。

A. 发布项目的安全方针、目标、政策和主要保证措施

B. 应遵守的安全法规，制订项目现场安全管理制度

C. 安全评价考核要求和流程

D. 依托项目安全生产委员会，建立健全现场安全保证体系和监督体系

答案：ABD。

289. 公司各级单位发生安全事故后，应严格依据国家、行业和公司的有关规定，及时、准确、完整报告事故情况，任何单位和个人对事故不得（　　）。

A. 迟报　　B. 漏报　　C. 谎报　　D. 瞒报

答案：ABCD。

290. 事故发生单位应按照相关规定做好事故资料的（　　）工作，并按时向上级相关单位提交事故报告（报表）。

A. 收集　　B. 整理

C. 信息统计和存档　　D. 信息安全检查

答案：ABC。

291. 事故调查应坚持（　　）的原则，及时、准确地查清事故经过、原因和损失，明确事故性质，认定事故责任，总结事故教训，提出整改措施，并对事故责任者提出处理意见，严格执行“四不放过”。

A. 脚踏实地　　B. 实事求是　　C. 尊重科学　　D. 调查论证

答案：BC。

292. 关于事故调查描述正确的是（　　）。

A. 任何单位和个人不得阻挠和干涉对事故的报告和调查处理

B. 任何单位和个人对隐瞒事故或阻碍事故调查的行为有权向公司系统各级单位反映

C. 任何单位和个人不得故意破坏事故现场，不得伪造、隐匿或者毁灭相关证据

D. 任何单位和个人不得从事违背事故调查的其他活动

答案：ABC。

293. 公司所属各级单位应与并网运行的发电企业（包括电力用户的自备电源和分布式电源）签订并网调度协议，在并网协议中至少明确的内容包括（　　）。

A. 对保证电网安全稳定、电能质量方面双方应承担的责任

B. 为保证电网安全稳定、电能质量所必须满足的技术条件

C. 对保证电网安全稳定、电能质量应遵守的运行管理、检修管理、技术管理、技术监督等规章制度

D. 并网电厂应开展并网安全性评价工作，达到所在电网规定的并网必备条件和评分标准要求

答案：ABCD。

294. 公司所属各级单位应与并网运行的发电企业（包括电力用户的自备电源和分布式电源）签订并网调度协议，在并网协议中至少明确的内容有（　　）。

A. 并网电厂应参加电网企业为保证电网安全稳定、电能质量为目的组织的联合反事故演习

B. 发生影响到对方的电网、设备安全稳定运行、电能质量的事故（事件），应为对方提供有关事故调查所需数据资料及事故时的运行状态

C. 电网企业对并网发电企业以保证电网安全稳定、电能质量为目的的安全监督内容

D. 对380（220）伏接入的分布式电源，可不单独签订调度协议，但必须签署含有调度运行内容的发用电合同

答案：ABCD。

295. 公司所属各级单位应根据国家有关规定，参与（　　）系统接线、运行方式等技术方案的审查工作和设备受电前验收工作。

A. 并网发电企业　　B. 供电企业

C. 变电站　　D. 用户

答案：ABD。

296. 具有（　　）的企业、单位才能作为工程（业务）的发包方对外发包，核心业务不得对外委托。

A. 独立法人的企业　　B. 经具有独立法人的企业委托授权

C. 足够的人员数量　　D. 从事相关业务

答案：AB。

297. 国家电网公司安全工作实行安全目标管理和以责论处的奖惩制度，安全奖惩坚持（　　）原则。

A. 精神奖励与物质奖励相辅助　　B. 辅助

C. 精神奖励与物质奖励相结合　　D. 惩罚和教育相结合

答案：CD。

298. 公司各级单位应按照职责管理范围，从（　　）等各个环节，对发生安全事故（事件）的单位及责任人进行责任追究和处罚。

A. 规划设计　　B. 招标采购　　C. 施工验收　　D. 生产运行和教育培训

答案：ABCD。

299. 国家电网公司安全事故调查规程中事故包含（　　）。

A. 人身事故　　B. 电网事故　　C. 设备事故　　D. 信息系统事件

答案：ABCD。

300. 发生（　　）事故除按国家和行业有关规定和程序向相关机构报告，并接受其调查外，还应按照《国家电网公司安全事故调查规程》规定开展调查。交通事故等级划分和调查按照国家和行业有关规定执行。

A. 特别重大　　B. 重大　　C. 较大　　D. 一般

答案：ABCD。

301. 安全事故报告应及时、准确、完整，任何单位和个人对事故不得（　　）。

A. 迟报　　B. 漏报　　C. 谎报　　D. 瞒报

答案：ABCD。

302. “四不放过”包含（　　）。

A. 事故原因未查清不放过　　B. 事故经过不清楚不放过

C. 责任人员未处理不放过　　D. 未指定整改措施不放过

答案：AC。

303. 国家电网公司安全事故调查规程适用的公司系统各单位包括（　　）。

A. 直属单位　　B. 全资单位　　C. 控股单位　　D. 管理的单位

答案：ABCD。

304. 在工作过程中，（　　）不按人身事故统计。

A. 经公安部门认定的自杀　　B. 因病导致伤亡的事件

C. 因走错间隔造成的因病导致伤亡的事件　　D. 因误操作造成的事件

答案：AB。

305. 非计划检修是指（　　）以外的一切检修。

A. 计划大修　　B. 计划小修

C. 计划节日检修　　D. 应急抢修

答案：ABC。

306. 事故的责任包括（　　）。

A. 全部责任　　B. 主要责任

C. 同等（共同）责任　　D. 次要责任

答案：ABCD。

307. 以下为五级设备事件的有（　　）。

A. 500 千伏以上电力电缆主绝缘击穿

B. 500 千伏以上输电线路倒塔

C. 10 千伏以上发供电设备发生恶性电气误操作

D. 主要发供电设备异常运行已达到规程规定的紧急停运条件而未停止运行

答案：ABCD。

308. 以下属于恶性电气误操作的有（　　）。

A. 带负荷误拉（合）隔离开关

B. 带电挂（合）接地线（接地开关）

C. 带接地线（接地开关）合断路器（隔离开关）

D. 带负荷拉（合）断路器

答案：ABC。

309. 10千伏以上输变电设备（　　）为八级设备事件。

A. 跳闸　　B. 被迫停运　　C. 非计划检修　　D. 停止备用

答案：ABCD。

310. 在事故即时报告中，其简况至少应包括（　　）。

A. 事故发生的时间、地点、单位

B. 事故发生的简要经过、伤亡人数、直接经济损失的初步估计

C. 电网停电影响、设备损坏、应用系统故障和网络故障的初步情况

D. 事故发生原因的初步判断

答案：ABCD。

311. 下述（　　）免责条款，发生六级以上电网、设备和信息系统事故可不中断事故发生单位的安全记录。

A. 因雨雪冰冻、暴风雪、台风、雷击、洪水等自然灾害发生的电网、设备和信息系统事故

B. 为了抢救人员生命而紧急停止设备运行构成的事故

C. 不可预见或无法事先防止的外力破坏事故

D. 无法采取预防措施的户外小动物引起的事故

答案：BCD。

312. 为贯彻“（　　）”的方针，加强安全管理基础工作，深入开展安全生产反违章（以下简称反违章），健全反违章工作机制，防止违章导致的事故发生，根据《中华人民共和国安全生产法》和《国家电网公司安全工作规定》等法律法规及规章制度，制定《国家电网公司安全生产反违章工作管理办法》。

A. 安全第一　　B. 科学管控　　C. 预防为主　　D. 综合治理

答案：ACD。

313. 反违章工作是指企业在预防违章、查处违章、整治违章等过程中，在（　　）和评价考核等方面开展的相关工作。

A. 制度建设　　B. 培训教育　　C. 现场管理　　D. 监督检查

答案：ABCD。

314. 反违章工作是指企业在预防违章、查处违章、整治违章等过程中，在（　　）等方面开展的相关工作。

A. 制度建设　　B. 培训教育　　C. 现场管理　　D. 监督检查和评价考核

答案：ABCD。

315. 违章是指在电力生产活动过程中，违反国家和电力行业安全生产法律法规、规程标准，违反公司安全生产规章制度、反事故措施、安全管理要求等，可能对（　　）构成危害并容易诱发事故的管理的不安全作为、人的不安全行为、物的不安全状态和环境的不安全因素。

A. 人身　　B. 电网　　C. 设备　　D. 安全工器具

答案：ABC。

316. 违章按照性质分为（　　）三类。

A. 管理违章　　B. 行为违章　　C. 主观违章　　D. 装置违章

答案：ABD。

317. 以下属于管理违章的有（　　）。

A. 各级领导、管理人员不履行岗位安全职责

B. 各级领导、管理人员不落实安全管理要求

C. 各级领导、管理人员不健全安全规章制度

D. 各级领导、管理人员不执行安全规章制度

答案：ABCD。

318. 行为违章是指现场作业人员（　　）等生产活动过程中，违反保证安全的规程、规定、制度、反事故措施等的不安全行为。

A. 在电力建设　　B. 运行　　C. 检修　　D. 营销服务

答案：ABCD。

319. 装置违章是指（　　）不满足规程、规定、标准、反事故措施等的要求，不能可靠保证人身、电网和设备安全的不安全状态和环境的不安全因素。

A. 生产设备　　B. 设施

C. 环境　　D. 作业使用的工器具及安全防护用品

答案：ABCD。

320. 按照违章性质、情节及可能造成的后果，可分为（　　）。

A. 特级违章　　B. 严重违章　　C. 一般违章　　D. 普通违章

答案：BC。

321. 反违章监督检查应通过（　　）等形式，采取计划安排、临时抽查、突击检查等方式组织开展。

A. 事故监察　　B. 安全检查　　C. 专项监督　　D. 违章纠察（稽查）

答案：ABCD。

322. 各单位应加强反违章工作监督检查，建立（　　）的监督检查机制。

A. 下级对上级检查

B. 同级安全生产保证体系对安全生产监督体系进行督促

C. 上级对下级检查

D. 同级安全生产监督体系对安全生产保证体系进行督促

答案：CD。

323. 根据实际需要，应安排或聘请（　　）组成反违章监督检查专职或兼职队伍。

A. 熟悉安全生产规章制度

B. 具备较强业务素质

C. 熟悉与电网安全生产有关的法律、法规、技术标准、文件

D. 具有反违章工作经验且责任心强的人员

答案：ABD。

324. 根据实际需要，应安排或聘请（　　），组成反违章监督检查专职或兼职队伍。

A. 熟悉安全生产规章制度　　B. 具备较强业务素质

C. 具有反违章工作经验且责任心强的人员　　D. 具备违章检查经验

答案：ABC。

325. 建立现场作业信息网上公布制度，提前公示作业信息，明确（　　）主动接受反违章现场监督检查。

A. 作业任务　　B. 时间　　C. 人员　　D. 地点

答案：ABCD。

326. 违章考核实行“（　　）”的原则，本级发现并按规定给予考核的，上级不再进行考核。班组自查自纠、作业现场工作班成员间及时发现并纠正的违章行为可不记分，但应进行记录。

A. 自省　　B. 自查　　C. 自纠　　D. 自处

答案：BCD。

327. 以下属于管理违章的为（　　）。

A. 未按规定落实安全生产措施、计划、资金

B. 未按规定配置现场安全防护装置、安全工器具和个人防护用品

C. 设备变更后相应的规程、制度、资料未及时更新

D. 新入厂的生产人员，未组织三级安全教育或员工未按规定组织“安规”考试

答案：ABCD。

328. 以下属于管理违章的是（　　）。

A. 不落实电网运行方式安排和调度计划

B. 违章指挥或干预值班调度、运行人员正常操作

C. 安排或默许无票作业、无票操作

D. 没有每年公布工作票签发人、工作负责人、工作许可人、有权单独巡视高压设备人员名单

答案：ABCD。

329. 以下属于行为违章的是（　　）。

A. 不按调度命令执行现场操作

B. 专责监护人不认真履行监护职责，从事与监护无关的工作

C. 约时停、送电

D. 不按规定使用工作票进行工作

答案：ABCD。

330. 调控机构应坚持“（　　）”的方针，以防止发生电网稳定破坏、大面积停电事故和调控责任事故为重点，以强化安全内控机制为核心，提升安全生产保障能力，确保电网安全稳定运行。

A. 安全第一　　B. 预防为主　　C. 综合治理　　D. 科学管理

答案：ABC。

331. 调控机构实行以主要负责人为安全第一责任人的安全生产责任制，建立健全安全生产（　　）。

A. 责任体系　　B. 保证体系　　C. 管理体系　　D. 监督体系

答案：ABD。

332. 调控机构安全保证体系和安全监督体系应相互协同、各司其职、各负其责，按照（　　）原则、坚持“管业务必须管安全”，保障安全管理的组织、人员和投入，加大监督检查力度，抓好过程管理和绩效考核。

A. 谁主管　　B. 谁管理　　C. 谁负责　　D. 谁担责

答案：AC。

333. 关于安全监督体系，以下描述正确的是（　　）。

A. 调控机构应建立所辖电网调控系统安全监督网络

B. 调控机构内部应建立中心、处（科）两级安全监督体系，明确两级安全监督的责任和权利

C. 调控机构设置专职安全员

D. 各专业设兼职安全员

答案：ABCD。

334. 以下关于安全员任职条件，描述正确的是（　　）。

A. 坚持原则，具有中级及以上职称

B. 熟悉与电网安全生产有关的法律、法规、技术标准、文件

C. 专职安全员应具有电网运行、管理工作经验，兼职安全员应具有一定本专业工作经验

D. 专职安全员应经过安全生产管理知识培训，具备上岗资格

答案：ABCD。

335. 以下属于安全员主要职责的有（　　）。

A. 监督调控机构安全责任制的落实

B. 监督各项安全规章制度、反事故措施和上级有关安全工作指示的贯彻执行，及时反馈在执行中存在的问题并提出完善修改意见

C. 监督涉及电网运行的核心业务执行情况，所属设备、设施安全状况，涉及人身安全的防护状况，对监督检查中发现的问题和隐患，及时向主管领导报告

D. 建立安全管理机制

答案：ABCD。

336. 以下属于调控机构日常安全监督的主要内容的有（　　）。

A. 监督调度控制操作票、调度电话录音、调控值班日志、在线安全风险分析执行情况

B. 监督电网日前停电检修工作票、电网日前计划执行情况

C. 监督新设备投产调试方案、电网稳定措施通知单执行情况

D. 监督继电保护定值整定计算方案和继电保护定值整定单执行情况

答案：ABCD。

337. 日常监督工作要求是（　　）。

A. 各专业安全员应开展本专业核心业务评估及控制要点的日常检查，提出安全风险控制措施建议

B. 安全员开展核心业务月度监督检查，按月形成监督查评报告

C. 提出评价意见和整改建议，并检查和跟踪整改措施落实情况

D. 对安全生产做出贡献者提出给予表扬和奖励的建议或意见

答案：ABC。

338. 调控机构应配备必备的（　　）等文件，建立分级分类目录，并将目录和相关文件在调度控制管理系统（以下简称 OMS 系统）发布。

A. 法律　　B. 法规　　C. 技术标准　　D. 规章制度

答案：ABCD。

339. 调控机构应规范直调系统的（　　）建设，定期修编各类实施细则，保证其实效性和可操作性。

A. 运行　　B. 标准化　　C. 专业实施细则　　D. 调度规范

答案：AC。

340. 调控机构应每年制订安全生产教育培训计划，建立培训考核机制，定期培训，保证所有员工具有适应岗位要求的（　　）。

A. 安全知识　　B. 安全规范　　C. 安全意识　　D. 安全技能

答案：AD。

341. 调控机构新入职人员必须经处（科）安全教育、中心安全培训并经考试合格后方可进入专业处（科）开展工作，安全教育培训的主要内容应包括（　　）。

A. 电力安全生产法律法规　　B. 技术标准

C. 规章制度　　D. 调控机构制定的安全生产相关工作要求

答案：ABCD。

342. 调控机构新上岗调控运行人员必须经专业培训、现场实习并经考试合格后方可正式上岗，专业培训的主要形式包括（　　）。

A. 发电厂和变电站现场实习　　B. 调度跟班实习

C. 各专业轮岗学习　　D. 专业技术培训

答案：ABCD。

343. 调控机构应定期组织在岗人员的安全教育培训，对在岗人员开展有针对性的（　　）等培训工作。

A. 现场考问　　B. 技术问答　　C. 事故预想　　D. 反事故演习

答案：ABCD。

344. 调控机构应加强在岗生产人员现场培训，熟悉现场设备及工作流程（　　）。

A. 调控运行专业至少每年开展 2 次

B. 设备监控管理专业至少每年开展 2 次

C. 其他专业至少每年开展 1 次

D. 所有专业至少每年开展 1 次

答案：ABC。

345. 以下描述符合在岗生产人员的培训要求的有（　　）。

A. 离开调控运行岗位 3 个月及以上的调控人员，应重新熟悉设备和系统运行方式，并经安全规程及业务考试合格后，方可重新开展调控运行工作

B. 生产人员调换岗位，应当对其进行专门的安全教育和培训，经考试合格后，方可上岗

C. 每年应进行一次全员安全知识和安全规程制度考试，考试成绩应记入员工个人教育培训档案，不及格的应限期补考，合格后方可重新上岗

D. 对违反安全规章制度造成事故、严重未遂事故的责任者，应停止其业务工作，学习培训有关安全规章制度，考试合格后方可重新上岗

答案：ABCD。

346. 关于安全日活动描述正确的是（　　）。

A. 调控机构每年至少组织 2 次以上安全日活动

B. 安全日活动由安全第一责任人主持

C. 安全日活动由中心安全员协助

D. 全体员工参加

答案：ABCD。

347. 安全日活动应联系调控运行实际，并填写安全日活动记录，其主要内容为（　　）。

A. 传达上级有关安全生产指示

B. 学习事故通报及安全生产简报

C. 讨论、分析安全生产隐患及整改措施

D. 布置本专业安全生产工作

答案：ABCD。

348. 调控机构应定期召开季度安全分析会，会议由调控机构安全生产第一责任人主持，相关专业人员参加，会后应下发会议纪要。会议主要内容应至少包括（　　）。

A. 组织学习有关安全生产的文件

B. 通报季度电网运行情况

C. 根据安全生产趋势，针对电网运行存在的问题，研究应对事故采取的预防对策和措施

D. 总结事故教训，布置下季度安全生产重点工作

答案：ABCD。

349. 调控机构应每周召开一次安全生产例会，相关专业人员参加，（　　）。

A. 协调解决安全工作存在的问题

B. 安排布置下周安全工作任务和要求

C. 讨论、分析安全生产隐患及整改措施

D. 学习事故通报及安全生产简报

答案：AB。

350. 调控机构应执行（　　）等安全检查制度，根据季节性特点、检修时段，每年组织不少于一次调控系统安全专项检查。

A. 迎峰度夏（冬、汛）　　B. 消防器材

C. 门禁　　D. 节假日及特殊保电时期

答案：AD。

351. 调控机构进行安全检查前应（　　）。

A. 结合当前的工作实际编制安全检查提纲

B. 学习有关安全生产的文件

C. 对检查出的问题要制订整改方案并督促落实

D. 讨论、分析安全生产隐患及整改措施

答案：AC。

352. 迎峰度夏（冬、汛）专项检查内容包括（　　）。

A. 结合季节安全生产特点，以查管理、查规程制度执行情况、查隐患、查安全措施落实情况为重点

B. 从电网运行管理、二次设备管理（含安控、继电保护、调度自动化）、网厂（场）协调管理、技术监督、缺陷管理、应急预案制订，以及预防演练、迎峰度夏（冬、汛）准备情况等方面开展检查工作

C. 检查直调发电厂（场）运行管理、设备维护、电煤供应、应急处置等方面存在的问题和薄弱环节

D. 重点检查影响电网安全运行的电厂公共环节（直流、母线、厂用电、电源）等

答案：ABCD。

353. 节假日及特殊保电等时期专项安全检查内容包括（　　）。

A. 保电工作组织领导和工作制度执行情况

B. 保电工作方案、事故处理预案、电网应急预案及备调运行管理情况

C. 值班人员对节日方式和保电预案的熟悉程度、继电保护故障录波联通情况

D. 组织协调下级调控机构和运行单位保电工作进展情况

答案：ABCD。

354. 调控机构应履行对并网发电厂涉网安全监督的职能，以下正确的是（　　）。

A. 新、改、扩建发电机组须符合并网必备条件之后方可并网，新机组须完成各项系统调试工作，经技术认定、评审合格后，方可进入商业运行

B. 对已并网发电机组，应定期检查是否符合并网必备条件，对存在问题的，及时发出整改通知书，督促发电企业按要求进行整改

C. 对并网发电厂发生涉及电网安全的异常和故障，调控机构应及时组织技术分析和评估，并督促其完成事故技术分析与评估报告，采取有效的预防和整改措施

D. 调控机构与发电企业签订并网调度协议时，应明确双方在电网运行中的安全责任与义务

答案：ABC。

355. 关于调控机构工程管理描述正确的是（　　）。

A. 调控机构立项的工程项目在签订合同的同时应签订安全（保密）协议，安全（保密）协议中应具体规定双方各自应承担的安全责任和评价考核条款

B. 工程开工前应对施工方项目经理、现场负责人、技术员和安全员进行全面的安全技术交底，并有完整的记录或资料

C. 在容易引起人员伤害和电网事故、设备事故的场所作业，应要求施工方制定安全措施，并配合

做好相关的安全措施

D. 外来工作人员从事有危险或易引起电网事故、设备事故的工作时，应在有经验的本单位人员带领和监护下进行，并做好安全措施

答案：ABCD。

356. 调控机构安全方面的考评与奖惩描述正确的有（　　）。

A. 安全奖惩坚持精神鼓励与物质奖励相结合、思想教育与经济处罚相结合的原则

B. 调控机构应对季度、年度各专业的安全绩效考核情况进行通报，安全绩效考核纳入员工绩效考核

C. 调控机构应对调控安全生产工作方面有突出表现的人员给予表彰奖励

D. 对造成安全生产事故的下级调控机构和个人实行“说清楚”制度，并在评先、评优方面实行“一票否决制”

答案：ABCD。

357. 按照“（　　）”的原则，各级调控中心应在公司处置电网大面积停电应急领导小组的统一指挥下，开展大面积停电事件的应急处置工作。

A. 统一调度　　B. 分级管理　　C. 安全第一　　D. 防止为主

答案：AB。

358. 调控中心应建立收集、处理和汇报各种电网运行突发事件信息的应急机制，确保突发事件信息传递的及时、准确。快速反应先期处置，充分发挥大运行体系下电网调控优势，建立健全“（　　）”的快速响应机制，加强沟通协调，整合应急资源，协同开展电网大面积停电事件处置工作。

A. 上下配合　　B. 上下联动　　C. 区域协作　　D. 区域共建

答案：BC。

359. 遵循“（　　）”的原则，在突发事件的处置过程中，将保证电网主网架的安全放在首位，采取必要手段保证电网安全，防止事故范围进一步扩大，防止发生系统性崩溃和瓦解。

A. 统一调度　　B. 保主网　　C. 保重点　　D. 分级管理

答案：ABC。

360. 加强突发事件预防处置的技术研究，积极采用先进的（　　）和应急处置技术及设施，提高电网大面积停电事件预警和处置能力。

A. 监测　　B. 预测　　C. 预警　　D. 预防

答案：ABCD。

361. 依据《国家电网公司安全事故调查规程》《国家电网公司应急工作管理规定》《国家电网公司电网大面积停电事件处置应急预案》，公司电网大面积停电预警分为（　　）。

A. 一级　　B. 二级　　C. 三级　　D. 四级

答案：ABCD。

362. 依据《国家电网公司安全事故调查规程》《国家电网公司应急工作管理规定》《国家电网公司电网大面积停电事件处置应急预案》，电网大面积停电事件分为（　　）。

A. 特别重大　　B. 重大　　C. 较大　　D. 一般

答案：ABCD。

363. 各类作业人员有权拒绝（　　）。

A. 强令冒险作业　　B. 违章指挥

C. 加班工作　　D. 带电工作

答案：AB。

364. 倒闸操作的接发令要求（　　）。

A. 发令人和受令人应先互报单位和姓名

B. 使用规范的调度术语和设备双重名称
C. 发布指令应准确、清晰
D. 发布指令的全过程（包括对方复诵指令）和听取指令的报告时应录音并做好记录
答案：ABCD。

365. 高压回路上的工作，必须拆除全部或一部分接地线后始能进行工作者，应征得（　　）方可进行。
A. 运维人员的许可
B. 工作负责人的许可
C. 工作票签发人的许可
D. 根据调控人员指令装设的接地线，应征得调控人员的许可
答案：AD。

366. 带电作业有（　　）情况之一者，应停用重合闸或直流线路再启动功能，并不准强送电。
A. 中性点有效接地的系统中有可能引起单相接地的作业
B. 中性点非有效接地的系统中有可能引起相间短路的作业
C. 直流线路中有可能引起单极接地或极间短路的作业
D. 工作票签发人或工作负责人认为需要停用重合闸或直流线路再启动功能的作业
答案：ABCD。

367. 设备不停电时的安全距离，以下正确的是（　　）。
A. 330 千伏，4.00m　　B. 110 千伏，1.50m
C. 35 千伏，0.90m　　D. 10 千伏，0.70m
答案：ABCD。

368. 在发生人身触电事故时，可以不经许可，立即断开有关设备的电源，但事后应立即报告（　　）。
A. 工作许可人　　B. 工作负责人
C. 值班调控人员　　D. 运维人员
答案：CD。

369. 在带电的电压互感器二次回路上工作时，应采取（　　）安全措施。
A. 严格防止短路或接地使用绝缘工具，戴手套
B. 必要时，工作前申请停用有关保护装置、安全自动装置或自动化监控系统
C. 接临时负载，应装有专用的刀闸和熔断器
D. 工作时应有专人监护，禁止将回路的安全接地点断开
答案：ABCD。

370. 安全带禁止挂在（　　）物件上。
A. 隔离开关（刀闸）支持绝缘子　　B. CVT 绝缘子
C. 母线支柱绝缘子　　D. 牢固的钢结构
答案：ABC。

371. 工作负责人、工作许可人任何一方不得擅自变更安全措施，工作中有特殊情况需要变更时，应（　　）。
A. 先取得对方同意
B. 先取得当值调度的同意
C. 变更情况及时记录在值先取得对方同意班日志内
D. 及时恢复
答案：ACD。

372. 电压调整方式一般分为（　　）。

A. 顺调压　　B. 逆调压　　C. 恒调压　　D. 自调压

答案：ABC。

373. 小接地电流中，中性点经消弧线圈接地有以下哪些补偿方式？（　　）

A. 欠补偿　　B. 全补偿　　C. 无补偿　　D. 过补偿

答案：ABD。

374. 省调调度操作指令按内容可分为（　　）。

A. 逐项调度操作指令　　B. 口头指令

C. 预发指令　　D. 综合调度操作指令

答案：ABCD。

375. 开关远方操作到位判断条件应满足（　　）指示“双确认”。

A. 同样原理　　B. 非同样原理

C. 非同源　　D. 同源

答案：ABCD。

376. 出现以下情况应禁止进行开关远方操作：（　　）。

A. 开关 SF_6 低气压闭锁或低油压闭锁　　B. 开关存在危急或严重缺陷

C. 开关通过遥控验收　　D. 开关控分（合）执行不成功后

答案：ABCD。

377. 电力系统间的互联基本要求有（　　）。

A. 电力系统间联络线越多，系统越稳定

B. 交流联络线的电压等级应与主网最高一级电压等级相一致

C. 在联络线因故障断开后，应保持各自系统的安全稳定运行

D. 电力系统采用交流或直流方式互联应进行技术经济比较

答案：BCD。

378. 电网的无功补偿原则有（　　）。

A. 集中平衡　　B. 分层分区　　C. 就地平衡　　D. 统一补偿

答案：BC。

379. AVC 控制对象包括（　　）。

A. 发电机　　B. 调相机　　C. 电容器　　D. 有载调压分接头

答案：ABCD。

380. 停电计划应按照（　　）的原则安排。

A. 常规检修配合基建和技改工程　　B. 二次设备检修配合一次设备检修

C. 下级电网停电服从上级电网停电　　D. 常规检修配合设备缺陷处理

答案：ABC。

381. 以下（　　）属于过程层设备。

A. 合并单元　　B. 保护设备　　C. 智能终端　　D. 测控设备

答案：AC。

第五章　电网安全风险和隐患管理

382. 根据隐患的（　　）和可能导致（　　）事件类型，隐患可分为人身安全隐患、电力安全事故隐患、设备设施事故隐患、大坝安全隐患、安全管理隐患和其他事故隐患。

A. 产生原因　　B. 发生时间　　C. 电力事故　　D. 人身事故

答案：AC。

383. 根据隐患的产生原因和可能导致电力事故事件类型，隐患可分为人身安全隐患、（　　）和其他事故隐患。

A. 设备设施事故隐患　　B. 电力安全事故隐患

C. 大坝安全隐患　　D. 安全管理隐患

答案：ABCD。

384. 隐患可能造成的财产损失费用，包括固定资产损失，或者为恢复其功能所产生的备品备件、材料、人工、运输、清理等费用及（　　）等。

A. 事故罚款　　B. 民事费用

C. 出差费用　　D. 赔偿费用

答案：AD。

385. 安全管理隐患的认定中安全责任制未建立，是指未能明确企业各级领导（　　）在生产运营和建设施工中应负有的安全责任。

A. 各级领导　　B. 各职能部门

C. 工程技术人员　　D. 现场生产人员

答案：ABCD。

386. 安全管理隐患的认定中安全责任制未建立，是指未能明确企业各级领导、各职能部门、工程技术人员和现场生产人员在（　　）和（　　）中应负有的安全责任。

A. 生产运营　　B. 营销服务

C. 建设施工　　D. 发展规划

答案：AC。

387. 安全管理隐患的认定中应急演练未开展，是指（　　）。

A. 没有开展应急演练　　B. 没有演练脚本

C. 虽已开展应急演练但无相关记录和总结　　D. 没有演练方案

答案：AC。

388. 电力企业要建立隐患管理台账，制订切实可行的整治方案，落实（　　）和整改期限，限期将隐患整改到位。

A. 整改责任　　B. 整改资金

C. 整改措施　　D. 整改预案

答案：ABCD。

389. 隐患排查治理是贯彻（　　）、推进（　　）、全面提升（　　）的重要内容和必然需求。

A. 国家安全生产法规制度　　B. 企业安全管理体系

C. 企业事故预防能力建设　　D. 企业本质安全水平

答案：ABCD。

390. 调控部门根据（　　）开展潮流计算、系统稳定性校核等专题分析，排查电网安全运行存在的薄弱环节和风险，经评估构成隐患的，纳入隐患管理流程进行闭环管控。

A. 电力生产需求预测　　B. 电网新设备投产情况

C. 基建（改造）计划　　D. 主要电气设备检修计划

答案：ABCD。

391. 调控部门根据电力生产需求预测、电网新设备投产情况及基建计划、主要电气设备检修计划，开展（　　）、（　　）等专题分析，排查电网安全运行存在的薄弱环节和风险，经评估构成隐患的，纳入隐患管理流程进行闭环管控。

A. 负荷预测　　B. 无功电压

C. 潮流计算　　D. 系统稳定性校核

答案：CD。

392. 为贯彻（　　）方针，规范安全生产事故隐患排查治理工作，建立长效机制，根据国家相关法律法规和国家电网公司有关规程及规定，制定《国家电网公司安全隐患排查治理管理办法》。

A. 安全第一　　B. 预防为主　　C. 综合治理　　D. 兼顾效益

答案：ABC。

393. 安全隐患排查治理是企业管理的重要内容，按照（　　）、（　　）和“全覆盖、勤排查、快治理”的原则，明确责任主体，落实职责分工，实行分级分类管理，做好全过程闭环管控。

A. 谁主管　　B. 谁负责　　C. 谁分管　　D. 谁承担

答案：AB。

394. 安全隐患排查治理是企业管理的重要内容，按照“谁主管、谁负责”和（　　）的原则，明确责任主体，落实职责分工，实行分级分类管理，做好全过程闭环管控。

A. 全覆盖　　B. 勤排查　　C. 重预防　　D. 快治理

答案：ABD。

395. 安全隐患是指安全风险程度较高，可能导致（　　）和安全管理方面的缺失。

A. 事故发生的作业场所　　B. 设备设施

C. 电网运行的不安全状态　　D. 人的不安全行为

答案：ABCD。

396. 根据可能造成的事故后果，安全隐患分为（　　）四个等级。

A. Ⅰ级重大事故隐患　　B. Ⅱ级重大事故隐患

C. 一般事故隐患　　D. 安全事件隐患

答案：ABCD。

397.《国家电网公司安全隐患排查治理管理办法》中将（　　）、（　　）合称“重大事故隐患”。

A. Ⅰ级重大事故隐患　　B. 较大事故隐患

C. 一般事故隐患　　D. Ⅱ级重大事故隐患

答案：AD。

398.《国家电网公司安全隐患排查治理管理办法》中所述“安全隐患”指（　　）的统称。

A. Ⅰ级重大事故隐患　　B. Ⅱ级重大事故隐患

C. 一般事故隐患　　D. 安全事件隐患

答案：ABCD。

399. Ⅰ级重大事故隐患指可能造成以下后果的安全隐患：（　　）。

A. 1～2级人身、电网或设备事件　　B. 水电站大坝溃决事件

C. 特大交通事故，特大或重大火灾事故　　D. 重大以上环境污染事件

答案：ABCD。

400. 可能造成以下后果的隐患中，哪些属于Ⅰ级重大事故隐患？（　　）

A. 2～3 级人身、电网或设备事件　　B. 水电站大坝溃决事件

C. 特大交通事故，特大或重大火灾事故　　D. 重大以上环境污染事件

答案：BCD。

401. 根据安全隐患分类，在可能造成以下后果的隐患中，哪些属于Ⅰ级重大事故隐患？（　　）

A. 重大飞行事故　　B. 水电站大坝溃决事件

C. 特大交通事故，特大或重大火灾事故　　D. 重大以上环境污染事件

答案：BCD。

402. Ⅱ级重大事故隐患指可能造成以下后果或安全管理存在以下情况的安全隐患？（　　）

A. 3～4 级人身或电网事件

B. 3 级设备事件，或 4 级设备事件中造成 100 万元以上直接经济损失的设备事件，或造成水电站大坝漫坝、结构物或边坡垮塌、泄洪设施或挡水结构不能正常运行事件

C. 5 级信息系统事件

D. 重大交通，较大或一般火灾事故

答案：ABCD。

403. 可能造成以下后果的隐患中，哪些内容属于Ⅱ级重大事故隐患？（　　）

A. 较大或一般等级环境污染事件　　B. 重大飞行事故

C. 4 级信息系统事件　　D. 重大交通，较大或一般火灾事故

答案：ABD。

404. Ⅱ级重大事故隐患指安全管理存在以下情况的安全隐患：（　　）。

A. 安全监督管理机构未成立

B. 安全责任制未建立

C. 发电机组（风电场）并网安全性评价未定期开展

D. 安全管理制度、应急预案严重缺失，安全培训不到位

答案：ABCD。

405. 一般事故隐患指可能造成以下后果的安全隐患：（　　）。

A. 5～8 级人身事件

B. 其他 4 级设备事件，5～7 级电网或设备事件

C. 6～7 级信息系统事件

D. 一般交通事故，火灾（7 级事件）

答案：ABCD。

406. 可能造成以下后果的隐患中，哪些属于一般事故隐患？（　　）

A. 5～8 级人身事件

B. 其他 4 级设备事件，5～7 级电网或设备事件

C. 6～7 级信息系统事件

D. 一般飞行事故

答案：ABCD。

407. 根据安全隐患分类，在可能造成以下后果的隐患中，哪些属于一般事故隐患？（　　）

A. 3～4 级人身事件

B. 其他 4 级设备事件，5～7 级电网或设备事件

C. 4～5 级信息系统事件

D. 一般飞行事故

答案：BD。

408. 安全事件隐患指可能造成以下后果的安全隐患：（　　）。
A. 8级电网或设备事件
B. 8级信息系统事件
C. 轻微交通事故，火警（8级事件）
D. 通用航空事故征候，航空器地面事故征候
答案：ABCD。
409. 可能造成以下后果的隐患中，哪些属于安全事件隐患？（　　）
A. 8级电网或设备事件　　B. 8级信息系统事件
C. 一般交通事故　　D. 一般火灾事故
答案：AB。
410. 地市公司级单位的主要职责有（　　）。
A. 负责本单位安全隐患的排查和评估定级
B. 负责审定县公司级单位上报的一般事故隐患
C. 负责初步审核县公司级单位上报的重大事故隐患
D. 对评估为重大等级的隐患，及时报省公司级单位核定
答案：ABCD。
411. 以下哪些内容属于地市公司级单位的主要职责？（　　）
A. 受省公司级单位委托，编制重大事故隐患治理方案，报送省公司级单位审查
B. 根据省公司级单位指导和安排，具体实施重大事故隐患的治理，对重大事故隐患治理结果进行预验收并向省公司级单位申请验收
C. 负责本单位隐患排查治理情况汇总、统计、分析和上报工作
D. 协调当地政府相关部门或其他行业单位，促进隐患排查治理
答案：ABCD。
412. 县公司级单位的主要职责是（　　）。
A. 负责本单位安全隐患的排查和评估定级
B. 对评估为重大和一般事故隐患的，及时报地市公司级单位审核
C. 负责本单位隐患排查治理情况的汇总、统计、分析和上报工作
D. 协调当地政府相关部门或其他行业单位，促进隐患排查治理
答案：ABCD。
413. 班组、乡镇供电所的主要职责是（　　）。
A. 结合设备运维、监测、试验或检修、施工等日常工作排查安全隐患
B. 根据上级安排开展专项安全隐患排查和治理工作
C. 负责重大事故隐患排查治理的闭环管理
D. 负责职责范围内安全隐患的上报、管控和治理工作
答案：ABD。
414. 隐患排查治理应纳入日常工作中，按照（　　）的流程形成闭环管理。
A. 排查（发现）　　B. 评估报告
C. 治理（控制）　　D. 验收销号
答案：ABCD。
415. 隐患排查范围应包括所有与生产经营相关的（　　）。
A. 安全责任体系　　B. 管理制度
C. 场所、环境　　D. 人员、设备设施和活动
答案：ABCD。

416. 隐患排查方式主要有（　　）。
A. 电网年度和临时运行方式分析
B. 各类安全性评价或安全标准化查评
C. 各级各类安全检查各专业结合年度、阶段性重点工作和“二十四节气表”组织开展的专项隐患排查
D. 设备日常巡视、检修预试、在线监测和状态评估、季节性（节假日）检查
答案：ABCD。
417. 以下哪些内容属于隐患排查方式？（　　）
A. 风险辨识或危险源管理　　B. 已发生事故、异常、未遂、违章的原因分析
C. 事故案例或安全隐患范例学习　　D. 电网年度和临时运行方式分析
答案：ABCD。
418. 安全隐患的等级由隐患所在单位按照（　　）三个步骤确定。
A. 预评估　　B. 评估　　C. 分析　　D. 认定
答案：ABD。
419. 关于安全隐患等级的认定，以下哪些是正确的？（　　）
A. 重大事故隐患必须由总部相关职能部门认定
B. 重大事故隐患由省公司级单位或总部相关职能部门认定
C. 一般事故隐患由地市公司级单位认定
D. 安全事件隐患由地市公司级单位的二级机构或县公司级单位认定
答案：BCD。
420. 关于重大事故隐患治理，以下哪些是正确的？（　　）
A. 重大事故隐患治理应制订治理方案
B. 由省公司级单位专业职能部门负责或其委托地市公司级单位编制
C. 省公司级单位审查批准，在核定隐患后30天内完成编制、审批
D. 由专业部门定稿后3天内抄送省公司级单位安全监察部门备案，受委托管理设备单位应在定稿后5天内抄送委托单位相关职能部门和安全监察部门备案
答案：ABCD。
421. 重大事故隐患治理方案应包括（　　）。
A. 隐患的现状及其产生原因
B. 隐患的危害程度和整改难易程度分析
C. 治理的目标和任务
D. 采取的方法和措施
答案：ABCD。
422. 以下哪些内容属于重大事故隐患治理方案？（　　）
A. 经费和物资的落实
B. 负责治理的机构和人员
C. 治理的时限和要求
D. 防止隐患进一步发展的安全措施和应急预案
答案：ABCD。
423. 安全隐患治理应结合电网规划和年度电网建设、技改、大修、专项活动、检修维护等进行，做到（　　）和应急预案“五落实”。
A. 责任　　B. 措施　　C. 资金　　D. 期限
答案：ABCD。

424. 未能按期治理消除的一般事故隐患或安全事件隐患应（　　）。

A. 重新进行评估

B. 依据评估后的等级重新填写“重大、一般事故或安全事件隐患排查治理档案表”

C. 重新编号

D. 原有编号销除

答案：ABCD。

425. 关于安全隐患治理验收销号，以下哪些是正确的？（　　）

A. 隐患治理完成后，隐患所在单位应及时报告有关情况、申请验收

B. 省公司级单位组织对重大事故隐患治理结果和相关文件规定的安全隐患进行验收

C. 地市公司级单位组织对一般事故隐患治理结果进行验收

D. 县公司级单位或地市公司级单位二级机构组织对安全事件隐患治理结果进行验收

答案：ABCD。

426. 关于事故隐患治理结果验收，以下哪些是正确的？（　　）

A. 事故隐患治理结果验收应在提出申请后 8 天内完成

B. 事故隐患治理结果验收应在提出申请后 10 天内完成

C. 验收后填写“重大、一般事故或安全事件隐患排查治理档案表”

D. 重大事故隐患治理应有书面验收报告，并由专业部门定稿后 3 天内抄送省公司级单位安全监察部门备案

答案：BCD。

427. 省、地市和县公司级单位应开展定期评估，以下哪些是正确的？（　　）

A. 地市、县公司级单位每月一次

B. 省公司级单位至少每季度一次

C. 可结合安委会会议、安全分析会等进行

D. 省公司级单位至少每月一次

答案：ABC。

428. 与用户相关的安全隐患治理包括（　　）。

A. 由于电网限制导致的安全隐患

B. 由于用户原因导致电网存在的安全隐患

C. 由于电网供电能力不足导致的安全隐患

D. 用户自身存在供用电安全隐患

答案：ABCD。

429. 由于用户原因导致电网存在的安全隐患，应当（　　）。

A. 由地市或县公司级单位负责以安全隐患通知书的形式告知用户

B. 不需要向政府有关部门报告

C. 将安全隐患纳入闭环管理

D. 采取技术或管理措施防止对电网造成影响

答案：ACD。

430. 由于用户自身存在供用电安全隐患，应当（　　）。

A. 由地市或县公司级单位负责以安全隐患通知书的形式告知产权单位

B. 提出整改要求

C. 告知安全责任，做好签收记录

D. 不需要向政府有关部门报告

答案：ABC。

431. 因计划检修、临时检修和特殊方式等使电网运行方式变化而引起的电网运行隐患风险，应当（　　）。
A. 由相应调度部门发布预警通告
B. 相关部门制定应急预案
C. 电网运行方式变化构成重大事故隐患，电网调度部门应将有关情况通告同级安全监察部门和相关部门
D. 由调度部门制定事故预案即可
答案：ABC。
432. 接到隐患预警通告后，涉及电网、人身和设备安全管理的责任单位应（　　）。
A. 立即采取管控、防范或治理措施
B. 做到有效降低隐患风险
C. 保障作业人员和电网及设备运行安全
D. 隐患预警工作结束后，发布单位应及时通告解除预警
答案：ABCD。
433. 安全隐患信息报送，以下哪些是正确的？（　　）
A. 重大事故隐患和一般事故隐患需逐级统计、上报至公司总部
B. 安全事件隐患由地市公司级单位统计、上报至省公司级单位，省公司级单位汇总后报公司总部备案
C. 一般事故隐患不需上报总部
D. 一般事故隐患不需上报省公司级单位
答案：AB。
434. 隐患档案应包括的信息有（　　）。
A. 隐患简题　B. 隐患来源　C. 隐患内容　D. 隐患编号
答案：ABCD。
435. 隐患档案应包括以下哪些信息？（　　）
A. 隐患所在单位　B. 专业分类　C. 归属职能部门　D. 评估等级
答案：ABCD。
436. 隐患档案应包括以下信息：（　　）。
A. 归属职能部门　B. 评估等级　C. 整改期限　D. 整改完成情况
答案：ABCD。
437. 安全隐患实行逐级挂牌督办制度，包括（　　）。
A. 分部、省公司级单位对重大事故隐患实施挂牌督办
B. 地市公司级单位对一般事故隐患实施挂牌督办
C. 县公司级单位及地市公司级单位其他二级机构对安全事件隐患实施挂牌督办
D. 指定专人管理、督促整改
答案：ABCD。
438. 以下属于隐患排查治理工作评价考核内容的有（　　）。
A. 对经事故分析认定存在应排查而未排查出隐患导致事故发生的相关责任人按公司有关奖惩规定处罚
B. 对瞒报安全隐患相关责任人按公司有关奖惩规定处罚
C. 对因工作不力延误消除隐患并导致安全事故的相关责任人按公司有关奖惩规定处罚
D. 重大事故隐患治理不力，追究分部、省公司级单位责任
答案：ABCD。

439. 隐患排查治理工作评价考核内容包括（　　）。

A. 重大事故隐患治理不力，追究分部、省公司级单位责任

B. 一般事故隐患治理不力，由分部、省公司级单位追究相关单位、人员责任

C. 安全事件隐患治理不力，由地市公司、县公司级单位追究相关单位、人员责任

D. 对重大事故隐患治理工作成绩突出的单位，给予表扬或奖励

答案：ABCD。

440. 下列属于特别严重违章的行为有（　　）。

A. 调控运行值班人员酒后值班

B. 新建厂站调度自动化系统未通过验收而允许投入运行

C. 调控运行值班人员约时停送电

D. 继电保护及安全自动装置带病过期运行

答案：ABCD。

441.《国网安徽省电力有限公司重大安全生产隐患举报奖惩办法（试行）》所述重大安全生产隐患，是指公司安全生产领域可能导致作业人身伤亡事故的隐患和违章，分为（　　）。

A. Ⅰ类　　B. Ⅱ类　　C. Ⅲ类　　D. Ⅳ类

答案：AB。

442. 承担（　　）的组织和个人，对其职责范围内发现的安全隐患进行举报的，不属于《国网安徽省电力有限公司重大安全生产隐患举报奖惩办法（试行）》奖励范围。

A. 安全生产专业管理　　B. 设备主人

C. 监督监察职能　　D. 设备运维

答案：ABC。

443. 下列属于Ⅰ类重大安全生产隐患的有（　　）。

A. 工作票“三种人”不具备相应资格　　B. 未正确履行许可手续即开始工作

C. 约时停送电　　D. 误入带电间隔，误登带电设备

答案：ABCD。

444. 下列属于Ⅱ类重大安全生产隐患的有（　　）。

A. 不进行现场安全交底开展施工　　B. 外包施工单位的专业人员非本企业人员

C. 未正确履行许可手续即开始工作　　D. 工作票“三种人”不具备相应资格

答案：AB。

445. 调控中心是电网运行专业组组长，牵头组织开展（　　）及（　　）隐患排查治理工作考评。

A. 信息和通信安全　　B. 电网运行

C. 二次系统　　D. 消防安全

答案：BC。

446. 根据省公司专项隐患排查要求，各专业部门应明确每一次排查的范围和内容，落实责任人签字机制，确保（　　）和（　　）可追溯。

A. 排查结果　　B. 排查责任

C. 排查方案　　D. 排查计划

答案：AB。

447. 根据省公司专项隐患排查要求，各专业部门应将（　　）等及时报送安质部，并严格落实隐患闭环治理要求。

A. 排查结果　　B. 排查范围　　C. 发现的隐患　　D. 整改情况

答案：ABCD。

448. 为了保证电力系统运行的稳定性，维持电力系统频率、电压的正常水平，系统应有足够的（　　）。

A. 静态稳定储备　　B. 监控设备

C. 有功功率备用容量　　D. 无功功率备用容量

答案：ACD。

449. 加强受端系统安全稳定水平的要点有哪些？（　　）

A. 加强受端系统内部最高一级电压的网络联系

B. 加强受端系统的电压支撑和运行的灵活性，应接有足够容量的具有支撑能力和调节能力的电厂

C. 枢纽变电站的规模和换流站的容量应同受端系统相适应

D. 受端系统发电厂运行方式改变，不应影响正常受电

答案：ABCD。

450. 电力系统间的互联基本要求有哪些？（　　）

A. 电力系统间联络线越多，系统越稳定

B. 交流联络线的电压等级应与主网最高一级电压等级相一致

C. 在联络线因故障断开后，应保持各自系统的安全稳定运行

D. 电力系统采用交流或直流方式互联应进行技术经济比较

答案：BCD。

451. 下列关于电源结构的描述正确的有哪些？（　　）

A. 合理配置不同类型电源的装机规模和布局

B. 大力发展新能源装机，取代常规电厂

C. 电力系统应统筹建设足够的调节能力

D. 常规电厂应具备必须的调峰、调频和调压能力

答案：ACD。

452. 电网的无功补偿原则有哪些？（　　）

A. 集中平衡　　B. 分层分区

C. 就地平衡　　D. 统一补偿

答案：BC。

453. 哪类输电线路的充电功率应基本予以补偿？（　　）

A. 330 千伏及以上等级架空线路　　B. 220 千伏及以上等级电缆线路

C. 220 千伏及以上等级架空线路　　D. 110 千伏及以上等级电缆线路

答案：AB。

454. 电源侧的（　　）和（　　）的配置和整定应与发电设备相互配合，并应与电力系统相协调，保证其性能满足电力系统稳定运行的要求。

A. 继电保护　　B. 自动装置　　C. 监控设备　　D. 无功设备

答案：AB。

455. 下列关于防止电力系统崩溃说法正确的是（　　）。

A. 规划电网结构应实现合理的分层分区

B. 电力系统应考虑可能发生的最严重故障情况，并配合解列点的设置，合理安排自动低频减负荷的顺序和所切负荷数值

C. 发电厂应有可靠的保证厂用电供电的措施，防止因失去厂用电导致全厂停电

D. 在负荷集中地区，应考虑当运行电压降低时，自动或手动切除部分负荷，或有计划解列，以防止发生电压崩溃

答案：ABCD。

456. 系统全停后的恢复方案（包括黑启动方案），应适合本系统的实际情况，以便能快速有序地实现系统和用户的恢复。恢复方案中应包括（　　）。

A. 组织措施　　B. 技术措施

C. 恢复步骤　　D. 恢复过程中应注意的问题

答案：CD。

457. 电力系统全停后的恢复方案，（　　）均应满足自启动和逐步恢复其他线路和负荷供电的特殊要求。

A. 保护　　B. 通信

C. 远动　　D. 开关及安全自动装置

答案：ABCD。

458. 在恢复启动过程中应注意有功、无功功率平衡，防止发生（　　）、（　　）失控及（　　）的大幅度波动。

A. 自励磁　　B. 电压　　C. 频率　　D. 短路电流

答案：ABC。

459. 水电厂送出线路什么情况下允许只按静态稳定储备送电，但应有防止事故扩大的相应措施？（　　）

A. 如发生稳定破坏但不影响主系统的稳定运行，允许只按正常静态稳定储备送电

B. 在故障后运行方式下，允许只按故障后静态稳定储备送电

C. 如发生稳定破坏，影响主系统的稳定运行时

D. 在故障后运行方式下，允许按故障前静态稳定储备送电

答案：AB。

460. 在电力系统第一级安全稳定标准中，正常运行方式下的电力系统受到下述（　　）单一故障扰动后，保护、开关及重合闸正确动作，不采取稳定控制措施，应能保持电力系统稳定运行和电网的正常供电，其他元件不超过规定的事故过负荷能力，不发生连锁跳闸。

A. 任何线路单相瞬时接地故障重合成功

B. 同级电压的双回或多回线和环网，任一回线单相永久故障重合不成功及无故障三相断开不重合

C. 同级电压的双回或多回线和环网，任一回线三相故障断开

D. 任一大负荷突然变化

答案：ABCD。

461. 在电力系统第一级安全稳定标准中，对于电源的（　　），必要时可采用切机或快速降低发电机组出力的措施。

A. 交流送出线路三相故障

B. 送出直流单极故障

C. 同杆双回线路三相故障

D. 两级电压的电磁环网中单回高一级电压线路故障或无故障断开

答案：ABD。

462. 正常运行方式下的电力系统受到下述（　　）较严重的故障扰动后，保护、开关及重合闸正确动作，应能保持稳定运行，必要时允许采取切机和切负荷、直流紧急功率控制、抽水蓄能电站切泵等稳定控制措施。

A. 单回线或单台变压器（辐射型结构）故障或无故障三相断开

B. 任一段母线故障

C. 同杆并架双回线的异名两相同时发生单相接地故障重合不成功，双回线三相同时跳开，或同杆并架双回线同时无故障断开

D. 直流双极线路短路故障

答案：ABCD。

463. 电力系统因下列（　　）情况导致稳定破坏时，必须采取措施，避免造成长时间大面积停电和对重要用户（包括厂用电）的灾害性停电，使负荷损失尽可能减到最小，电力系统应尽快恢复正常运行。

A. 直流输电线路双极故障

B. 故障时开关拒动

C. 故障时继电保护、自动装置误动或拒动

D. 自动调节装置失灵

答案：BCD。

464. 在电力系统中出现高一级电压的初期，发生线路（变压器）（　　），允许采取切机措施；发生线路（变压器）（　　），允许采取切机和切负荷措施，保证电力系统的稳定运行。

A. 单相永久故障　　B. 单相瞬时故障

C. 三相短路故障　　D. 单相短路

答案：AC。

465. 当一次设备投入系统运行时，（　　）应同时投入运行。

A. 继电保护　　B. 通信

C. 安全自动装置　　D. 自动化与网络安全防护

答案：ABCD。

466. 在电力系统运行工作中，应按（　　）全面分析电力系统的特点，考虑运行方式变化对系统稳定运行的影响，提出稳定运行限额，并审核继电保护、安全稳定措施、通信、自动化系统是否满足要求等。

A. 年　　B. 季度　　C. 月　　D. 周

答案：ABC。

467. 在电源接入设计阶段，为防止系统稳定破坏事故，如何合理规划电源接入点？（　　）

A. 受端系统应具有多个方向的多条受电通道，电源点应合理分散接入

B. 每个独立输电通道的输送电力不宜超过受端系统最大负荷的10%～15%

C. 保证失去任一通道时不影响电网安全运行和受端系统可靠供电

D. 每个独立输电通道的输送电力不宜超过受端系统最大负荷的25%

答案：ABC。

468. 综合考虑（　　）等因素，统筹协调、合理布局抽蓄电站等调峰电源。

A. 电力市场空间　　B. 电力系统调峰

C. 电网安全　　D. 地理位置

答案：ABC。

469. 并网电厂机组投入运行时，相关（　　）配套设施等应同时投入运行。

A. 继电保护　　B. 安全自动装置

C. 稳定措施　　D. 电力专用通信

答案：ABCD。

470. 电网规划设计应统筹考虑、合理布局，各电压等级电网协调发展。对造成（　　），应考虑尽快打开运行。

A. 电网稳定水平降低　　B. 短路容量超过断路器遮断容量

C. 潮流分布不合理　　D. 网损高的电磁环网

答案：ABCD。

471. 电网迎峰度夏期间和重点保电时段，应（　　），确保重要设备安全稳定运行。

A. 加强对满载重载线路的运行维护

B. 加强对跨区输电通道及相关线路的运维管控

C. 开展高风险区段、密集线路走廊、线路跨越点特巡

D. 加强一级重要用户风险管控

答案：ABC。

472. 在十八项电网重大反事故措施中，有关无功电压在运行阶段描述正确的是（　　）。

A. 应完成 AVC 无功电压控制系统的联调和传动工作

B. AVC 系统应先投入半闭环控制模式运行 48 小时，自动控制策略验证无误后再改为闭环控制模式

C. 电网局部电压发生偏差时，应首先调整该局部厂站的无功出力，改变该点的无功平衡水平

D. 当母线电压低于调度部门下达的电压曲线下限时，应闭锁接于该母线有载调压变压器分接头的调整

答案：CD。

473. 电网应保留一定的无功备用容量，以保证正常运行方式下，突然失去（　　）时，能够保持电压稳定。

A. 一回直流

B. 一回线路

C. 一台最大容量无功补偿设备或本地区一台最大容量发电机（包括发电机失磁）

D. 一台大容量机组

答案：ABC。

474. 无功事故备用容量，应主要储备于（　　）。

A. 发电机组　　B. 调相机

C. 静止型动态无功补偿设备　　D. 风机、逆变器设备

答案：ABC。

475. 各发电公司（厂）应重视和完善与电网运行关系密切的（　　），其涉网控制性能除了保证主设备安全的情况下，还必须满足电网安全运行的要求。

A. 励磁、调速、无功补偿装置　　B. 保护选型、配置

C. 发电机选型、配置　　D. 发电机出口开关选型、配置

答案：AB。

476.（　　）发电机组应配置 PSS。

A. 100 兆瓦及以上容量的核电机组

B. 火力发电机组和燃气发电机组

C. 40 兆瓦及以上容量的水轮发电机组

D. 接入 220 千伏电压等级及以上的同步发电机组

答案：ABCD。

477.（　　）应具备一次调频功能。

A. 火电　　B. 燃机　　C. 核电　　D. 水电机组

答案：ABCD。

478. 新建机组及增容改造机组，发电厂应根据有关调度部门要求，开展（　　）等工作，实测建模报告需通过中国电科院及省电科院审核，并将审核通过的试验报告报有关调度部门。

A. 励磁系统、调速系统建模及参数实测试验

B. 电力系统稳定器参数整定试验

C. 发电机进相试验、一次调频试验
D. 自动发电控制（AGC）试验、自动电压控制（AVC）试验
答案：ABCD。

479. 发电机组一次调频运行管理中，发电企业不得擅自修改包括（　　）相关的参数。
A. 一次调频死区　　B. 转速不等率
C. 一次调频调节性能　　D. 发电机组低频保护定值
答案：ABC。

480. 在发电机组进相运行管理中，发电机应能监视（　　）。
A. 双向无功功率　　B. 功率因数
C. 单向无功功率　　D. 双向有功功率
答案：AB。

481. 新建及改扩建风电场、光伏发电站设备选型时，性能指标必须满足现行《风电场接入电力系统技术规定》（GB/T 19963）、《光伏发电站接入电力系统技术规定》（GB/T 19964）标准要求，至少包括（　　）。
A. 高电压穿越能力和低电压穿越能力　　B. 有功和无功功率控制能力
C. 频率适应能力　　D. 电能质量要求
答案：ABCD。

482. 风电场、光伏发电站的有功功率控制系统应与场站一次调频等频率响应性能协同一致，无功功率控制应与场站（　　）协同一致。
A. 高电压穿越能力　　B. 低电压穿越能力
C. 无功补偿装置　　D. AVC 控制装置
答案：AB。

483. 风电场、光伏发电站汇集线系统的单相故障应快速切除，汇集线系统应采用（　　）。
A. 经电阻接地方式　　B. 不接地方式
C. 经消弧柜接地方式　　D. 经消弧线圈接地方式
答案：AD。

484. 风电场、光伏发电站应向调控机构定时上传可用发电功率（　　），实时上传理论发电功率和场站可用发电功率，上传率和准确率应满足电网电力电量平衡要求。
A. 短期预测　　B. 中长期预测　　C. 超短期预测　　D. 长期预测
答案：AC。

485. 根据电网容量和网架结构变化定期校验变电站短路容量，当设备额定短路电流不满足要求时，应及时采取（　　）等措施。
A. 设备改造　　B. 停用　　C. 限流　　D. 调整运行方式
答案：ACD。

486. 站用交流电源系统的（　　）应纳入定值管理。
A. 进线断路器　　B. 分段断路器　　C. 备自投装置　　D. 脱扣装置
答案：ABCD。

487. 供电企业应做好重要客户业扩工程的（　　）等工作，应督促重要客户自行选择的业扩工程设计、施工、设备型号符合现行国家、行业标准的要求。
A. 设计审核　　B. 中间检查　　C. 竣工验收　　D. 工程施工
答案：ABC。

488. 对属于（　　）性质的重要客户，供电企业应要求客户进行电能质量测试评估。
A. 非线性　　B. 不对称负荷　　C. 线性　　D. 对称负荷

答案：AB。

489. 一级重要电力客户供电电源点应采用（　　）。

A. 双电源供电

B. 两路电源应当来自两个不同的变电站或来自不同电源进线的同一变电站内两段母线

C. 当一路电源发生故障时，另一路电源能保证独立正常供电

D. 两路电源可来自同一变电站内两段母线

答案：ABC。

490. 重要客户均应配置自备应急电源，自备应急电源配置容量至少应满足（　　）的要求。

A. 全部保安负荷正常启动　　B. 部门保安负荷正常启动

C. 带全部负荷运行　　D. 带负荷运行

答案：AD。

491. 重要客户自备应急电源与电网电源之间应装设可靠的（　　），防止倒送电。

A. 电气闭锁装置　　B. 机械闭锁装置

C. 监测装置　　D. 自动切换装置

答案：AB。

492. 供电企业对特级、一级重要客户每（　　）个月至少检查 1 次；对二级重要客户，每（　　）个月至少检查 1 次；对临时性重要客户，根据其现场实际用电需要开展用电检查工作。

A. 3　　B. 1　　C. 6　　D. 12

答案：AC。

493. 重要客户自备应急电源不应（　　）。

A. 不应自行变更自备应急电源接线方式

B. 不应自行拆除自备应急电源的闭锁装置或者使其失效

C. 不应擅自将自备应急电源转供其他客户

D. 自备应急电源发生故障后应尽快修复

答案：ABCD。

494. 运行线路的"三跨"包括（　　）。

A. 跨高速铁路　　B. 跨高速公路

C. 跨重要输电通道　　D. 跨江、河

答案：ABC。

495. 高温大负荷期间应开展输电线路红外测温，重点检测（　　）等金具的发热情况，发现缺陷及时处理。

A. 接续管　　B. 耐张线夹

C. 引流板　　D. 并沟线夹

答案：ABCD。

496. 下述关于变压器轻瓦斯报警表述正确的是（　　）。

A. 当变压器一天内连续发生两次轻瓦斯报警时，应立即申请停电检查

B. 当变压器一天内连续发生三次轻瓦斯报警时，应立即申请停电检查

C. 非强迫油循环结构且未装排油注氮装置的变压器（电抗器）本体轻瓦斯报警，应立即申请停电检查

D. 非强迫油循环结构且未装排油注氮装置的变压器（电抗器）本体轻瓦斯报警，应加强特巡

答案：AC。

497. 采用 AVC 等自动投切系统控制的多组电容器投切策略应（　　）。

A. 保持各组投切次数均衡，避免反复投切同一组，而其他组长时间闲置

B. 电容器组半年内未投切时，自动投切系统应闭锁投切

C. 对投切次数达到 1000 次的电容器组连同其断路器均应及时进行例行检查及试验，确认设备状态完好后应及时解锁

D. 电容器组近 1 个年度内投切次数达到 1000 次时，自动投切系统应闭锁投切

答案：ABCD。

498. 运行中电流互感器出现什么状况需退出运行？（　　）

A. 运行中油浸式互感器的膨胀器异常伸长顶起上盖时

B. 倒立式电流互感器、电容式电压互感器出现电容单元渗漏油情况时

C. 电流互感器内部出现异常响声时

D. 电流互感器电流越限

答案：ABC。

499. 分布式电源启动时需要考虑当前电网（　　）偏差状态和本地测量的信号，当并网点电网频率或电压偏差超出国家标准范围时，电源不应启动。

A. 频率　　B. 电压　　C. 相位　　D. 闪变

答案：AB。

500. 光伏发电站检测应按照国家或有关行业的相关标准或规定进行，包括以下哪些内容？（　　）

A. 光伏发电站电能质量检测　　B. 光伏发电站有功无功功率控制能力检测

C. 光伏发电站低电压穿越能力验证　　D. 光伏发电站电压、频率适应能力验证

答案：ABCD。

501. 风力发电场并网前验收，检查站内的二次设备不包括（　　）。

A. 继电保护及安全自动装置　　B. 调度自动化系统

C. 电力通信系统　　D. 断路器及开关

答案：ABC。

502. 违章包括（　　）。

A. 管理违章　　B. 行为违章　　C. 装置违章　　D. 人员违章

答案：ABC。

503. 调控机构违章现象的主要原因表现为（　　）。

A. 规章制度不全或管理监督缺位

B. 漠视安全法规及有关规章制度，对安全生产过程中存在的危险点、危险源认识不清

C. 保护及自动化二次设备未严格执行有关技术标准

D. 职责分工不明确，履行职责不到位，部分员工养成的不良工作习惯

答案：ABCD。

504. 针对高危客户供电方式薄弱，调控部门应采用哪些控制措施？（　　）

A. 熟悉高危客户供电途径　　B. 及时发布高危用户风险预警

C. 合理调整高危客户供电方式　　D. 列入电网改造计划

答案：ABC。

505. 安全事故体系由（　　）四类事故组成。

A. 人身　　B. 电网　　C. 设备　　D. 信息系统

答案：ABCD。

506. 有下列情形之一者，为特别重大电网事故（一级电网事件）？（　　）

A. 造成区域性电网减供负荷 30%以上者

B. 造成电网负荷 20000 兆瓦以上的省（自治区）电网减供负荷 30%以上者

C. 造成电网负荷 2000 兆瓦以上的省（自治区）人民政府所在地城市电网减供负荷 60%以上，或

者70%以上供电用户停电者

D. 造成电网负荷5000兆瓦以上20000兆瓦以下的省（自治区）电网减供负荷40%以上者

答案：ABCD。

507. 有下列情形之一者，为重大电网事故（二级电网事件）：（　　）。

A. 造成区域性电网减供负荷10%以上30%以下者

B. 造成电网负荷20000兆瓦以上的省（自治区）电网减供负荷13%以上30%以下者

C. 造成电网负荷2000兆瓦以上的省（自治区）人民政府所在地城市电网减供负荷40%以上60%以下，或者50%以上70%以下供电用户停电者

D. 造成电网负荷600兆瓦以上的其他设区的市电网减供负荷60%以上，或者70%以上供电用户停电者

答案：ABCD。

508. 有下列情形之一者，为较大电网事故（三级电网事件）：（　　）。

A. 造成区域性电网减供负荷7%以上10%以下者

B. 造成电网负荷20000兆瓦以上的省（自治区）电网减供负荷10%以上13%以下者

C. 造成省（自治区）人民政府所在地城市电网减供负荷20%以上40%以下，或者30%以上50%以下供电用户停电者

D. 造成电网负荷600兆瓦以上的其他设区的市电网减供负荷40%以上60%以下，或者50%以上70%以下供电用户停电者

答案：ABCD。

509. 有下列情形之一者，为一般电网事故（四级电网事件）：（　　）。

A. 造成区域性电网减供负荷4%以上7%以下者

B. 造成电网负荷20000兆瓦以上的省（自治区）电网减供负荷5%以上10%以下者

C. 造成省（自治区）人民政府所在地城市电网减供负荷10%以上20%以下，或者15%以上30%以下供电用户停电者

D. 造成电网负荷150兆瓦以上的县级市电网减供负荷40%以上60%以下，或者50%以上70%以下供电用户停电者

答案：ABCD。

510. 未构成一般以上电网事故（四级以上电网事件），符合下列条件之一者定为五级电网事件（　　）。

A. 造成电网减供负荷100兆瓦以上者

B. 220千伏以上电网非正常解列成三片以上，其中至少有三片每片内解列前发电出力和供电负荷超过100兆瓦

C. 变电站内220千伏以上任一电压等级母线非计划全停

D. 220千伏以上系统中，一次事件造成同一变电站内两台以上主变跳闸

答案：ABCD。

511. 未构成五级以上电网事件，符合下列条件之一者定为六级电网事件：（　　）。

A. 造成电网减供负荷40兆瓦以上100兆瓦以下者

B. 变电站内110千伏（含66千伏）母线非计划全停

C. 一次事件造成同一变电站内两台以上110千伏（含66千伏）主变跳闸

D. 220千伏（含330千伏）系统中，一次事件造成同一变电站内两条以上母线或同一输电断面两回以上线路同时停运

答案：ABCD。

512. 电网安全水平降低，出现（　　）定为六级电网事件。

A. 电网输电断面超稳定限额连续运行时间超过 1 小时
B. 220 千伏以上线路、母线失去主保护
C. 互为备用的两套安全自动装置（切机、切负荷、振荡解列、集中式低频低压解列等）非计划停用时间超过 72 小时
D. 系统中发电机组 AGC 装置非计划停用时间超过 48 小时
答案：ABC。
513. 电网电能质量降低，造成下列哪些后果者，定为六级电网事件？（　　）
A. 在装机容量 3000 兆瓦以上电网，频率偏差超出（50±0.2）赫兹
B. 在装机容量 3000 兆瓦以下电网，频率偏差超出（50±0.5）赫兹
C. 220 千伏（含 330 千伏）电压监视控制点电压偏差超出±5%，延续时间超过 30 分钟
D. 系统中发电机组 AGC 装置非计划停用时间超过 72 小时
答案：ABC。
514.《国网安徽省电力公司电网运行风险预警管控工作规范》中，下述属于安徽电力调度控制中心职责的是（　　）。
A. 负责组织编制（修订）安徽电网运行风险量化评估及管控规定，提出电网运行风险管控要求
B. 组织优化运行方式、完善安控策略、制订事故预案等措施
C. 分析、辨识和评估安徽电网主网月度、周运行风险，向省经信委和华东能监局报备月度电网运行风险
D. 提出电网风险预控措施要求，组织落实优化电网运行方式，制订事故处理预案
答案：ABCD。
515.《国网安徽省电力公司电网运行风险预警管控工作规范》中，属于运维检修部职责的是（　　）。
A. 负责合理安排检修计划，评估发布重要输电通道名单，负责分析重大检修、设备状况、外力破坏等安全风险，组织制订保电方案，组织落实设备巡视、维护、消缺和安全防护等控制措施
B. 签收主网预警通知单，按照“预警通知单”要求，组织落实设备巡视、维护、消缺和安全防护等管控措施，加强输电通道和设备缺陷监测，根据实际需要和管控等级增加巡视次数，落实防外力破坏措施
C. 根据需要对重要变电站恢复有人值班
D. 当存在五级及以上电网风险或重要保电任务等其他特殊运行方式时，负责安排对关键输变电设备特巡或蹲守
答案：ABCD。
516. 省公司电网运行风险预警发布条件包括但不限于（　　）。
A. 夏（冬）季用电高峰期间全省电力平衡不足或局部电网供电能力不足
B. 设备停电期间全省电力平衡不足或局部电网供电能力不足
C. 设备停电期间，500 千伏及以上一条线路或一段母线或一台主变或同杆并架线路（30%以上同杆）故障，可能发生五级以上电网事件
D. 设备停电造成接入 220 千伏及以上电网的一级重要客户单电源供电（用户设备工作导致的单电源风险除外）
答案：ABCD。
517. 地市公司电网运行风险预警发布条件包括但不限于（　　）。
A. 设备停电期间局部电网供电能力不足
B. 设备停电期间，220 千伏及以下一条线路或一段母线或一台主变或同杆并架线路（30%以上同杆）故障，可能发生七级以上电网事件

C. 设备停电造成接入 110 千伏及以下电网的二级及以上重要客户单电源供电

D. 设备停电期间，500 千伏及以上一条线路或一段母线或一台主变或同杆并架线路（30%以上同杆）故障，可能发生五级以上电网事件

答案：ABC。

518. 在电网运行风险预警评估中省公司、地市公司应强化电网运行（　　），建立健全风险预警评估机制，为预警发布和管控提供科学依据。

A. 年方式　　B. 月计划　　C. 周安排　　D. 日管控

答案：ABCD。

519. 在电网运行风险预警评估中应充分辨识（　　）的风险因素。

A. 电网运行方式　　B. 运行状态、运行环境

C. 电源、负荷　　D. 可能对电网运行和电力供应造成影响

答案：ABCD。

520. 电网运行风险预警中充分采取（　　）预控措施和手段降低风险影响，提升管控实效。

A. 降等级　　B. 减时长　　C. 缩范围　　D. 控数量

答案：ABCD。

521. “预警通知单”应包括（　　）等内容。

A. 风险等级　　B. 停电设备　　C. 计划安排　　D. 工作部门

答案：ABC。

522. “预警通知单”预控措施应明确（　　）等重点内容。

A. 责任单位　　B. 管控对象　　C. 巡视维护　　D. 电源管理

答案：ABCD。

523. 下列关于风险预警审批描述正确的是（　　）。

A. 一、二级电网风险预警，报总部审核同意

B. 三级以上电网风险预警，由省公司行政正职审核批准

C. 四级风险电网预警，由省公司分管副职审核批准

D. 省公司主网五级电网风险预警由省公司分管副总师审核批准

答案：ABCD。

524. 下列关于地市公司级风险预警审批描述正确的是（　　）。

A. 地市公司五级电网风险预警由本单位行政正职审核批准

B. 六级电网风险预警由本单位分管副职审核批准

C. 六级电网风险预警由本单位安全总监审核批准

D. 其他等级电网风险预警，由调控部门负责人审核批准

答案：ABD。

525. 预警发布应预留合理时间，“预警通知单”宜在工作实施前（　　）发布，四级以上“预警通知单”宜在工作实施（　　）工作日前发布。

A. 36 小时　　B. 3 个　　C. 24 小时　　D. 2 个

答案：AB。

526. 风险预警相关部门按照“谁签收、谁组织、谁反馈”原则，组织落实管控措施（　　）。

A. 谁签收　　B. 谁组织　　C. 谁反馈　　D. 谁发布

答案：ABC。

527. “预警反馈单”应包括（　　）等内容。

A. 事故预案制订　　B. 设备巡视频次、设备检测手段

C. 政府部门报告　　D. 重要客户告知

答案：ABCD。

528.“电网运行风险预警报告单”应包括（　　）等。

A. 风险分析、风险等级

B. 计划安排、影响范围（含敏感区域、民生用电、重要用户等）、管控措施

C. 需要政府协助办理的事项建议

D. 风险管控方案

答案：ABC。

529. 下列关于“电网运行风险预警告知单”描述正确的内容是（　　）。

A. 对风险预警涉及的二级以上重要客户，调控部门提前 2 个工作日向客户书面送达

B. 对电厂送出可靠性造成影响或需要电源支撑的风险预警，调控部门提前 1 个工作日向相关并网电厂书面送达

C.“预警告知单”主要内容包括预警事由、预警时段、风险影响、应对措施等，督促电厂、客户合理安排生产计划，做好防范准备

D. 对风险预警涉及的二级以上重要客户，营销部门提前 2 个工作日向客户书面送达

答案：BCD。

530. 电网运行风险预警实施阶段，（　　）属于电网调控需落实的管控措施。

A. 进行安全稳定校核，优化系统运行方式　　B. 完善稳控策略，转移重要负荷

C. 优先安排操作，编制事故预案　　D. 对风险预警涉及的重要客户进行风险告知

答案：ABC。

531. 电网运行风险预警实施阶段，（　　）属于设备运维单位需落实的管控措施。

A. 加强设备特巡，开展红外测温等带电检测　　B. 提前完成设备消缺和隐患整治

C. 落实针对性运维保障措施　　D. 做好抢修队伍、物资和备品备件等准备

答案：ABCD。

532. 电网运行风险预警实施阶段，调控部门应做好电厂设备配合检修，调整发电计划，优化开机方式，安排应急机组，做好（　　）准备。

A. 调峰　　B. 停机　　C. 调频　　D. 调压

答案：ACD。

533. 针对四级及以上风险预警，应强化落实以下风险预警管控措施：（　　）。

A. 编制风险预警管控工作方案，成立组织机构，召开现场协调会，明确职责分工、管控措施和相关要求

B. 提升运维保障级别，无人变电站恢复有人值班，重要区段派专人看护，重点设备特巡不少于每日 3 次

C. 保证主力电厂安全可靠、重要客户应急电源有效可用，联合开展针对性演练

D. 提请政府部门协调落实电力平衡需求，调整发电计划，加强电力设施保护

答案：ABCD。

534. 有关重要用户的电网风险管控，（　　）负责通知签订调度协议的用户，（　　）负责通知非调度协议用户。

A. 调控部门　　B. 市场大客户室

C. 营销部门　　D. 运检部门

答案：AC。

535. 有关重要用户的电网风险管控，调控中心相关职责有（　　）。

A. 统一规范调度协议　　B. 严控重要用户停电风险

C. 进一步加强录音电话的管理　　D. 规范用户定级管理

答案：ABC。

536. 有关重要用户的电网风险管控，营销部门相关职责有（　　）。

A. 规范用户定级管理　　B. 统一规范调度协议

C. 加强重要用户自备应急电源管理　　D. 加强业扩报装管理

答案：ACD。

537. 有关重要用户的电网风险管控，运检部门相关职责有（　　）。

A. 开展用户供电电源排查　　B. 强化供电设施运维检修管理

C. 加强隐患排查治理　　D. 加强重要用户自备应急电源管理

答案：ABC。

538. 关于电网风险预警管控监督检查，公司实行（　　）和（　　）并行的“双轨制”督查模式。

A. 专业部门的专业督查　　B. 公司安全部门的安全督查

C. 部门联合安全督查　　D. 到岗到位督查制

答案：AB。

539. 符合下列情况之一，认定安徽电网主网运行处于一级风险：（　　）。

A. 全省电力平衡不足，安徽电网全网可能减供负荷13%及以上

B. 因电网设备停电检修，220千伏及以上电网发生单一设备故障或同杆并架线路N-2故障，将导致安徽电网全网减供负荷13%及以上

C. 其他重大及以上电网事故（二级及以上电网事件）风险

D. 因电网设备停电检修，220千伏及以上电网发生单一设备故障或同杆并架线路N-2故障

答案：ABC。

540. 符合下列情况之一，认定安徽电网主网运行处于二级风险：（　　）。

A. 全省电力平衡不足，安徽电网全网可能减供负荷10%及以上

B. 存在可能导致国网公司级重要输电通道降压运行或者被迫停役可能的自然灾害或者山火等风险

C. 220千伏电压监视控制点电压低于调控机构规定的电压曲线值超过5%，持续时间达到15分钟

D. 因电网设备停电检修，220千伏及以上电网发生单一设备故障或同杆并架线路N-2故障，将导致安徽电网全网减供负荷5%及以上

答案：BCD。

541. 符合下列情况之一，认定安徽电网主网运行处于三级风险：（　　）。

A. 安徽电网实时运行备用有功功率不能满足规定的备用要求，需要有序用电

B. 地区电网供电能力不足，需要有序用电10%及以上

C. 三个及以上220千伏变电站全停

D. 存在可能导致省公司级重要输电通道过载超稳定极限或者被迫停役可能的自然灾害或者山火等风险

答案：ABCD。

542. 符合下列条件，认定地区电网运行处于一级风险：（　　）。

A. 县级市电网减供负荷40%及以上

B. 地区电网供电能力不足，需要有序用电10%及以上

C. 高危及重要用户全停

D. 地区电网供电能力不足，需要有序用电15%及以上

答案：ABC。

第六章　应急管理

543. 突发事件是指突然发生，造成或者可能造成严重社会危害，需要采取应急处置措施予以应对的（　　）、（　　）、（　　）和社会安全事件。

A. 自然灾害　　B. 事故灾难

C. 大面积停电事件　　D. 公共卫生事件

答案：ABD。

544. 按照社会危害程度、影响范围等因素，自然灾害、事故灾难、公共卫生事件分为（　　）、（　　）、（　　）和一般四级。

A. 特别重大　　B. 重大　　C. 较大　　D. 严重

答案：ABC。

545. 国家建立统一领导、综合协调、（　　）、（　　）、（　　）为主的应急管理体制。

A. 分类管理　　B. 分级负责

C. 属地管理　　D. 辖区管理

答案：ABC。

546. 可以预警的自然灾害、事故灾难和公共卫生事件的预警级别，按照突发事件发生的（　　）、（　　）和（　　）分为一级、二级、三级和四级，分别用红色、橙色、黄色和蓝色标示，一级为最高级别。

A. 紧急程度　　B. 发展势态

C. 可能造成的危害程度　　D. 可能造成的损失大小

答案：ABC。

547. 根据生产安全事故（以下简称事故）造成的人员伤亡或者直接经济损失，事故一般分为（　　）、（　　）、（　　）、一般事故。

A. 特别重大事故　　B. 重大事故

C. 较大事故　　D. 严重事故

答案：ABC。

548. 事故报告应当及时、准确、（　　），任何单位和个人对事故不得迟报、漏报、谎报或者（　　）。

A. 完整　　B. 完全　　C. 瞒报　　D. 不报

答案：AC。

549. 事故报告应当（　　）、（　　）、（　　），任何单位和个人对事故不得迟报、漏报、谎报或者瞒报。

A. 快速　　B. 及时　　C. 准确　　D. 完整

答案：BCD。

550. 事故调查处理应当坚持实事求是、尊重科学的原则，及时、准确地查清（　　）、（　　）和（　　），查明事故性质，认定事故责任，总结事故教训，提出整改措施，并对事故责任者依法追究责任。

A. 事故经过　　B. 事故危害　　C. 事故原因　　D. 事故损失

答案：ACD。

551. 处置电网大面积停电事件应急预案应当对应急组织指挥体系及职责，应急处置的各项措施，以及（　　）等应急保障做出具体规定。

A. 人员　　B. 资金　　C. 物资　　D. 技术

答案：ABCD。

552. 事故发生后，有关电力企业应当（　　），防止发生电网系统性崩溃和瓦解。

A. 立即采取相应的紧急处置措施　　B. 控制事故范围

C. 立刻上报相关部门　　D. 抓紧制订应急方案

答案：AB。

553. 事故发生后，事故造成电力（　　）、（　　）损坏的，有关电力企业应当立即组织抢修。

A. 设备　　B. 器具　　C. 设施　　D. 物资

答案：AC。

554.《电力安全事故应急处置和调查处理条例》规定，事故可能导致破坏电力系统稳定和电网大面积停电的，电力调度机构有权决定采取（　　）等必要措施。

A. 有序用电　　B. 拉限负荷

C. 解列电网　　D. 解列发电机组

答案：BCD。

555. 事故造成电网大面积停电的，国务院电力监管机构和国务院其他有关部门、有关地方人民政府、电力企业应当按照国家有关规定，（　　），防止各种次生灾害的发生。

A. 制订相应的应急预案　　B. 启动相应的应急预案

C. 成立应急指挥机构　　D. 尽快恢复电网运行和电力供应

答案：BCD。

556. 恢复电网运行和电力供应，应当优先保证重要电厂厂用电源、重要输变电设备、电力主干网架的恢复，优先恢复（　　）的电力供应。

A. 重要电力用户　　B. 重要城市

C. 重点地区　　D. 工业用户

答案：ABC。

557. 恢复电网运行和电力供应，应当优先保证重要（　　）、（　　）、电力主干网架的恢复，优先恢复重要电力用户、重要城市、重点地区的电力供应。

A. 居民用电　　B. 电厂厂用电源

C. 重要输变电设备　　D. 商业用电

答案：BC。

558. 事故应急指挥机构或者电力监管机构应当按照有关规定，统一、准确、及时发布（　　）等信息。

A. 有关事故影响范围　　B. 处置工作进度

C. 预计恢复供电时间　　D. 事故造成的损失

答案：ABC。

559. 发生事故的电力企业主要负责人有下列行为之一的，由电力监管机构处其上一年年收入40%～80%的罚款：（　　）。

A. 不立即组织事故抢救的　　B. 迟报或者漏报事故的

C. 事故发生后逃匿的　　D. 在事故调查处理期间擅离职守的

答案：ABD。

560. 下列属于事故调查报告的有（　　）。

A. 事故发生单位概况和事故发生经过

B. 事故造成的直接经济损失和事故对电网运行、电力（热力）正常供应的影响情况

C. 事故发生的原因和事故性质

D. 事故防范和整改措施

答案：ABCD。

561. 出现下列（　　）情况时，值班调度人员可以调整日发电、供电调度计划，发布限电、调整发电厂功率、开或者停发电机组等指令；可以向本电网内的发电厂、变电站的运行值班单位发布调度指令。

A. 发电、供电设备发生重大事故或者电网发生事故

B. 电网频率或者电压超过规定范围

C. 输变电设备负载超过规定值

D. 主干线路功率值超过规定的稳定限额

答案：ABCD。

562. 重大活动电力安全保障工作的总体目标是（　　）。

A. 确保重大活动期间电力系统安全稳定运行

B. 确保重点用户供用电安全

C. 杜绝停电事件发生

D. 杜绝造成严重社会影响的停电事件发生

答案：ABD。

563. 应急预案的基本框架是“一案三制”，即（　　）。

A. 应急预案　　B. 应急管理体制

C. 应急管理机制　　D. 应急管理法制

答案：ABCD。

564. 应急预案管理工作应当遵循统一标准、分类管理、（　　）的原则。对涉及企业秘密的应急预案，应当严格按照保密规定进行管理。

A. 灵活运用　　B. 分级负责　　C. 条块结合　　D. 协调衔接

答案：BCD。

565. 应急预案管理工作应当遵循（　　）、分类管理、（　　）、条块结合、（　　）的原则。

A. 统一标准　　B. 分级负责　　C. 协调配合　　D. 协调衔接

答案：ABD。

566. 各级单位应按照“（　　）、上下对应、内外衔接”的要求建立应急预案体系。

A. 横向协同　　B. 横向到边　　C. 纵向贯通　　D. 纵向到底

答案：BD。

567. 公司应急预案体系由（　　）和（　　）构成。

A. 总体应急预案　　B. 专项应急预案

C. 现场处置方案　　D. 专业应急预案

答案：ABC。

568. 专项应急预案是针对具体的（　　）和应急保障制订的方案。

A. 专项事件　　B. 突发事件　　C. 危险源　　D. 危险点

答案：BC。

569. 现场处置方案是针对特定的场所、设备设施、岗位，针对典型的突发事件，制订的（　　）和（　　）。

A. 处置措施　　B. 主要流程　　C. 解决方案　　D. 具体步骤

答案：AC。

570. 应急预案的编制应依据有关方针政策、法律、法规、规章、制度、标准，并遵循公司的应急预案（　　）和（　　），要素齐全。

A. 编制模板　B. 编制规范　C. 格式要求　D. 类型要求

答案：BC。

571. 应急预案的内容应突出“（　　）”的原则。

A. 实际　B. 实质　C. 实用　D. 实效

答案：ACD。

572. 应急预案的编制应依据有关（　　）、法规、（　　）、制度、标准，并遵循公司的应急预案编制规范和格式要求，要素齐全。

A. 方针政策　B. 法律　C. 要求　D. 规章

答案：ABD。

573. 在应急预案编制前，应成立应急预案编制工作组，明确（　　），制订编制工作计划，广泛收集编制应急预案所需的各种材料，充分分析本单位的各种风险因素，调查本单位的应急资源状况，评估本单位的应急工作现状。

A. 实际情况　B. 编制任务　C. 职责分工　D. 工作目的

答案：BC。

574. 总体应急预案的评审应邀请上级主管单位参加。涉及网厂协调和社会联动的应急预案，参加应急预案评审的人员应包括应急预案涉及的（　　）和相关单位的专家。

A. 工作人员　B. 大型企业　C. 政府部门　D. 能源监管机构

答案：CD。

575. 涉及网厂协调和社会联动的应急预案，参加应急预案评审的人员应包括应急预案涉及的（　　）。

A. 政府部门　B. 能源监管机构　C. 相关单位的专家　D. 社会组织负责人

答案：ABC。

576. 应急预案评审包括（　　）和（　　）。

A. 形式评审　B. 效果评审　C. 制度评审　D. 要素评审

答案：AD。

577. 应急预案发布时，应统一进行编号。编号采用英文字母和数字相结合，应包含（　　）等信息。

A. 编制单位　B. 预案类别　C. 使用范围　D. 顺序编号

答案：ABD。

578. 应急预案经（　　），符合要求后，由本单位主要负责人（或分管领导）签署发布。

A. 评审　B. 修改　C. 试行　D. 执行

答案：AB。

579. 公司所属各级单位应急预案在公司系统内部备案工作内容包括（　　）。

A. 备案对象　B. 备案内容　C. 备案形式　D. 备案时间

答案：ABCD。

580. 公司总部各部门、各级单位应制订年度应急演练和培训计划，并将其列入本部门、本单位年度培训计划。总体应急预案的培训和演练（　　），各专项应急预案的培训和演练（　　），各现场处置方案的培训和演练（　　）。

A. 每两年至少组织一次　B. 每年至少组织一次

C. 每半年至少组织一次　D. 每季度至少组织一次

答案：ABC。

581. 在开展应急预案演练前，应制定演练方案，明确演练（　　）、保障措施和评估要求等。应急预案演练方案经批准后实施。

A. 目的　　B. 范围　　C. 步骤　　D. 人员

答案：ABC。

582. 应急演练组织单位应当对演练进行评估，并针对演练过程中发现的问题，对（　　）提出意见和建议，形成应急演练评估报告。

A. 修订预案　　B. 应急准备　　C. 应急机制　　D. 应急措施

答案：ABCD。

583. 应急预案演练方式包括（　　）。

A. 桌面推演　　B. 现场实战演练　　C. 模拟操作　　D. 其他演练方式

答案：ABD。

584. 应急预案演练分为（　　）。

A. 总体演练　　B. 综合演练　　C. 一般演练　　D. 专项演练

答案：BD。

585. 现场处置方案的演练经相关职能部门批准后由相关（　　）、（　　）或（　　）负责组织。

A. 领导　　B. 部门　　C. 车间　　D. 班组

答案：BCD。

586. 在开展应急预案演练前，应制定演练方案，明确演练（　　）、保障措施和评估要求等。

A. 目的　　B. 范围　　C. 人员　　D. 步骤

答案：ABD。

587. 应急预案每三年至少修订一次，有下列哪些情形应进行修订？（　　）

A. 本单位生产规模发生较大变化或进行重大技术改造的

B. 周围环境发生变化、形成重大危险源的

C. 应急组织指挥体系或者职责发生变化的

D. 政府有关部门提出要求的

答案：ABCD。

588. 以下说法正确的是（　　）。

A. 本单位生产规模发生较大变化或进行重大技术改造，应对应急预案进行修订

B. 周围环境发生变化、形成重大危险源，应对应急预案进行修订

C. 应急组织指挥体系或者职责发生变化，应对应急预案进行修订

D. 应急处置和演练评估报告提出整改要求，应对应急预案进行修订

答案：ABCD。

589. 应急预案编制、评审、（　　）、备案、培训、演练、（　　）、修订等工作所需经费纳入预算统筹安排。

A. 发布　　B. 公布　　C. 实施　　D. 使用

答案：AC。

590. 公司各级单位应指定专门机构或人员负责应急预案管理相关工作；应急预案编制、评审、发布、（　　）、（　　）、演练、（　　）、修订等工作所需经费纳入预算统筹安排。

A. 备案　　B. 培训　　C. 试行　　D. 实施

答案：ABD。

591. 突发事件应急处置结束后，由公司总部应急管理归口部门或发生该突发事件的省级公司，组织对突发事件应急处置涉及的相关应急预案进行评估调查，并根据相关规定，对所涉及应急预案的（　　）和执行情况进行考核。

A. 准确性　　B. 可靠性　　C. 安全性　　D. 有效性

答案：AD。

592. 公司实行安全事故“说清楚”制度。发生一般及以上人身事故、一般及以上电网事故或较大及以上设备事故，省级公司有关领导要在事故发生后的两周内到国家家电网公司“说清楚”（　　）。

A. 一般及以上人身事故　　B. 一般及以上电网事故

C. 较大及以上设备事故　　D. 较大及以上电网事故

答案：ABC。

593. 调度系统重大事件包括（　　）。

A. 特急报告类　　B. 紧急报告类　　C. 较急报告类　　D. 一般报告类事件

答案：ABD。

594. 以下属于特急报告类事件的是（　　）。

A. 区域性电网减供负荷 30%以上

B. 直辖市电网减供负荷 20%以上者

C. 电网负荷 1000 兆瓦以下的省、自治区电网，减供负荷 40%以上

D. 直辖市电网：减供负荷 50%以上，或 60%以上供电用户停电

答案：ABD。

595. 以下属于紧急报告类事件的是（　　）。

A. 造成省（自治区）人民政府所在地城市电网减供负荷 10%以上 40%以下者

B. 电网重要保电时期出现保电范围内减供负荷、拉限电等异常情况

C. 造成电网负荷 150 兆瓦以上的县级市电网减供负荷 40%以上者

D. 变电站内 220 千伏以上任一电压等级母线非计划全停

答案：ABC。

596. 以下属于一般报告类事件的是（　　）。

A. 一次事件风电机组脱网容量 500 兆瓦以上

B. 发生 110 千伏以上局部电网与主网解列运行故障事件

C. 在电力供应不足或特定情况下，电网企业在当地电力主管部门的组织下，实施了限电、拉闸等有序用电措施

D. 因电网原因造成电气化铁路运输线路停运的事件

答案：ABCD。

597. 在事件处置暂告一段落后，相应调控机构应将详细情况汇报上级调控机构，内容主要包括（　　）。

A. 事件发生的时间、地点

B. 运行方式、保护及安全自动装置动作、影响负荷情况

C. 调度系统应对措施、系统恢复情况

D. 掌握的重要设备损坏情况，对社会及重要用户影响情况等

答案：ABCD。

598. 党政主要负责人分设的调控机构，安全生产工作必须坚持“（　　）”，行政副职协助安全生产第一责任人负责分管工作范围内的安全工作。

A. 统一协调　　B. 党政同责　　C. 一岗双责　　D. 齐抓共管

答案：BCD。

599. 调控机构安全保证体系和安全监督体系应相互协同、（　　）。

A. 一岗双责　　B. 齐抓共管　　C. 各司其职　　D. 各负其责

答案：CD。

600. 调控机构应严格执行国家、电力行业及公司有关法律法规、技术标准、规程规定，不断完善安全管理机制，使安全生产工作实现（　　）。

A. 精益化　　B. 制度化　　C. 规范化　　D. 标准化

答案：BCD。

601. 专业安全生产目标中包含有“不发生调控值班人员（　　）信息等事件”。

A. 误调度　　B. 误发令　　C. 误操作　　D. 漏监视信息

答案：ACD。

602. 各级调控机构以不发生负有人员责任的（　　）电网事件（事故）为基准，逐年制定安全生产目标；省级以上调控机构内设专业处室（科室）以不发生负有人员责任的（　　）电网事件（事故）为基准，逐年制定专业安全生产目标。

A. 五级以上　　B. 六级以上　　C. 七级以上　　D. 八级以上

答案：AB。

603. 调控机构应逐级签订安全责任书，将安全责任分解落实到（　　），确保安全责任落实到岗到人。

A. 各班组　　B. 各层级　　C. 各专业　　D. 各岗位

答案：BCD。

604. 按照“（　　）”的原则，建立完善调控机构应急预案体系。

A. 实际　　B. 实质　　C. 实用　　D. 实效

答案：ACD。

605. 调控机构应按照“实际、实用、实效”的原则，建立完善调控机构应急预案体系，下列哪些属于调控机构应急预案体系？（　　）

A. 调控机构应对大面积停电事件处置方案　　B. 调控场所应急处置方案

C. 黑启动方案　　D. 电煤预警应急处置方案

答案：ABCD。

606. 完善应急处置预案（方案）管理流程，按照年度演练计划，开展应急预案（方案）演练，演练宜采用（　　）的形式，以提高调控机构人员应急处置水平，及时开展评估，组织应急预案（方案）修订工作。

A. 模拟化　　B. 实战化　　C. 无脚本　　D. 有脚本

答案：BC。

607. 可能出现孤网运行的，上级调控机构应根据地区（　　），组织下级调控机构及相关发电企业对预案进行统筹编制。

A. 负荷特点　　B. 电网特点　　C. 重要程度　　D. 关联程度

答案：BD。

608. 加强调控机构反事故演习管理，定期组织反事故演习，统一规范反事故演练工作的（　　）。

A. 方案编制　　B. 组织形式　　C. 演练规模　　D. 演练流程

答案：ABD。

609. 根据《国家电网公司调控机构安全工作规定》，电网调控联合反事故演习应遵循“（　　）”的原则。

A. 针对隐患问题　　B. 针对薄弱环节

C. 检验应急预案　　D. 评估应急预案

答案：BC。

610. 调度管辖范围内电网、自动化系统、场所等出现严重故障，调控机构应及时启动应急响应，并按照相关规定向（　　）报告。

A. 上级调控机构　　B. 下级调控机构

C. 公司有关部门　　D. 公司主要负责人

答案：AB。

611.《国家电网有限公司应急工作管理规定》所指应急工作，是指公司应急体系建设与运维，（　　）等工作。

A. 突发事件的预防与应急准备　　B. 监测与预警

C. 应急处置与救援　　D. 事后恢复与重建

答案：ABCD。

612. 应急制度体系是组织应急工作过程和进行应急工作管理的规则与制度的总和，是公司规章制度的重要组成部分，包括（　　）。

A. 应急技术标准　　B. 其他应急方面规章性文件

C. 应急预案　　D. 应急培训计划

答案：AB。

613. 应急培训演练体系包括（　　）以及应急培训演练机制。

A. 专业应急培训演练基地及设施　　B. 应急培训师资队伍

C. 应急培训大纲及教材　　D. 应急演练方式方法

答案：ABCD。

614. 预防预测和监控预警系统包括各种在线与离线电网、设备（　　）等技术手段。

A. 风险分析　　B. 监测监控

C. 隐患排查　　D. 带电检测

答案：BD。

615. 突发事件信息报告方式有（　　）、短信等（短信方式需收到对方回复确认）。

A. 电子邮件　　B. 传真　　C. 微信　　D. 电话

答案：ABD。

616. 公司各单位应切实履行社会责任，服从政府统一指挥，积极参加国家各类突发事件应急救援，提供抢险和应急救援所需电力支持，优先为（　　）等重要场所提供电力保障。

A. 政府抢险救援　　B. 灾民安置

C. 医疗救助　　D. 政府抢险指挥

答案：ABCD。

617. 大面积停电事件的预防应遵循“（　　）”的原则。

A. 科学分析　　B. 先降后控

C. 实效演练　　D. 重点预控

答案：ACD。

618. 调控应急指挥工作组根据相关法律法规和有关标准变化情况、（　　）等，每年组织对调控机构应对大面积停电处置方案进行评估，提出整改意见，及时组织修订。

A. 电网安全性评价结论　　B. 电网结构重大变化

C. 运行方式重大变化　　D. 应急处置经验教训

答案：ABCD。

619. 调控应急指挥工作组应根据风险评估结果，有针对性地开展应急演练，演练内容包括但不限于（　　）。

A. 年度大面积停电事件应急演练　　B. 迎峰度夏（冬）联合反事故演习

C. 调控机构主备调切换应急演练　　D. 调控机构内部反事故演习

答案：ABCD。

620. 依据《国家电网公司大面积停电事件应急预案》，公司电网大面积停电预警分为一级、二级、三级和四级，依次用（　　）和蓝色表示。

A. 红色　　B. 橙色　　C. 黄色　　D. 绿色

答案：ABC。

621. 各级调控值班人员应加强协作配合，保持主系统的稳定运行；采取必要的手段，确保主网（　　）在合格范围内运行。

A. 负荷　　B. 频率　　C. 电压　　D. 潮流

答案：BCD。

622. 公司发布电网大面积停电预警后，以下属于调度自动化专业预警响应要求的是（　　）。

A. 加强自动化系统巡视　　B. 检查主备调自动化系统运行情况

C. 检查厂站端、调度数据网运行情况　　D. 保证调控电话、数据通道畅通

答案：ABC。

623. 调控机构根据外部环境、电网运行、（　　）等因素可能造成电网大面积停电的情况，向调控应急指挥工作组提出电网大面积停电应急启动建议。

A. 电网潮流　　B. 供需平衡　　C. 燃料供应　　D. 设备运行

答案：BCD。

624. 调控应急指挥工作组人员就位后，应就有关重大应急问题做出决策和部署，包括（　　）。

A. 启动内部应急值班机制

B. 启动应急信息汇集与报送机制

C. 根据事故进展，及时组织开展会商，确定电网事故处理及恢复重点

D. 派遣专业人员赶赴灾区单位进行事故支援，派遣专业人员赶赴备调，做好电网调度指挥权转移准备

答案：ABCD。

625. 发生孤网运行情况时，在上级调控机构统一领导和指挥下，应急处置小组应指导值班调度员迅速调整运行方式和机组开停方式，尽快恢复系统（　　）和（　　）正常，优先恢复重要负荷供电，择机并网。

A. 负荷　　B. 电流　　C. 频率　　D. 电压

答案：CD。

626. 值班监控员应加强监视，快速（　　）故障，及时汇报事故情况，按照调度指令和规程的要求尽快恢复供电。

A. 查找　　B. 发现　　C. 判断　　D. 隔离

答案：BCD。

627. 调控机构启动应急响应后，应组织调度管辖范围内直调用户开展以下工作：（　　）。

A. 通知非事故直调用户加强监视，若无情况汇报，不要急于询问事故情况

B. 要求直调用户加强对运行系统的监视

C. 通知各电力用户按照调度计划和指令恢复供电

D. 要求直调用户维护落实保安电源保障措施，并进行汇报

答案：ABCD。

628. 应急处置信息包括但不局限于（　　）。

A. 事件性质、影响范围、停电区域、严重程度、可能后果

B. 继电保护及安全自动装置动作信息

C. 电网设施设备受损、电网情况、人员伤亡情况

D. 事件发生后抢险救援、次生灾害，对电网、用户的影响，已经采取的措施及事件发展趋势等

答案：ABCD。

629. 事件应急处置结束后15个工作日内，调控机构应组织研究事件发生机理，分析故障发展过程，总结应急处置过程中的经验和教训，进一步（　　）相关应急处置预案，并组织调控机构各相关专业进行技术交流和研讨。

A. 补充　　B. 梳理　　C. 完善　　D. 修订

答案：ACD。

630. 充分利用调度自动化系统、设备在线监测等各种技术手段，积极开展风险（　　），积极组织开展隐患排查和治理，落实各项风险预控措施。

A. 监测　　B. 辨识　　C. 分析　　D. 评估

答案：ABC。

631. 公司商业秘密按重要程度及泄露后会使公司的经济利益遭受损害的程度，确定为（　　）两级。

A. 普通商业秘密　　B. 核心商业秘密

C. 重要商业秘密　　D. 一般商业秘密

答案：AB。

632. 应急值班分为（　　）。

A. Ⅰ级值班　　B. Ⅱ级值班　　C. Ⅲ级值班　　D. Ⅳ级值班

答案：ABCD。

633. 值班人员应根据国家电网公司、政府部门等上级单位要求，（　　）相关信息。

A. 及时发布　　B. 及时收集　　C. 准确报送　　D. 准确传达

答案：BC。

634. 交接班的主要内容应包括：（　　）。

A. 基层单位上报信息情况　　B. 突发事件处置情况

C. 领导批示意见　　D. 设备运行状况

答案：ABC。

635. 突发事件应急处置工作结束后，各单位要积极组织（　　）的恢复重建工作。

A. 受损设施　　B. 受损场所

C. 生产经营秩序　　D. 生活保障秩序

答案：ABC。

636. 在突发事件处置过程中，事发单位和参与事件处置的相关单位要（　　）。

A. 及时收集各类数据　　B. 开展应急后评估工作

C. 总结应急处置经验教训　　D. 提出改进措施并不断完善

答案：ABCD。

637. 所称突发事件，是指突然发生，造成或者可能造成公司安全生产或社会稳定的严重危害，需要采取应急措施予以应对的（　　）和社会安全事件。

A. 自然灾害　　B. 事故灾难

C. 公共卫生事件　　D. 治安事件

答案：ABC。

638. 突发事件预防是指在突发事件发生前，采取各种有效措施，（　　）。突发事件发生前的有效预防是应急处置成功的关键。

A. 制订应急预案　　B. 消除突发事件隐患

C. 避免突发事件发生　　D. 总结发生过的教训

答案：BC。

639. 公司及各基层单位均应编制、实施应急体系建设“十二五”规划，滚动编制、实施应急三年规划。规划的编制要包含（　　）和保障体系等方面的内容。规划应能指导对可预见突发事件的防范，体现对重点风险的防范和应急处置。

A. 应急组织体系　　B. 制度体系

C. 预案体系　　D. 总结体系

答案：ABC。

640. 公司各单位应将应急体系建设规划工作纳入公司统一规划。要把应急体系建设纳入（　　）和总体工作部署中，与企业建设、生产、经营、改革和发展统一规划、统一部署、统一实施。

A. 企业文化　　B. 企业发展战略

C. 发展规划　　D. 企业目标

答案：BC。

641. 公司各单位应根据应急体系建设规划，设计相应体系、编制应急管理制度，并及时（　　），规范应急管理行为。

A. 动态修改充实　　B. 加强制度编写

C. 加强宣贯推进　　D. 加强应急管理基础工作

答案：ACD。

642. 公司应建立（　　）、上下联动、属地管理的应急管理体系。

A. 统一领导　　B. 分级负责　　C. 综合协调　　D. 分类管理

答案：ABCD。

643. 根据《安徽省电力公司应急管理工作规定》，应急领导小组的主要职责有（　　）。

A. 贯彻地方政府和国家电网公司应急管理法律法规及规章制度

B. 贯彻落实国家应急管理法律法规及规章制度

C. 贯彻领导要求

D. 贯彻华东电网公司应急管理法律法规及规章制度

答案：ABD。

644. 根据《安徽省电力公司应急管理工作规定》，公司应急办的职责有（　　）。

A. 负责落实应急领导小组部署的工作任务，负责日常应急管理工作

B. 按照政府、国家电网公司、华东电网公司等上级应急管理部门的要求，做好应急管理工作

C. 协调各专业组配合开展应急管理工作，对各专业组工作计划、应急措施落实情况进行督促检查

D. 负责应急信息的汇总、审核、报送和披露工作

答案：ABCD。

645. 根据《安徽省电力公司应急管理工作规定》，公司各专业工作组的职责有（　　）。

A. 按照应急领导组的决策和要求，落实本专业范围内应急管理工作

B. 组织编制本专业应急预案，做好培训演练工作

C. 按照预案要求，落实本专业各项应急保障工作，做到人力资源落实、通信保障明确、物资储备齐全、应急资金到位等

D. 负责应急信息的汇总、审核、报送和披露工作

答案：ABC。

646. 公司建立上下对应、相互衔接、完善健全的应急预案体系，按照“（　　）”的要求，针对电网安全、人身安全、设备设施安全、网络与信息安全、社会安全等各类突发事件，编制相应的应急预案。

A. 横向到边　　B. 纵向到底　　C. 上下对应　　D. 内外衔接

答案：AB。

647. 市、县公司层面分别设置（　　）。各直属单位根据各自专业工作的特点，参照市公司应急预案的设置原则，建立应急预案体系。

A. 总体预案　　B. 专项预案

C. 现场处置方案　　D. 事故抢修方案

答案：ABC。

648. 应急预案实行分级、分专业管理。公司应急预案编制、内审、发布等工作由各层次、各应急专业组具体负责，按照专业管辖范围，科学建立应急预案体系，制订工作计划，明确任务和责任，及时（　　）。

A. 编写　　B. 审查　　C. 修订　　D. 报备

答案：ABCD。

649. 针对突发事件应急管理工作的组织指挥体系与职责和突发事件的预防与（　　）、应急保障措施及事后恢复与重建措施等进行编制。

A. 总体预案　　B. 预警机制

C. 现场处置方案　　D. 处置程序

答案：BD。

650. 公司各单位在预案编制过程中，应立足本单位应急管理基础和现状，注意广泛收集应急案例等资料，客观评价本单位应急处置能力，保证预案的（　　）和可操作性。

A. 科学性　　B. 针对性　　C. 实效性　　D. 可靠性

答案：ABCD。

651. 公司各单位应加强应急预案的动态管理。根据应急管理法律法规和有关标准变化情况、（　　）等，及时修订、补充或完善有关内容，开展复审工作，并发布复审和最新版本信息。

A. 电网安全生产形势和问题　　B. 公司效益的最大化

C. 电网运行的方式　　D. 应急演练和处置的经验教训

答案：AD。

652. 应急保障工作主要有（　　）等内容。

A. 应急技术保障　　B. 应急队伍建设

C. 应急经费保障　　D. 应急物资储备

答案：ABCD。

653. 公司各单位要不断加强应急指挥系统建设。公司建立涵盖省、市、县、乡四级的应急指挥系统，实现应急通信、（　　）、预案管理等功能，满足应急指挥、预警管理及应急常态管理的需要。

A. 视频会议　　B. 信息汇集

C. 资源调配　　D. 人员管理

答案：ABC。

654. 公司各单位要不断加强应急信息化建设。要建立应急预案、重大危险源和各类应急资源的数据库，实现（　　）。

A. 快速预警研判　　B. 科学决策指挥

C. 快速汇聚资源　　D. 快速聚集人员

答案：AB。

655. 公司各单位要不断加强应急信息化建设。要结合自身实际，充分利用现有资源，开发和完善应急保障、（　　）指挥调度等应用系统。

A. 预警报警　　B. 模拟推演

C. 监测预警　　D. 辅助决策

答案：ABC。

656. 公司各单位要大力推进应急科技进步。加强（　　），规范指挥平台、通信设备的运用。

A. 先进适用应急新技术　　B. 对应急系统的人力物力投入

C. 对员工发掘新技术的鼓励　　D. 新装备的引进、试用、推广和研发

答案：AD。

657. 关于公司各单位要加强应急专家和抢修队伍建设，下列说法正确的有（　　）。

A. 建设和完善应急专家信息库，发挥专家在应急管理工作中的重要作用

B. 了解、掌握属地政府、社会应急救援队伍情况，结合实际分专业组建基干和兼职应急抢修队伍

C. 改善技术装备，开展应急技术、装备、组织、综合救援等方面专业化的培训

D. 强化实战演练，提高抢修能力

答案：ABCD。

658. 公司各单位要进一步加强应急物资管理工作。要发挥集团化优势，落实（　　）的原则。

A. 应急仓储与协议储备相结合　　B. 应急仓储与日常仓储相结合

C. 仓储与协议储备相结合　　D. 省市县公司集中与分散储备相结合

答案：BCD。

659. 公司各单位应加强应急相关基础知识、（　　），提高各级人员对应急工作重要性的认识。

A. 管理知识　　B. 奖惩办法

C. 法律法规　　D. 技术的培训

答案：ACD。

660. 加强应急预案演练，使各级人员熟悉和掌握应急处置方案、（　　），提高应急处置能力。

A. 应急制度规程　　B. 应急启动条件

C. 应急执行程序　　D. 应急管理知识

答案：BC。

661. 关于公司各单位应加强应急培训工作的管理，下列说法正确的有（　　）。

A. 加强应急演练计划

B. 将应急培训纳入企业培训规划和职工年度培训计划

C. 培训工作应与实际工作相结合，新上岗人员应进行相关应急知识培训

D. 编制培训大纲和教材，运用各种方法和手段，开展对各级人员的培训

答案：BCD。

662. 公司各单位要建立应急演练制度。从（　　）等方面对应急演练工作提出量化考核指标。

A. 演练科目　　B. 演练流程

C. 演练评价　　D. 闭环管理

答案：ABCD。

663. 公司各单位要建立应急演练制度，使应急演练标准化、（　　）。

A. 规范化　　B. 常态化　　C. 特殊化　　D. 系统化

答案：ABD。

664. 公司各专业组、各单位应制订应急演练年度工作计划，全年开展不少于二次的针对不同预案的演练。通过演练检验紧急情况下应急抢修的（　　）、物资储备等工作是否完善，达到检验预案、锻炼队伍、提高能力的目的。

A. 人员安排　　B. 抢修程序

C. 通信联络　　D. 后勤保障

答案：ABCD。

665. 应急演练结束后要（　　）。

A. 组织人员学习　　B. 及时总结评估

C. 针对发现的问题及时修订预案　　D. 完善应急措施

答案：BCD。

666. 应急实施与评估工作主要有应急监测与预警、（　　）、应急评估与统计分析等内容。

A. 突发事件信息报送　　B. 应急处置与救援

C. 事后恢复与重建　　D. 完善应急措施

答案：ABC。

667. 公司各单位应建立突发事件动态监测及预警机制，落实有关部门的（　　），做好突发事件的防范和预报预警工作，做到早防御、早响应、早处置。

A. 动态监测　　B. 前端统计报告

C. 预警措施　　D. 预先处置责任

答案：ABD。

668. 下列说法正确的是（　　）。

A. 单位有关部门要与当地气象、地震、防汛、国土资源等部门密切配合，有效防范和有力应对自然灾害引发的事故灾难

B. 预警信息的发布和解除，由应急办或相关专业组按照有关规定统一进行

C. 事后恢复与重建应尽快进行，无须修改有关机制

D. 进入预警状态后，各单位、各部门应按照预警应对方案的要求，及时落实应对措施

答案：ABD。

669. 为加强和规范公司生产安全突发事件信息报告、进度统计、专业报告等工作，公司建立突发事件信息报告制度。下列说法正确的是（　　）。

A. 公司各单位应建立完善的突发事件信息报送工作网，明确突发事件应急工作的分管领导，层层落实应急信息报送工作责任

B. 有关单位和人员报送、报告突发事件信息以准确为主，无须快速上报

C. 有关单位和人员报送、报告突发事件信息，应当做到及时、客观、真实，不得迟报、谎报、瞒报、漏报

D. 在突发事件发生后，省公司各应急专业组及各单位应急办负责统计、审核本专业（单位）数据后报省公司应急办，作为省公司层面的数据源之一

答案：AC。

670. 在突发事件处置过程中，事发单位和参与事件处置的相关单位要及时收集各类数据，开展（　　），总结（　　），提出（　　）并不断完善。

A. 应急管理办法　　B. 应急后评估工作

C. 应急处置经验教训　　D. 改进措施

答案：BCD。

671. 针对电网发生的较大故障，按照《调通中心电网故障分析制度》，及时编写事故处理分析报告。中心层面召开（　　），开展（　　），分析处置思路和步骤，总结经验和教训，提升处置能力。

A. 专题安全分析会　　B. 专题安全日活动

C. 事故处置复盘总结　　D. 事故分析

答案：AC。

第七章　消防安全和紧急救护

672. 公司电网设备重点消防单位应当定期进行消防巡查，巡查内容包括（　　），以及消防安全重点部位的人员在岗情况。

A. 用火用电违章情况

B. 安全出口、疏散通道畅通情况，安全疏散指示标志、应急照明完好情况

C. 消防设施、器材和消防安全标志在位、完整情况

D. 常闭式防火门关闭状态，防火卷帘下是否堆放物品

答案：ABCD。

673. 各级电网设备消防管理部门应制订灭火和应急疏散预案，预案中的组织机构包括（　　）。

A. 灭火行动组　　B. 通信联络组

C. 疏散引导组　　D. 安全救护组

答案：ABCD。

674. 依据《国家电网公司电网设备消防管理规定》，消防安全基本情况应当包括（　　）、消防安全制度、与消防安全有关的重点工种人员情况等。

A. 电网设备基本情况和消防安全重点部位情况

B. 电网设备消防管理组织机构和各级消防安全责任人

C. 消防设施、灭火器材情况

D. 电网设备灭火和应急疏散预案

答案：ABCD。

675. 依据《国家电网公司电网设备消防管理规定》，消防安全管理情况应当包括公安消防机构填发的各种法律文书、电网设备消防设施定期检查记录，自动消防设施全面检查测试报告及维修保养记录、（　　）。

A. 电网设备火灾隐患及其整改情况记录

B. 电网设备防火检查、巡查记录

C. 消防安全培训记录

D. 电网设备灭火和应急疏散预案的演练记录

答案：ABCD。

676. 依据《国家电网公司电网设备消防管理规定》，电网设备消防管理主要包括（　　）等工作。

A. 消防安全管理　　B. 消防检查

C. 火灾隐患整改　　D. 火灾处置管理

答案：ABCD。

677. 依据《国家电网公司电网设备消防管理规定》，省公司级单位电网设备消防管理部门履行贯彻落实国家消防管理法律法规和规章制度、建立健全本单位电网设备消防管理体系、（　　）职责。

A. 负责组织本单位电网设备消防管理工作，协调解决本单位电网设备消防管理中的重大问题

B. 负责本单位电网设备消防的日常管理工作

C. 负责组织本单位重大电网设备火灾事故的分析工作

D. 研究决定本单位突发电网设备消防事件信息的对外发布

答案：ABCD。

678. 公司各级单位应当遵守国家有关规定，对易燃易爆危险物品的生产、使用、（　　）或者销毁实行严格的消防安全管理。

A. 设计　　B. 储存　　C. 销售　　D. 运输

答案：BCD。

679. 电网设备火灾扑灭后，事故单位应保护现场，协助消防机构（　　），未经公安消防机构同意，不得擅自清理火灾现场。

A. 开展火灾事故调查　　B. 分析火灾事故原因

C. 制定预防措施　　D. 核定火灾损失

答案：ABCD。

680. 下列属于对单位消防控制室建设管理情况的监督检查内容的有：（　　）。

A. 消防控制室值班人员是否取得相应专业资格，每班是否至少2人，是否及时填写消防控制室值班记录

B. 消防控制室值班操作人员是否熟知消防控制室管理及应急程序和设施设备操作方法

C. 消防控制室是否设置必需上墙资料

D. 消防控制室是否设置必需消防应急装备

答案：ABCD。

681. 根据《国家电网公司电网设备消防管理规定》，下列属于消防安全宣传内容的有（　　）。

A. 将消防法规纳入单位年度普法内容

B. 定期通过广播、视频、张贴图画、专题宣传栏等方式宣传防火、灭火、疏散逃生等常识

C. 及时宣传贯彻消防法规、规范和当地消防部门与上级部门的消防安全规定、要求等，并作为日常安全学习内容

D. 对本单位消防设施、器材安放处设置使用方法的标识、提示等

答案：ABCD。

682. 根据《国家电网公司电网设备消防管理规定》，下列属于消防检查内容的有（　　）。

A. 火灾隐患的整改情况及防范措施的落实情况

B. 安全疏散通道、疏散指示标志、应急照明和安全出口情况

C. 灭火器材配置及有效情况，用火、用电违章情况

D. 消防安全标志的设置、完好情况及烟感报警系统的运行情况

答案：ABCD。

683. 对消防安全监督检查的结果，消防安全监督部门应当及时向（　　）通报，并作为年终绩效考评依据。

A. 本单位安全生产委员会　　B. 消防安全责任人

C. 管理人　　D. 被检查单位

答案：ABCD。

684. 地市公司级单位和县公司级单位消防安全监督检查工作职责是（　　）。

A. 配合上级单位组织开展的安全监督检查工作

B. 负责落实上级工作部署，结合本单位实际组织开展消防安全监督检查

C. 对所属单位定期开展安全监督检查工作，并对各级发现问题的整改治理情况组织落实和整改

D. 对单位各部门开展消防安全监督检查

答案：ABC。

685. 安全监督现场检查可采取（　　）等多种方式进行。

A. 现场检查询问　　B. 资料查阅审核

C. 询问交流反馈　　D. 信息管理系统运行维护

答案：ABC。

686. 对单位月度防火检查管理的监督检查，应当根据实际情况检查下列内容：（　　）。

A. 是否组织开展月度防火检查　　B. 是否如实填写检查记录

C. 检查人员是否签名确认　　D. 被检查部门负责人是否签名确认

答案：ABCD。

687. 对单位的灭火和应急疏散演练的监督检查，应当根据单位实际情况检查下列内容：（　　）。

A. 是否每半年进行一次灭火和应急疏散演练，演练是否结合实际，措施是否具有针对性

B. 消防演练时，是否设置明显标识并事先告知演练范围内的人员

C. 是否对演练情况进行全面有效评估，并不断完善应急预案

D. 是否每季度进行一次灭火和应急疏散演练，演练是否结合实际，措施是否具有针对性

答案：ABC。

688. 消防安全管理人履行的消防安全职责有（　　）。

A. 组织制订消防安全制度和保障消防安全的操作规程并检查督促其落实

B. 组织开展消防知识、技能的宣传教育和培训

C. 组织灭火和应急疏散预案的实施和演练

D. 组织实施防火检查和火灾隐患整改工作

答案：ABCD。

689. 机房应根据（　　）等对水质、水温、水压和水量的不同要求分别设置循环和直流给水系统。

A. 设备　　B. 空调　　C. 生活　　D. 消防

答案：ABCD。

690. 主机房、基本工作间应设（　　）等灭火系统，并应按现行有关规范要求执行。

A. 二氧化碳　　B. 卤代烷

C. 七氟丙烷　　D. 干粉灭火器

答案：ABC。

691. 对单位消防安全责任人履行消防安全职责情况，应当根据单位的实际情况将消防工作与本单位的生产、科研、经营、管理等活动统筹安排，批准实施年度消防工作计划（　　）。

A. 生产　　B. 科研　　C. 经营　　D. 管理

答案：ABCD。

692. 对单位动火工作票所列人员管理的监督检查，应当根据单位实际情况检查下列内容：（　　）。

A. 是否每年定期组织相关人员考试，是否及时公布考试合格名单

B. 一、二级动火工作票签发人是否是经本单位（动火单位或设备运行管理单位）考试合格并经本单位分管生产的领导或总工程师批准并书面公布的有关部门负责人、技术负责人或有关班组班长、技术员

C. 动火工作负责人是否具备检修工作负责人资格并经本单位考试合格的人员

D. 动火执行人是否具备有关部门颁发的合格证

答案：ABCD。

693. 对单位动火作业现场的监督检查，应当根据单位实际情况检查动火作业是否严格履行（　　）、工作票制度、工作许可制度、工作监护制度、（　　）、（　　）。

A. 现场勘查制度　　B. 工作例会制度

C. 工作间断、转移制度　　D. 工作终结制度

答案：ACD。

694. 对单位防火巡查管理的监督检查，应当根据实际情况检查是否确定巡查的（　　），是否如实填写巡查记录，巡查人员及主管人是否对记录确认。

A. 人员　　B. 内容　　C. 部位　　D. 频次

答案：ABCD。

695. 下列属于对单位制订的灭火和应急疏散预案的监督检查内容的有（　　）。

A. 报警和接警处置程序　　B. 应急疏散的组织程序和措施

C. 扑救初起火灾的程序和措施　　D. 通信联络、安全防护救护的程序和措施

答案：ABCD。

696. 消防安全责任人履行消防安全职责：（　　）。

A. 批准实施年度消防工作计划

B. 为本单位的消防安全提供必要的经费和组织保障

C. 每年与下级单位签订消防安全工作目标管理责任书

D. 明确消防安全责任目标的安全工作目标管理责任书

答案：ABCD。

697. 对单位消防安全基本情况、管理组织机构及相关人员信息资料、规章制度资料、隐患排查整治资料、（　　）等消防安全相关资料档案进行监督检查。

A. 消防设施　　B. 消防器材台账　　C. 防火检查　　D. 巡查记录

答案：ABCD。

698. 对单位（　　）等建设工程和单位建筑物或者场所的消防安全管理情况进行监督检查。

A. 新建　　B. 改建　　C. 扩建　　D. 土建

答案：ABC。

699. 对单位消防设施维保管理情况的监督检查，应当根据单位实际情况检查是否监督维保单位严格按照维护保养方案、计划，以及国家标准、行业标准规定的工艺、流程、内容、方法开展（　　）。

A. 检查　　B. 维修　　C. 保养　　D. 测试

答案：ABCD。

700. 重要的信息机房内必须满足消防要求（　　），有专人负责定期检查。每个维护人员应熟悉常用的消防知识和安全操作方法。

A. 安装气体灭火装置　　B. 安装自动烟雾告警装置

C. 配置灭火器材　　D. 配置安全防护器具

答案：ABCD。

701. 根据《国家电网公司信息机房管理规范（试行）》，A、B 二类信息机房的建设要求主要包括环境场地装修、供配电源系统、（　　）、防雷接地系统等内容。

A. 温湿度控制系统　　B. 消防报警系统

C. 安全监控系统　　D. 不间断电源系统

答案：ABC。

702. C 类机房应设置以下防护设备：（　　）。

A. 烟雾传感器　　B. 温度计

C. 湿度计　　D. 漏水传感器（有水源的）

答案：ABCD。

703. 机房工程验收前，施工方应分步骤按照各类规范要求对机房（　　）等部分组织专业人员进行综合测试。

A. 装饰装修　　B. 电源系统　　C. 空调系统　　D. 消防安全系统

答案：ABCD。

704. 机房工程竣工后，施工单位应提交下列资料：（　　）。
A. 完整的竣工图
B. 设计变更通知单
C. 各系统详细的测试报告
D. 设备和主要器材的出厂合格证、说明书和安装调试报告等
答案：ABCD。

705. 在重点防火部位和存放易燃易爆物品的场所附近及存有易燃物品的容器上使用电、气焊时，以下做法正确的是（　　）。
A. 应戴正压式呼吸器
B. 应严格执行动火工作的有关规定
C. 按有关规定填用动火工作票
D. 备有必要的消防器材
答案：BCD。

706. 关于变电站一级动火工作票的签发、审核和批准，以下做法正确的是（　　）。
A. 由申请动火的工区动火工作票签发人签发
B. 工区安监负责人、消防管理负责人审核
C. 工区分管生产的领导或技术负责人（总工程师）批准
D. 必要时还应报当地公安消防部门批准
答案：ABCD。

707. 关于变电站二级动火工作票的签发、审核和批准，以下做法正确的是（　　）。
A. 由申请动火的工区动火工作票签发人签发
B. 工区安监人员、消防人员审核
C. 动火工区分管生产的领导或技术负责人（总工程师）批准
D. 必要时还应报当地公安消防部门批准
答案：ABC。

708. 消防监护人的安全责任有（　　）。
A. 负责动火现场配备必要的、足够的消防设施，确保现场消防安全措施的完善和正确
B. 测定或指定专人测定动火部位（现场）可燃性气体、易燃液体的可燃蒸气含量符合安全要求
C. 始终监视现场动火作业的动态，发现失火及时扑救
D. 动火工作间断、终结时检查现场有无残留火种
答案：ABCD。

709. 动火作业应有专人监护，动火作业前应（　　）。
A. 清除动火现场及周围的易燃物品
B. 要求消防监护人测定动火部位（现场）氧气含量符合安全要求
C. 采取其他有效的安全防火措施
D. 配备足够适用的消防器材
答案：ACD。

710. 动火工作完毕后，（　　）和运维许可人应检查现场有无残留火种，是否清洁等。
A. 动火工作票签发人
B. 动火执行人
C. 消防监护人
D. 动火工作负责人
答案：BCD。

711. 在以下（　　）区域内动火，应填用变电站一级动火工作票。
A. 主控室
B. 电缆沟道（竖井）
C. 变压器、压变、充油电缆等注油设备
D. 蓄电池室（铅酸）
答案：CD。

712. 动火工作票不准代替（　　）。

A. 设备停复役手续　　B. 检修工作票

C. 工作任务单　　D. 事故紧急抢修单

答案：ABCD。

713. 在（　　）使用电、气焊时，应严格执行动火工作的有关规定，按有关规定填用动火工作票，备有必要的消防器材。

A. 重点防火部位　　B. 存放易燃易爆场所附近

C. 存有易燃物品的容器上　　D. 通信设备上

答案：ABC。

714. 动火工作票各级审批人员和签发人的安全责任有（　　）。

A. 工作的必要性

B. 工作的安全性

C. 工作票上所填安全措施是否正确完备

D. 向有关人员布置动火工作，交待防火安全措施和进行安全教育

答案：ABC。

715. 动火工作的运维许可人的安全责任有（　　）。

A. 工作票所列安全措施是否正确完备，是否符合现场条件

B. 动火设备与运行设备是否确已隔绝

C. 向工作负责人现场交待运维所做的安全措施是否完善

D. 正确安全地组织动火工作

答案：ABC。

716. 动火执行人的安全责任有（　　）。

A. 动火前应收到经审核批准且允许动火的动火工作票

B. 按本工种规定的防火安全要求做好安全措施

C. 全面了解动火工作任务和要求，并在规定的范围内执行动火

D. 动火工作间断、终结时清理现场并检查有无残留火种

答案：ABCD。

717. 一级动火时，工区（　　）应始终在现场监护。

A. 分管生产的领导　　B. 技术负责人（总工程师）

C. 消防（专职）人员　　D. 安监人员

答案：ABC。

718. 遇有电气设备着火时，应立即将有关设备的电源切断，然后进行救火。消防器材的（　　）消防通道的配置等应遵守现行《电力设备典型消防规程》（DL 5027）的规定。

A. 配备　　B. 使用　　C. 维护　　D. 试验

答案：ABC。

719. 脱离电源后，触电伤员如意识丧失，应在开放气道后 10 秒用（　　）的方法判定伤员有无呼吸。

A. 叫　　B. 看　　C. 听　　D. 试

答案：BCD。

720. 心肺复苏法操作是否正确，主要靠平时严格训练，掌握正确的方法。而在急救中判断复苏是否有效，可以根据（　　）、出现自主呼吸等方面综合考虑。

A. 瞳孔　　B. 面色（口唇）　　C. 颈动脉搏动　　D. 神志

答案：ABCD。

721. 骨折急救时，肢体骨折可用（　　）等将断骨上、下方两个关节固定，也可利用伤员身体进行固定，避免骨折部位移动，以减少疼痛，防止伤势恶化。

A. 夹板　　B. 木棍　　C. 废纸板　　D. 竹竿

答案：ABD。

722. 在进行胸外按压心脏时，要掌握的要点包括（　　）。

A. 双手叠加，掌根部放在胸骨中下 1/3 处垂直按压

B. 按压深度：成人为 4～5cm，儿童为 3～4cm

C. 按压频率：成人 100 次/min

D. 按压/放松时间比为 1∶1

答案：ABCD。

723. 当电线搭落在触电者身上或压在身下时，可用干燥的（　　）等绝缘物作为工具，拉开触电者或挑开电线，使触电者脱离电源。

A. 衣服　　B. 手套　　C. 绳索　　D. 金属棒

答案：ABC。

724. 脱离电源，就是把触电者接触的那一部分带电设备的所有（　　）断开，或设法将触电者与带电设备脱离开。

A. 开关　　B. 刀闸　　C. 电线　　D. 其他断路设备

答案：ABD。

725. 触电急救的基本原则为（　　）。

A. 叫　　B. 看　　C. 听　　D. 试

答案：BCD。

726. 高压触电可采用以下哪些方法使触电者脱离电源？（　　）

A. 立即通知有关供电单位或用户停电

B. 戴上绝缘手套，穿上绝缘靴，用相应电压等级的绝缘工具按照顺序拉开电源开关或熔断器

C. 抛掷裸导线使线路断路接地，迫使保护装置动作，断开电源

D. 直接利用手中工具，剪掉来电侧电线

答案：ABC。

727. 心肺复苏法的基本措施包括（　　）。

A. 通畅气道　　B. 人工呼吸　　C. 大声呼叫　　D. 胸外心脏按压

答案：ABD。

728. 正确的胸外按压部位（　　）。

A. 两乳头连线与胸骨的重叠处　　B. 胸部中央的胸骨上

C. 沿肋缘向上剑突上两横指处　　D. 胸部中央的胸骨上

答案：ABC。

729. 为保证有效的人工呼吸，下列正确的是（　　）。

A. 充分打开气道　　B. 每次施以人工呼吸的时间为 2 秒

C. 施以人工呼吸时应产生明显的胸廓隆起　　D. 避免过度通气

答案：ACD。

730. 心肺复苏的有效指标是（　　）。

A. 触到脉搏　　B. 瞳孔逐渐缩小　　C. 口唇转红　　D. 开始有自主呼吸

答案：ABCD。

731. 关于口对口人工呼吸的方法，下列说法正确的是（　　）。

A. 首先必须畅通气道　　B. 吹气时不要按压胸廓

C. 胸外心脏按压与人工呼吸的比例为 30∶2　　D. 吹气时捏紧病人鼻孔

答案：ABCD。

732. 下面有关胸外心脏按压的论述正确的是（　　）。

A. 仰卧硬板床　　B. 按压时双臂绷直

C. 按压次数每分钟保持在 100 次左右　　D. 按压时使胸骨下陷至少 5 厘米

答案：ABC。

733. 生产现场和经常有人工作的场所应配备急救箱，存放急救用品，并应指定专人经常（　　）。

A. 检查　　B. 补充　　C. 更换　　D. 试验

答案：ABC。

734. 打开气道的方法有（　　）。

A. 仰头抬颈法　　B. 仰头抬颏法　　C. 推颌法　　D. 捶背法

答案：ABCD。

735. 对触电者的急救，以下说法正确的是（　　）。

A. 立即切断电源

B. 使触电者俯卧

C. 迅速判断伤情，对心搏骤停或心音微弱者，立即心肺复苏

D. 用干净衣物包裹创面

答案：ACD。

736. 电流大小与触电伤害程度的关系，通常可用触电时人体呈现的不同状态表示。对工频交流电，一般把触电分为三种，分别为（　　）。

A. 感知电流　　B. 摆脱电流　　C. 瞬时电流　　D. 致命电流

答案：ABC。

737. 通过人体、流过人体的电流将遇到阻力，这个阻力就是人体阻抗。人体阻抗主要由（　　）组成。

A. 体内电阻　　B. 皮肤电阻　　C. 体内电容　　D. 皮肤电容

答案：ABCD。

738. 电伤是电流的热效应、化学效应或机械效应，对人体表面造成局部伤害，包括（　　）。

A. 电灼伤　　B. 电烙印　　C. 电击伤　　D. 皮肤金属化

答案：ABD。

739. 口对口人工呼吸的步骤包括（　　）。

A. 头部后仰　　B. 捏鼻掰嘴　　C. 贴嘴吹气　　D. 放松换气

答案：ABCD。

740. 脱离低压电源的方法包括（　　）。

A. 拉　　B. 挑　　C. 剪　　D. 拽

答案：ABCD。

741. 在医务人员未接替抢救前，现场抢救人员不得放弃现场抢救。在现场抢救过程中，非医务人员不能专断地做出停止心肺复苏的决定。现场抢救人员停止心肺复苏的条件为（　　）。

A. 自主呼吸及心跳已有良好恢复

B. 有其他人接替抢救，或有医师到场承担了复苏工作

C. 有医师到场，确定患者已死亡

D. 操作者已筋疲力尽而无法再施行心肺复苏

答案：ABCD。

第八章　备用调度安全管理

742. 备调的备用模式分为（　　）。

A. 共备　　B. 互备　　C. 本地共备　　D. 异地共备

答案：AB。

743. 主调负责建立健全备调运行管理机制和相关要求，组织编制和修订备调应急工作预案，明确（　　）等方面的要求，启动备调相关工作流程。

A. 组织体系　　B. 人员配置　　C. 技术支持　　D. 后勤保障

答案：ABCD。

744. 主调自动化专业协调通信运维单位负责备调调度技术支持系统的（　　），制订并组织实施备调通信系统的省级、改造方案，组织应急通信演练。

A. 通道组织　　B. 通道转移　　C. 方式安排　　D. 系统改造

答案：AC。

745. 备调所在地的调控机构负责（　　）的日常运行维护及故障检修等工作。

A. 主调技术支持系统　　B. 备调技术支持系统

C. 通信系统　　D. 场所和环境

答案：BCD。

746. 备调所在地的调控机构编制备调场所（　　）及备调技术支持系统故障（　　）。

A. 应急预案　　B. 应急方案　　C. 处置方案　　D. 处置预案

答案：AC。

747. 备调所在地的调控机构协助开展备调（　　）工作。

A. 应急演练　　B. 评估　　C. 人员培训　　D. 事故处理

答案：ABC。

748. 备调所在地的调控机构负责备调的后勤保障，提供有关（　　）等条件。

A. 办公　　B. 生活　　C. 消防　　D. 安全保障

答案：ABCD。

749. 省级及以上调度机构备用调度的工作模式有（　　）。

A. 正常工作模式　　B. 应急工作模式　　C. 过渡期工作模式　　D. 备用工作模式

答案：ABC。

750. 备调值班人员值班期间应与主调同步掌握（　　）、（　　）、稳定规定、（　　）、电压水平、（　　）等电网运行情况及监控系统运行工况。

A. 调度计划　　B. 检修安排　　C. 潮流分布　　D. 设备缺陷

答案：ABCD。

751. （　　）调控及自动化值班人员均应做好省备调运行记录。

A. 主调　　B. 备调　　C. 县调　　D. 地调

答案：AB。

752. 省级以上备调预案管理要求规定，预案应包括（　　）等内容。

A. 组织体系　　B. 人员配置　　C. 工作程序　　D. 后勤保障

答案：ABCD。

753. 备调电子版资料至少（　　）与主调同步更新一次，书面资料（　　）至少与主调同步更新一次。

A. 每周　　B. 每月　　C. 每季　　D. 每年

答案：AB。

754. 共备模式省级备调调度技术支持系统建立完备的安全防护体系，实现“（　　）”，满足安全等级保护要求。

A. 安全分区　　B. 网络专用　　C. 横向隔离　　D. 纵向认证

答案：ABCD。

755. 备调场所应纳入所在单位生产场所安防体系，备调（　　）人员可以进入备调场所和备调席位工作。

A. 运行　　B. 维护　　C. 管理　　D. 保卫

答案：ABCD。

756. 主调应定期对指导备调所在地的调控机构对备调技术支持系统进行（　　）等工作。

A. 检查　　B. 故障消缺　　C. 日志记录　　D. 异常处置

答案：ABD。

757. 巡检省备调时，通信专业应对备调电话设备进行相关联调测试，电话测试应包括（　　）等，确保互通。

A. 主调与备调之间　　B. 备调与变电站之间

C. 备调与各生产单位之间　　D. 主调与变电站之间

答案：ABC。

758. 巡检省备调时，自动化专业应确保（　　）等电网运行信息正常刷新。

A. SCADA 功能正常　　B. 备调自动化系统运行正常

C. EMS 功能正常　　D. 遥测遥信

答案：ABCD。

759. 主备调应急演练分为（　　）、（　　）和（　　）。

A. 月度演练　　B. 季度演练　　C. 半年演练　　D. 年度演练

答案：ABD。

760. 调控机构（　　）专业每月应组织一次月度专业演练，校验主备调技术支持系统技术及管理资料的一致性、可用性。

A. 调控运行　　B. 自动化　　C. 通信　　D. 继电保护

答案：ABC。

761. 省备调短时转入应急工作模式的整体演练，演练应包括（　　），不涉及调控指挥权转移。

A. 技术支持系统切换　　B. 人员转移

C. 方式、继电保护专业转移　　D. 调度指挥权

答案：AB。

762. 对采用共备模式的主调应成立备调启用工作小组，负责（　　）。

A. 备调的启用　　B. 人员转移

C. 调控指挥权转移　　D. 技术支持系统切换

答案：AC。

763. 进入应急工作模式后，主调调控业务由（　　）或（　　）全面负责。

A. 备调启用工作小组组长　　B. 备调启用工作小组

C. 主备调切换工作小组　　D. 主备调切换工作小组组长

答案：BC。

764. 主调因（　　）风险因素可能导致无法正常履行调控职能时，经评估并批准后转移调控指挥权，并第一时间报上级调控机构。

A. 可能引发主调失效的事故灾难

B. 可能引发主调失效的自然灾害

C. 可能造成主调人员健康严重损害的公共卫生事件

D. 其他可能致使主调失效的情况

答案：ABCD。

765. 应急情况下调控指挥权转移的条件为（　　）。

A. 备调各项功能运转正常，处于对主调的热备用状态

B. 主调因风险因素可能导致无法正常履行调控职能

C. 经评估并批准后转移调控指挥权

D. 第一时间报上级调控机构

答案：ABCD。

766. 可能引发主调失效的社会安全事件，主要包括（　　）。

A. 涉及电网企业的重大刑事案件

B. 恐怖袭击事件

C. 规模较大的群体性事件

D. 农电工上访政府

答案：ABC。

767. 可能引发主调失效的电网突发事件包括（　　）。

A. 能量管理系统（EMS）主要功能失效

B. 电源系统中断

C. 电力通信大面积中断

D. 信息安全遭受威胁

答案：ABCD。

768. 演练情况下调控指挥权转移的条件为（　　）。

A. 主调与备调有关演练的全部工作已准备就绪

B. 各参演单位已对演练过程中可能发生的情况进行充分评估

C. 各参演单位已对演练方案制订针对性应对措施

D. 各演练单位均具备演练条件

答案：ABCD。

769. 备调由正常工作模式转入应急工作模式，调控指挥权转移的程序包括（　　）。

A. 调控机构对主调面临的风险进行评估后，由主调安全生产第一责任人发出备调启用的指令

B. 有条件时调控指挥权转移应在主调人员赶赴备调就位后进行

C. 危急情况下主调失效，主调人员可以先进行调控指挥权转移，再立即赶赴备调

D. 随着备调技术支持系统的完善和备调值班人员业务技能水平的提高，应逐步实现备调对主调的实时切换

答案：ABCD。

770. 省备调由应急工作模式转入正常工作模式，调控指挥权转回的程序包括（　　）。

A. 调控机构经评估确认主调已具备行使电网调控指挥权能力

B. 由主调安全生产第一责任人发出启动主备调切换流程的指令

C. 备调值班调控人员与主调值班调控人员确认满足调控指挥权转移的条件

D. 备调值班调控人员与主调值班调控人员正式交接后

答案：ABCD。

771. 省备调由应急工作模式转入正常工作模式，调控指挥权转回的要求包括（　　）。

A. 调控指挥权转回后，主调值班调度员应立即汇报上级调控机构

B. 互备模式下，主调值班调度员应立即通报参与互备的相关调控机构

C. 电网调控指挥权的转回不安排在备调正在进行倒闸操作、异常事故处理及恶劣天气时进行
D. 备调转入正常工作模式后，电网调控管理业务由主调人员负责
答案：ABCD。

772. 调控机构应建立备调运行评估机制，对备调实施（　　）。
A. 月度专业评估　　B. 季度专业评估
C. 年度总体评估　　D. 突发事件处置评估
答案：BCD。

773. 省级以上备用调度支持系统维护工作流程中涉及的单位有（　　）。
A. 备调所在地公司调度控制中心
B. 共备模式下最上一级调度所在地调度控制中心
C. 备调所在地信通公司
D. 备调所在地物业
答案：ABCD。

774. 国调中心对备调日常工作要求包括（　　），以确保备调保持在随时启动运行状态，以实现电网调度的容灾抗灾能力。
A. 备调日常运行管理　　B. 定期演练
C. 正式启动　　D. 阶段性评估整改工作
答案：ABCD。

775. 省地模式切换演练，月度演练时备调系统由（　　）进行备调具备随时启动可用性验证。
A. 调度监控专业　　B. 自动化专业
C. 方式、继电保护专业　　D. 信通公司
答案：ABD。

776. 省地模式切换演练，月度演练时备调系统由（　　）响应速度、效果进行验证。
A. 调度监控专业　　B. 自动化专业
C. 方式、继电保护专业　　D. 信通公司
答案：ABCD。

777. 调控机构安全工作坚持“（　　）”的方针。
A. 安全第一　　B. 预防为主
C. 综合治理　　D. 总体推进
答案：ABC。

778. 调控机构安全工作重点是（　　）。
A. 防止发生电网稳定破坏　　B. 防止大面积停电事故
C. 防止电网跳闸　　D. 防止调控责任事故
答案：ABD。

779. 调控机构建立健全安全生产（　　）。
A. 责任体系　　B. 保证体系　　C. 保障体系　　D. 监督体系
答案：ABD。

780. 党政主要负责人分设的调控机构，安全生产工作必须坚持“（　　）”。
A. 党政同责　　B. 一岗双责　　C. 履职尽责　　D. 齐抓共管
答案：ABD。

781. 调控机构安全保证体系和安全监督体系应（　　）。
A. 相互协同　　B. 各司其职　　C. 各负其责　　D. 各行其是
答案：ABC。

782. 调控安全生产坚持（　　）的原则，确保安全管理的组织、人员、投入、实施。

A. 党政同责、一岗双责　　B. 谁主管谁负责

C. 管业务必须管安全　　D. 分级负责、属地为主

答案：BC。

783. 调控机构应严格执行国家、电力行业及公司有关法律法规、技术标准、规程规定，使安全生产工作实现（　　）。

A. 制度化　　B. 规范化　　C. 标准化　　D. 现代化

答案：ABC。

784. 省级以上调控机构安全生产目标包含（　　）。

A. 不发生有人员责任的一般以上电网事故

B. 不发生重伤以上人身事故

C. 不发生危害电网安全的电力监控系统网络安全事件

D. 不发生五级信息系统事件

答案：ABCD。

785. 省级以上调控机构专业安全生产目标至少应包含（　　）。

A. 不发生调控值班人员误调度、误操作、漏监视信息等事件

B. 不发生系统运行方式安排不合理、无功电压控制策略安排不当等事件

C. 不发生继电保护和安全自动装置配置不当、误整定等事件

D. 不发生调度自动化系统 SCADA 功能全部丧失等事件

答案：ABCD。

786. 调控机构应逐级签订安全责任书，将安全责任分解落实到（　　），确保安全责任落实到岗到人。

A. 各层级　　B. 各专业　　C. 各岗位　　D. 各部门

答案：ABC。

787. 事故调查“四不放过”原则是（　　）。

A. 事故原因未查清不放过　　B. 责任人员未处理不放过

C. 整改措施未落实不放过　　D. 有关人员未受到教育不放过

答案：ABCD。

788. 调控机构内部日常安全监督的主要内容包括（　　）。

A. 调度控制操作票

B. 电网运行风险预警通知书发布及解除情况

C. 自动化系统及设备检修工作票

D. 电力监控系统安全防护措施落实情况

答案：ABCD。

789. 各级调控机构应严格执行国家、行业和上级主管部门颁发的（　　），及时组织宣贯学习并根据自身实际制定相应的实施细则，确保安全要求可靠落地。

A. 安全生产法律、法规　　B. 技术标准

C. 规章制度　　D. 反事故措施

答案：ABCD。

790. 调控机构新入职人员必须经过（　　），在考试合格后方可进入专业班组工作。

A. 班组安全生产教育　　B. 中心安全培训

C. 公司安全培训　　D. 安质培训

答案：AB。

791. 调控机构新上岗调控运行值班人员专业培训的主要形式包括（　　）。

A. 发电厂和变电站现场实习　　B. 跟班实习

C. 各专业轮岗学习　　D. 专业技术培训

答案：ABCD。

792. 调控机构安全活动记录主要内容包括（　　）。

A. 传达上级有关安全生产指示

B. 学习事故通报及安全生产简报

C. 讨论、分析安全生产隐患及整改措施

D. 布置本专业安全生产工作

答案：ABCD。

793. 调控机构应定期召开季度安全分析会，会议主要内容应至少包括（　　）。

A. 组织学习有关安全生产的文件

B. 总结事故教训，布置下季度安全生产重点工作

C. 综合分析安全生产趋势和可能存在的风险

D. 根据安全生产趋势，针对电网运行存在的问题，研究应对事故的预防对策和措施

答案：ABCD。

794. 调控机构节假日及特殊保电等时期专项安全检查主要内容有（　　）。

A. 保电工作组织领导和工作制度执行情况

B. 保电工作方案、事故处置方案、电网应急预案及备调运行管理情况

C. 值班人员对节日方式和保电预案的熟悉程度

D. 组织协调下级调控机构和运行单位保电工作进展情况

答案：ABCD。

795. 调控系统“两票”管理制度要求定期对（　　）和（　　）进行统计、分析、评价和考核。

A. 操作票　　B. 调度指令票

C. 自动化工作票　　D. 工作票

答案：AD。

796. 各级调控机构安全风险管理工作机制为（　　）。

A. 管理规范　　B. 责任落实　　C. 闭环动态　　D. 持续改进

答案：ABCD。

797. 调控机构应加强电力监控系统安全防护工作，坚持（　　）的原则。

A. 安全分区　　B. 网络专用　　C. 横向隔离　　D. 纵向认证

答案：ABCD。

798. 调控机构应加强全过程管理，在流程中固化工作节点内容、时标，以核心业务的（　　）、（　　）推动调控工作的（　　）、（　　）。

A. 流程化　　B. 信息化　　C. 标准化　　D. 规范化

答案：ABCD。

799. 建立完善调控机构应急预案体系，主要包括（　　）。

A. 大面积停电事件处置方案　　B. 通信中断应急处置方案

C. 黑启动方案　　D. 电力监控系统安全防护应急处置方案

答案：ABCD。

800. 完善应急处置预案管理流程，开展应急预案演练，演练宜采用（　　）、（　　）的形式。

A. 标准化　　B. 程序化　　C. 实战化　　D. 无脚本

答案：CD。

801. 为确保在突发事件下主备调之间实现调控业务的平稳过渡，以（　　），依据国家有关法规和公司相关规章制度制定《国家电网公司地县级备用调度运行管理工作规定》。

A. 发挥备调作用　　B. 保障电力供应的连续性

C. 保障电力调控指挥的连续性　　D. 提高电网调控的抗灾能力

答案：ACD。

802. 地市级调控机构的备用调度是地调在省调、所属县调、变电站等地建立备调值班设施，利用通信和自动化手段远程浏览、控制地调主调和备调技术支持系统，同时利用（　　）实现对地调实时调度业务的备用。

A. 省调　　B. 地调　　C. 县调　　D. 相关人员

答案：ACD。

803. 地市级调控机构的备用调度是地调在（　　）等地建立备调值班设施，利用通信和自动化手段远程浏览、控制地调主调和备调技术支持系统，同时利用省调、县调或相关人员实现对地调实时调度业务的备用。

A. 省调　　B. 地调　　C. 所属县调　　D. 变电站

答案：ACD。

804. 县级调控机构的备用调度是（　　），在地调主调、备调等地建立县调备调值班设施，利用通信和自动化手段远程浏览、控制主调和备调的技术支持系统，同时（　　）实现对县调实时调度业务的备用。

A. 地调利用区域内所辖县调、变电站基础设施

B. 建设独立于主调的备调技术支持系统

C. 主备调均实现地县一体化的技术支持系统

D. 利用地调或相关人员

答案：ABCD。

805. 地、县备用调度应逐步实现对（　　）及值班设施的实时备用。

A. 主调实时业务　　B. 技术支持系统

C. 实时数据采集　　D. 备用场所

答案：ABCD。

806. 备调通信系统应使用与主调一致的人机设备，具备与主调一致的（　　），操作流程一致。

A. 数据内容　　B. 显示界面

C. 功能模块　　D. 交互界面

答案：AB。

807. 实时业务备用方面，地为县备模式的地调应设置（　　）。

A. 县调备用调度席位　　B. 专用备用调度席位

C. 专岗　　D. 配、县调备用调度席位

答案：AC。

808. 主调负责组织编制和修订备调应急工作预案，明确组织体系、（　　）等方面的要求和（　　）的相关工作流程。

A. 人员配置　　B. 技术支持

C. 后勤保障　　D. 启动备调

答案：ABCD。

809. 备调所在单位负责备调的后勤保障，提供有关（　　）等条件。

A. 办公　　B. 生活　　C. 消防　　D. 安全保障

答案：ABCD。

810. 主备调调度技术支持系统应保持（　　），确保电网模型和信息一致。设备新投、变动时，主调模型、数据应保证及时同步到备调。

A. 同步运行　　B. 同步升级改造　　C. 同步建设　　D. 同步规划

答案：AB。

811. 正常工作模式是指主调和备调正常履行各自的调控职能，（　　），为主调提供数据容灾备份。

A. 主调掌握电网调控指挥权

B. 备调掌握电网调控指挥权

C. 备调值班设施正常运行

D. 备调通信自动化等技术支持系统处于实时运行状态

答案：ACD。

812. 主调自动化专业协调通信运维单位负责备调调度技术支持系统的（　　），制订并组织实施备调通信系统的升级、改造方案，组织应急通信演练。

A. 通道组织　　B. 通道规划　　C. 方式安排　　D. 路由安排

答案：AC。

813. 应急工作模式是指因突发事件，主调无法正常履行调控职能，按照备调启用（　　），主调人员在备调行使电网调控指挥权。

A. 方案　　B. 条件　　C. 程序　　D. 指令

答案：BCD。

814. 备调应针对可能发生的突发事件及危险源至少制订以下预案（方案）：（　　）。

A. 备调技术支持系统瘫痪处置方案　　B. 备调场所突发事件应急预案

C. 备调技术支持系统故障处置方案　　D. 备调通信系统故障处置方案

答案：BCD。

815. 主调应针对可能发生的突发事件及危险源制订备调启用专项应急预案，预案应包括（　　）等内容。

A. 组织体系　　B. 人员配置　　C. 工作程序　　D. 后勤保障

答案：ABCD。

816. 备调调度技术支持系统应按照《电力二次系统安全防护规定》的要求建立完备的安全防护体系，制定相应的管理措施，实现（　　），满足安全等级保护要求。

A. 安全分区　　B. 网络专用　　C. 横向隔离　　D. 纵向认证

答案：ABCD。

817. 备调场所应纳入所在单位生产场所安防体系，实行 24 小时保卫值班。非（　　）不得进入备调场所和备调席位工作。

A. 备调运行　　B. 维护　　C. 管理　　D. 保卫人员

答案：ABCD。

818. 地调运维人员负责进行备调技术支持系统（　　）等日常维护工作，备调所在单位值班人员负责对备调值班设施及备调技术支持系统日常巡视。

A. 常态化检查　　B. 测试　　C. 故障消缺　　D. 例行试验

答案：ABC。

819. 厂站设备新投、变动时，调控机构应同时完成主备调技术支持系统的接入调试，以及备调与主调（　　）的同步更新。

A. 模型　　B. 参数　　C. 图形　　D. 运行资料

答案：ABCD。

820. 主调应负责备调技术支持系统及通信调度台的运行状态监视，负责开展（　　）。

A. 调度、监控电话测试　　B. 行政交换机维护

C. 调度录音系统维护　　D. 数据同步管理

答案：AD。

821. 地县调控机构应每年组织一次调控指挥权转移的综合演练。演练应包括（　　），主调至少应关闭值班场所及 SCADA 功能。

A. 技术支持系统切换　　B. 人员转移

C. 调控指挥权转移　　D. 后勤保障

答案：ABC。

822. 地县调控机构应每年组织一次调控指挥权转移的综合演练。演练应包括技术支持系统切换、人员转移和调控指挥权转移，主调至少应关闭（　　）。

A. 运行监视　　B. 值班场所

C. 技术支持系统　　D. SCADA 功能

答案：BD。

823. 调控指挥权的转回不安排在备调正在进行（　　）时进行。

A. 倒闸操作　　B. 异常事故处理

C. 恶劣天气　　D. 调度业务联系

答案：ABC。

824. 调控机构应建立备调运行评估机制，对备调实施（　　），及时解决评估发现的问题，不断提高备调管理水平。

A. 总体评估　　B. 常态评估

C. 突发事件处置评估　　D. 周期评估

答案：AC。

825. 备调选址应在（　　）等有人进行系统维护、能够提供业务备用的地点建立独立的备用应急值班场所。

A. 上下级调度　　B. 平级调度

C. 地理区域内变电站（运维站）　　D. 地理区域内通信机房

答案：ABC。

826. 备调场所应设立技术支持办公区，并配置（　　）等工作席位。

A. 计划　　B. 方式　　C. 保护　　D. 自动化

答案：ABCD。

827. 备调场所每席位需应配备（　　）终端，以满足调控运行和技术支持业务开展。

A. 工作站　　B. EMS

C. OMS　　D. 调度电话系统（行政电话）

答案：BCD。

828. 备调场所和相关机房应满足（　　）等要求。消防器材配置符合标准且定期维护，记录完整；门禁齐备，出入履行登记手续。

A. 防火　　B. 防小动物　　C. 防雷击　　D. 防恐

答案：AD。

829. 备调应建设独立的（　　）。

A. 调度技术支持系统　　B. 电力监控安全管控系统

C. EMS 系统　　D. OMS 系统

答案：CD。

830. 备调应建设独立的 EMS 系统及 OMS 系统，备用 EMS 系统应包括（　　）等与主调系统一致的全功能模块，备调系统功能应与主调一致。

A. SCADA　　B. 监控功能　　C. AVC　　D. 负荷批量控制

答案：AB。

831. 主备调应相互接入对侧系统远程终端，主调常态使用备调远程终端开展（部分）调控业务，主备调控系统（　　）。

A. 单独应用　　B. 分列运行　　C. 并列运行　　D. 交叉应用

答案：CD。

832. 备调系统设备采用（　　）冗余配置，可靠性和系统性能满足指标要求。

A. 双机　　B. 单机　　C. 双网　　D. 单网

答案：AC。

833. 主备调系统所有模型、图形同步维护，主备调（　　）一致。

A. 潮流图　　B. 系统图　　C. 一次接线图　　D. 采集数据

答案：ACD。

834. 备调系统应建立在（　　）或（　　）场所，实现对所辖电网实时数据的采集和分布处理，并通过网络通道实现变电站和发电厂信息采集。

A. 调度数据网核心汇聚节点　　B. 调度数据网第一汇聚节点

C. 调度数据网第二汇聚节点　　D. 光缆通道及传输设备达标

答案：CD。

835. 备调系统应与调控范围内变电站和发电厂实现（　　）通信，相关量测量采用“直采直送”。

A. 单网　　B. 双网　　C. 单平面　　D. 双平面

答案：BD。

836. 备调系统应基于口令管理，实现本地操作人员的（　　），并应部署纵向加密认证装置。

A. 权限管理　　B. 密码管理　　C. 安全认证　　D. 身份确认

答案：AC。

837. 备调调度电话具备独立的电脑录音设备，对备调调度电话进行实时录音，并具有（　　）等功能。

A. 监听　　B. 查询　　C. 备份　　D. 移除

答案：BC。

838. 备调通信站点应具备（　　）条以上物理路有独立的光缆通道，光传输设备核心板件具备冗余（　　）配置。

A. 1　　B. 2　　C. 1+1　　D. 1+2

答案：BC。

839. 下列属于备调场所应具备的资料的是（　　）。

A. 调度管辖范围划分及设备限额表

B. 电网事故限电序位表、超电网供电能力拉限电序位表

C. 各类事故处理预案及电网黑启动方案

D. 厂站现场运行规程、典型操作票

答案：ABCD。

840. 备调值班员应（　　）。每年定期到主调进行学习，参与主调值班，确保具备承担主调调控业务的能力。

A. 具备主调值班资格　　B. 统一纳入主调调度员持证上岗管理

C. 具备备调值班资格　　D. 具备变电运维值班资格

答案：AB。

841. 主调值班员及相关专业人员应（　　），满足有关规定要求。

A. 定期赴备调同步值守　　B. 不定期赴备调同步值守

C. 开展部分主调业务　　D. 开展部分备调业务

答案：AC。

842. 省级及以上调控机构主备调综合转换演练时长应不少于（　　）小时，地县级调控机构不少于（　　）小时。

A. 48　　B. 36　　C. 24　　D. 12

答案：AC。

843. 综合转换演练方案应以备调启用专项应急预案为基础，明确（　　）等重点事项的安排。

A. 演练流程　　B. 内容

C. 各类保障措施　　D. 专业职责

答案：ABC。

844. 演练完成后编制自评估总结，对演练组织、日常管理、（　　）、整改措施及计划进行逐项总结。

A. 备调设施　　B. 演练过程　　C. 演练效果　　D. 存在问题

答案：ABCD。

845. 调控机构主备调综合转换演练评估目的是实现对调控机构（　　）进行全面诊断和量化评价。

A. 主备调综合转换演练过程　　B. 备调场所设施设备建设与维护

C. 备用调度系统建设与维护　　D. 常态化演练情况

答案：ABCD。

846. 调控机构应每年开展主备调综合转换演练评估工作，评估可采用（　　）三种方式。

A. 自评　　B. 互评

C. 集中查评　　D. 综合查评

答案：ABC。

847. 主备调综合转换演练评估内容分别为（　　）。

A. 备调场所与功能建设　　B. 备调自动化与通信系统建设

C. 备调组织机构及日常管理　　D. 常态化演练

答案：ABCD。

判断题

第一章　电网安全规定及法律法规

1. 生产经营单位应当对从业人员进行安全生产教育和培训，未经安全生产教育和培训不合格的从业人员，不得上岗作业。（　　）

答案：对。

2. 生产经营单位使用被派遣劳动者的，应当将被派遣劳动者纳入本单位从业人员统一管理，对被派遣劳动者进行岗位安全操作规程和安全操作技能的教育和培训。（　　）

答案：对。

3. 任何单位或者个人对事故隐患或者安全生产违法行为，均有权向负有安全生产监督管理职责的部门报告或者举报。（　　）

答案：对。

4. 任何单位和个人不得阻挠和干涉对事故的依法调查处理。（　　）

答案：对。

5. 国家鼓励和支持利用可再生能源和清洁能源发电。（　　）

答案：对。

6. 单位可按需占用变电设施用地、输电线路走廊和电缆通道。（　　）

答案：错。

解析：任何单位和个人不得非法占用变电设施用地、输电线路走廊和电缆通道。

7. 电力建设项目应当符合电力发展规划，符合国家电力产业政策。（　　）

答案：对。

8. 电力建设项目使用土地，应当依照有关法律、行政法规的规定办理；依法征用土地的，应当依法支付土地补偿费和安置补偿费，做好迁移居民的安置工作。（　　）

答案：对。

9. 电网运行实行统一调度、分级管理。任何单位和个人不得非法干预电网调度。（　　）

答案：对。

10. 并网运行必须符合国家标准和电力行业标准。（　　）

答案：错。

解析：并网运行必须符合国家标准或者电力行业标准。

11. 供电营业区的划分，应当考虑电网的结构和供电合理性等因素。一个供电营业区内可设立多个供电营业机构。（　　）

答案：错。

解析：供电营业区的划分，应当考虑电网的结构和供电合理性等因素。一个供电营业区内只设立一个供电营业机构。

12. 供电企业应当在其营业场所公告用电的程序、制度和收费标准，并提供用户须知资料。（　　）

答案：对。

13. 对危害供电、用电安全和扰乱供电、用电秩序的，供电企业无权制止。（　　）

答案：错。

解析：对危害供电、用电安全和扰乱供电、用电秩序的，供电企业有权制止。

14. 供电企业应当按照国家核准的电价和用电计量装置的记录，向用户计收电费。（　　）

答案：对。

15. 供电企业查电人员和抄表收费人员进入用户室内，进行用电安全检查或者抄表收费时，应当出示有关证件。（　　）

答案：对。

16. 对同一电网内的同一电压等级、同一用电类别的用户，执行相同的电价标准。（　　）

答案：对。

17. 用户用电增容收费标准，由国务院物价行政主管部门制定。（　　）

答案：错。

解析：用户用电增容收费标准，由国务院物价行政主管部门会同国务院电力管理部门制定。

18. 任何单位不得超越电价管理权限制定电价，但供电企业可按需变更电价。（　　）

答案：错。

解析：任何单位不得超越电价管理权限制定电价。供电企业不得擅自变更电价。

19. 电网调度应当符合社会主义市场经济的要求和电网运行的客观规律。（　　）

答案：对。

20. 电网运行实行统一调度、分级管理的原则。（　　）

答案：对。

21. 国务院电力行政主管部门主管电网调度工作。（　　）

答案：对。

22. 下级调度机构必须服从上级调度机构的调度。（　　）

答案：对。

23. 调度机构调度管辖范围内的发电厂、变电站的运行值班单位，必须服从该级调度机构的调度。（　　）

答案：对。

24. 未经值班调度人员许可，任何人不得操作调度机构调度管辖范围内的设备。（　　）

答案：对。

25. 电网运行遇有危及人身及设备安全的情况时，发电厂、变电站的运行值班单位的值班人员不可以按照有关规定处理。（　　）

答案：错。

解析：电网运行遇有危及人身及设备安全的情况时，发电厂、变电站的运行值班单位的值班人员可以按照有关规定处理，处理后应当立即报告有关调度机构的值班人员。

26. 值班调度人员必须按照规定发布各种调度指令。（　　）

答案：对。

27. 在调度系统中，必须执行调度指令。调度系统的值班人员认为执行调度指令将危及人身及设备安全的，应当立即向发布指令的值班调度人员报告，由其决定调度指令的执行或者撤销。（　　）

答案：对。

28. 电网企业发现重点用户存在安全隐患，应及时告知用户并提出整改建议。电力安全保障实施阶段前无法完成整改的，重点用户应当制订防范措施，做好应急准备。（　　）

答案：对。

29. 安全奖惩坚持精神鼓励与物质奖励相结合、思想教育与处罚相结合的原则。（　　）

答案：对。

30. 调控机构实行以主要领导为安全第一责任人的安全生产责任制，建立健全安全生产责任体系、保证体系和监督体系。（　　）

答案：错。

解析：调控机构实行以行政正职为安全第一责任人的安全生产责任制，建立健全安全生产责任体系、保证体系和监督体系。

31. 调控机构应逐级签订安全责任书。（　　）

答案：对。

32. 在调控机构内部建立中心、处（科）两级安全监督体系。（　　）

答案：对。

33. 在各级调控机构都要建立安全监督网络。（　　）

答案：对。

34. 调控机构应设置专职安全员，各内设专业应设专职安全员。（　　）

答案：错。

解析：调控机构应设置专职安全员，各内设专业应设兼职安全员。

35. 调控机构应配备必要的法律、法规、技术标准、规章制度等文件。（　　）

答案：对。

36. 各级调控机构应组织制订季度安全生产教育培训计划，定期开展培训。（　　）

答案：错。

解析：各级调控机构应组织制订年度安全生产教育培训计划，定期开展培训。

37. 各级调控机构应确保所有员工具有适应岗位要求的安全知识和安全技能，增强事故预防和应急处理能力。（　　）

答案：对。

38. 调控机构安全生产教育培训内容包括但不限于《国家电网公司安全工作规定》《国家电网公司电力安全工作规程》《国家电网公司事故调查规程》《电力监控系统安全防护规定》《电网调控运行安全百问百查读本》《电网调控运行反违章指南》《电网调度安全风险辨识防范手册》等规程规定和安全读本，安全生产教育培训应结合调控运行特点和日常业务开展。（　　）

答案：对。

39. 调控机构新入职人员必须经过专业处室（科室、班组）安全生产教育、中心安全培训，在考试合格后方可进入专业处室（科室、班组）工作。（　　）

答案：对。

40. 调控机构新上岗调控运行值班人员经公司入职培训并经考试合格后方可正式上岗。（　　）

答案：错。

解析：调控机构新上岗调控运行值班人员必须经专业培训并经考试合格后方可正式上岗。

41. 离开调控运行岗位六个月及以上的调控人员，应重新熟悉设备和系统运行方式，并经安全规程及业务考试合格后，方可重新开展调控运行工作。（　　）

答案：错。

解析：离开调控运行岗位三个月及以上的调控人员，应重新熟悉设备和系统运行方式，并经安全规程及业务考试合格后，方可重新开展调控运行工作。

42. 生产人员调换岗位，无须对其进行专门的安全生产教育培训，经考试合格后，就可上岗。（　　）

答案：错。

解析：生产人员调换岗位，应当对其进行专门的安全生产教育培训，经考试合格后，方可上岗。

43. 每年进行一次全员安全知识和安全规程制度考试，不及格的应限期补考，合格后方可重新上岗。（　　）

答案：对。

44. 对违反安全规章制度造成事故、严重未遂事故的责任者，应停止其业务工作，学习有关安全规章制度，考试合格后方可重新上岗。（　　）

答案：对。

45. 调控机构人员应学会自救互救方法、疏散和现场紧急情况处理方法，掌握触电现场急救方法，掌握消防器材的使用方法。（　　）

答案：对。

46. 调控机构应定期对调控业务联系对象进行培训，组织开展持证上岗考试。调控业务联系对象经培训合格并取得任职资格证书后方可上岗。（　　）

答案：对。

47. 调控机构每年至少应开展一次以上安全日活动，安全日活动由安全第一责任人主持，中心安全员协助，全体员工参加。（　　）

答案：错。

解析：调控机构每年至少应开展两次以上安全日活动，安全日活动由安全第一责任人主持，中心安全员协助，全体员工参加。

48. 调控机构应每月召开一次安全生产例会，相关专业人员参加，协调解决安全工作存在的问题，安排布置下周安全工作任务和要求。（　　）

答案：错。

解析：调控机构应每周召开一次安全生产例会，相关专业人员参加，协调解决安全工作存在的问题，安排布置下周安全工作任务和要求。

49. 调控机构不定期召开季度安全分析会，会议由调控机构安全生产第一责任人主持，相关专业人员参加，会后应下发会议纪要。（　　）

答案：错。

解析：调控机构应定期召开季度安全分析会，会议由调控机构安全生产第一责任人主持，相关专业人员参加，会后应下发会议纪要。

50. 调控机构应执行迎峰度夏（冬、汛）、节假日及特殊保电时期的安全检查制度，根据季节性特点、检修时段，每年至少组织二次调控系统安全专项检查。（　　）

答案：错。

解析：调控机构应执行迎峰度夏（冬、汛）、节假日及特殊保电时期的安全检查制度，根据季节性特点、检修时段，每年至少组织一次调控系统安全专项检查。

51. 调控机构进行安全检查前，应结合当前的工作实际编制安全检查提纲，对检查出的问题要制订整改方案并督促落实。（　　）

答案：对。

52. 加强调控系统“两票”管理，各级调控机构应健全完善“两票”管理制度，定期对操作票和工作票进行统计、分析、评价和考核。（　　）

答案：对。

53. 根据《国家电网公司安全工作奖惩规定》，安全周期奖励是省级公司对连续一个安全周期（年度、百日等）未发生中断安全记录事件的单位进行奖励。（　　）

答案：对。

54. 根据《国家电网公司安全工作奖惩规定》，公司按照《企业负责人业绩考核管理办法》《关于加强安全生产奖惩管理的意见》等规定，对发生事故且负有责任的省级公司，核减其当年工资总额，扣减其企业负责人绩效年薪。（　　）

答案：对。

55. 根据《国家电网公司安全工作奖惩规定》，对未实现安全目标的单位（集体）、负有事故责任

的个人，在评先、评优等方面实行“一票否决”。（　　）

答案：对。

56. 各级调控机构应每年对所辖电网调度控制规程进行一次复查，根据需要进行补充修订；每三至五年进行一次全面修订，在履行审批手续后印发执行。（　　）

答案：对。

57. 保密工作是指围绕保护国家秘密和公司企业秘密信息而开展的专门活动，贯穿国家秘密和公司企业秘密运行全过程，涉及宣传教育、指导管理、技术防护、监督检查等方面。（　　）

答案：对。

58. 应按照“先审后用”的原则，对涉密人员进行资格审查和岗前保密教育，填写《涉密人员保密审查表》，并签订涉密人员责任书。（　　）

答案：对。

59. 调控系统本质安全建设思路：以大电网安全稳定运行为中心（一个中心），坚持目标导向和问题导向（两个导向），坚守安全底线、辨识安全风险、采取预防预控措施（三个要素），重点加强电网运行、设备管理、人员队伍、制度标准（四个方面）的本质安全建设，不断完善全面、主动的调控运行安全管控体系，提升本质安全水平，实现安全可控、能控、在控。（　　）

答案：对。

60.《国家电网公司安全事故调查规程》规定，产权与运行管理相分离的，由运行管理单位组织调查，也可由资产所有单位组织调查。性质严重或涉及两个以上单位的设备事故，上级管理单位应指派安监人员和有关专业人员参加调查或组织调查。（　　）

答案：对。

第二章　安全管理理论基础

61. 安全管理对社会经济发展起着保驾护航的作用。(　　)

答案：对。

62. 安全不仅是瞬间的结果，还是对系统在某一时期、某一阶段过程状态的描述。(　　)

答案：错。

解析：安全不是瞬间的结果，而是对系统在某一时期、某一阶段过程状态的描述。

63. 宏观安全管理是将企业作为安全管理的主体。(　　)

答案：错。

解析：微观安全管理是将企业作为安全管理的主体。

64. 微观安全管理泛指国家从政治、经济、法律、体制、组织等各方面所采取的措施。(　　)

答案：错。

解析：宏观安全管理泛指国家从政治、经济、法律、体制、组织等各方面所采取的措施。

65. 狭义的安全管理是直接以生产过程为对象的安全管理。(　　)

答案：对。

66. 广义的安全管理泛指一切保护劳动者安全健康、防止国家财产受到损失的，不仅以生产经营活动为对象，而且包括服务、消费活动等涉及安全管理的活动。(　　)

答案：对。

67. 安全生产管理是针对生产过程中的安全问题，进行有关决策、计划、组织和控制等活动。(　　)

答案：对。

68. 安全管理按照主体和范围大小的不同，可分为宏观安全管理和微观安全管理。(　　)

答案：对。

69. 安全管理研究对象涉及安全系统中人与人、人与物、人与环境之间在防止事故发生、避免人身伤害和财产损失方面存在的关系。(　　)

答案：对。

70. 安全管理学的研究内容包括安全管理学的理论基础、安全管理方法、事故管理、安全文化等。(　　)

答案：对。

71. 安全管理学的理论基础包括各种有关管理学理论基础、安全管理学的基本原理等。(　　)

答案：对。

72. 安全管理方法包括安全目标管理、系统安全管理、体系化安全管理、安全信息管理、事故统计与分析和事故调查与处理。(　　)

答案：对。

73. 事故管理包括事故统计与分析、事故调查与处理和事故预防与控制。(　　)

答案：对。

74. 系统安全是实现安全文化不可或缺的辅助手段。(　　)

答案：错。

解析：安全文化是实现系统安全不可或缺的辅助手段。

75. 海因里希事故因果连锁理论的核心思想是，伤亡事故的发生不是孤立的事件，而是一些列原因事件相继发生的结果。（　　）

答案：对。

76. 能量转移理论认为，如果例外释放的能力转移到人体，而且其能量超过了人体的承受能力，则人体将受到伤害。（　　）

答案：对。

77. 基于人体信息处理的人失误事故模型，这类事故理论有一个观点，即人失误会导致事故，而人失误的发生是由人对外界刺激（信息）反应的失误造成的。（　　）

答案：对。

78. 能量意外转移理论的基本思想是伤害事故是许多相互联系的时间顺序发展的结果。（　　）

答案：错。

解析：轨迹交叉理论的基本思想是伤害事故是许多相互联系的时间顺序发展的结果。

79. 根据能量转移理论的概念，事故的本质是能量的不正常作用。（　　）

答案：对。

80. 轨迹交叉理论认为，当人的不安全行为和物的不安全状态在各自的发展过程中（轨迹），在一定时间、空间发生了接触（交叉），能量转移于人体时，伤害事故就会发生。（　　）

答案：对。

81. 能量转移理论中将伤害分为第一类伤害和第二类伤害。（　　）

答案：对。

82. 安全管理基本原理是对管理学基本原理的继承和发展，主要包括系统原理和人本原理。（　　）

答案：错。

解析：安全管理基本原理是对管理学基本原理的继承和发展，主要包括系统原理、人本原理、强制原理、预防原理和责任原理。

83. 动态相关性原则认为，要提高管理效果，必须掌握各个管理对象要素之间的静态相关特征，充分利用各要素之间的相互作用。（　　）

答案：错。

解析：动态相关性原则认为，要提高管理效果，必须掌握各个管理对象要素之间的动态相关特征，充分利用各要素之间的相互作用。

84. 系统原理是指管理者要达到组织目标，一切管理活动都必须以人为中心，以人的积极性、主动性、创造性的发挥为核心和动力来进行。（　　）

答案：错。

解析：人本原理是指管理者要达到组织目标，一切管理活动都必须以人为中心，以人的积极性、主动性、创造性的发挥为核心和动力来进行。

85. 系统原理是指人们在从事管理工作时，运用系统的观点和理论对管理活动进行充分的系统分析，以达到安全管理的优化目标。（　　）

答案：错。

解析：系统原理是指人们在从事管理工作时，运用系统的观点、理论和方法对管理活动进行充分的系统分析，以达到安全管理的优化目标。

86. 系统原理是指人们在从事管理工作时，运用系统的观点、理论和方法对管理活动进行充分的系统分析，以达到安全管理的优化目标。（　　）

答案：对。

87. 人本原理体现了以人为本的指导思想，包括激励原则、动力原则和能级原则。（　　）

答案：对。

88. 人本原理是指管理者要达到组织目标，一切管理活动都必须以人为中心，以人的积极性、主动性和创造性的发挥为核心和动力来进行。(　　)

答案：对。

89. 人本原理是指管理者要达到组织目标，一切管理活动都必须以人为中心，以人的主动性的发挥为核心和动力来进行。(　　)

答案：错。

解析：人本原理是指管理者要达到组织目标，一切管理活动都必须以人为中心，以人的积极性、主动性和创造性的发挥为核心和动力来进行。

90. 在管理活动中，人本原理是指管理工作必须在合理分工的基础上，明确规定组织各级部门和个人必须完成的工作任务和相应责任。(　　)

答案：错。

解析：在管理活动中，责任原理是指管理工作必须在合理分工的基础上，明确规定组织各级部门和个人必须完成的工作任务和相应责任。

91. 人本原理体现了以人为本的指导思想，包括激励原则、动力原则和安全第一原则。(　　)

答案：错。

解析：人本原理体现了以人为本的指导思想，包括激励原则、动力原则和能级原则。

92. 我国的安全生产方针是安全第一、预防为主、综合治理。(　　)

答案：对。

93. 预防原理是通过有效的管理和技术手段，减少并防止人的不安全行为和物的不安全状态，从而使事故发生的概率降到最低。(　　)

答案：对。

94. 本质安全化指的是设备、设施或技术工艺含有内在的能够从根本上防止事故发生的功能。(　　)

答案：对。

95. 3E 原则指的是三种预防事故的对策，即电气工程（Electricity）对策、教育（Education）对策和法治（Enforcement）对策。(　　)

答案：错。

解析：3E 原则指的是三种预防事故的对策，即工程技术（Engineering）对策、教育（Education）对策和法治（Enforcement）对策。

96. 3P 原则是基于事故防范战略的思维，即事前预防（Prevention）、事中应急（Pacification）和事后教训（Precept）。(　　)

答案：对。

97. 采取强制管理的手段控制人的意愿和行为，使个人的活动、行为受到管理要求的约束，从而有效地实现管理目标，就是强制管理。(　　)

答案：对。

98. 监督原则是指在安全工作中，为了落实安全生产法律法规，必须授权专门的部门和人员行使监督、检查和惩罚的职责，对企业生产中的守法和执法情况进行监督。(　　)

答案：对。

99. 运用预防原理需要应用的原则有偶然损失原则、因果关系原则、4E 原则、3P 原则。(　　)

答案：错。

解析：运用预防原理需要应用的原则有偶然损失原则、因果关系原则、3E 原则、3P 原则。

100. 运用强制原理应遵循的原则有偶然损失原则、因果关系原则、3E 原则、3P 原则。(　　)

答案：错。

解析：运用强制原理应遵循的原则有安全第一原则和监督原则。

101. 运用强制原理应遵循的原则有安全第一原则和监督原则。（　　）

答案：对。

102. 安全观念文化是安全文化的精神层，也是安全文化的核心层。（　　）

答案：对。

103. 安全文化具有实践性、人本性、民族性、开放性和时代性。（　　）

答案：对。

104. 安全文化与安全管理有内在联系，但不可以相互取代，两者相辅相成又相互促进。（　　）

答案：对。

105. 安全文化是安全管理的软手段，安全管理是安全文化的一种表现形式。（　　）

答案：对。

106. 实现文化建设的核心内容是安全体系的建设。（　　）

答案：错。

解析：实现文化建设的核心内容是安全观念文化的建设。

107. 安全生产的“五要素”是指安全文化、安全法制、安全责任、安全科技和安全投入。（　　）

答案：对。

108. 安全管理计划是安全决策目标实现的保证。（　　）

答案：对。

109. 系统安全管理的主要任务是在系统寿命周期内计划、组织、协调和控制应进行的全部系统安全工作。（　　）

答案：对。

110. 系统安全是指在系统寿命周期的所有阶段，以使用效能和时间为条件，应用工程和管理的原理、准则、技术，使系统获得最佳的安全性。（　　）

答案：对。

111. 系统安全是指在系统寿命周期的所有阶段，以使用效能为条件，应用工程和管理的原理、准则、技术，使系统获得最佳的安全性。（　　）

答案：错。

解析：系统安全是指在系统寿命周期的所有阶段，以使用效能和时间为条件，应用工程和管理的原理、准则、技术，使系统获得最佳的安全性。

112. 系统安全管理为系统安全工程提供各类危险分析、风险评价的理论与方法及消除或减少风险的专门知识和技能。（　　）

答案：对。

113. 系统安全工程与系统安全管理是系统安全的两个组成部分。（　　）

答案：对。

114. 风险分析是系统安全大纲的前提。（　　）

答案：错。

解析：风险分析是系统安全大纲的核心。

115. HSE管理体系是指一个组织在其自身活动中，对可能引发的风险事前采取管理措施，控制其发生，以减少可能引起的人员伤害、财产损失和环境破坏。（　　）

答案：对。

116. 安全生产标准化是指通过建立安全生产责任制，制订安全管理制度，排查治理隐患和监控重大危险源，建立预防机制，规范生产行为。（　　）

答案：错。

解析：安全生产标准化是指通过建立安全生产责任制，制订安全管理制度和操作规程，排查治理隐患和监控重大危险源，建立预防机制，规范生产行为。

117. 安全信息按产生及其作用划分为安全指令信息、安全管理信息、安全指标信息和事故信息。（　　）

答案：对。

118. 从信息的形态来划分，安全信息可分为有效信息、无效信息。（　　）

答案：错。

解析：从信息的形态来划分，安全信息可分为一次信息、二次信息。

第三章　安全生产目标管理

119. 公司各级单位应贯彻“谁主管谁负责，管业务必须管安全”的原则，做到计划、布置、检查、总结、考核业务工作的同时，计划、布置、检查、总结、考核安全工作。（　　）

答案：对。

120. 调控机构应严格执行国家、电力行业及公司有关法律法规、技术标准、规程规定，不断完善安全管理机制，使安全生产工作实现制度化、规范化、标准化。（　　）

答案：对。

121. 各级调控机构以不发生负有人员责任的六级以上电网事件（事故）为基准，逐年制订安全生产目标。（　　）

答案：错。

解析：各级调控机构以不发生负有人员责任的五级以上电网事件（事故）为基准，逐年制订安全生产目标。

122. 省级以上调控机构内设专业处室（科室）以不发生负有人员责任的六级以上电网事件（事故）为基准，逐年制订专业安全生产目标。（　　）

答案：对。

123. 调控机构应对安全绩效考核情况进行通报，并将安全绩效考核纳入员工绩效考核。（　　）

答案：对。

124. 调控机构应对调控安全生产工作方面有突出表现的人员给予表彰奖励。对造成安全生产事故的下级调控机构和个人实行“说清楚”制度，并在评先、评优方面实行“一票否决制”。（　　）

答案：对。

125. 公司实行安全目标考核和过程管控并重的原则。对实现安全目标的单位，以及对安全工作做出突出贡献的部门、集体和个人予以奖励。（　　）

答案：错。

解析：公司实行安全目标考核和过程管控并重、分层分级奖励的原则。对实现安全目标的单位，以及对安全工作做出突出贡献的部门、集体和个人予以奖励。

126. 安全奖惩坚持精神鼓励与物质奖励相结合、思想教育与行政处罚相结合原则。（　　）

答案：对。

127. 公司各级单位设立的安全生产专项奖，额度原则上不低于工资总额的1.5%。（　　）

答案：对。

128. 公司安监部是安全生产的领导机构，统一领导本单位安全生产工作。（　　）

答案：错。

解析：公司安全生产委员会是安全生产的领导机构，统一领导本单位安全生产工作。

129. 公司人资部是公司安全生产奖惩的归口管理部门，负责建立健全相关制度体系，明确奖惩额度并纳入工资总额计划管理，实施奖惩兑现和管理评估等。（　　）

答案：对。

130. 公司安监部门是公司安全生产专项奖的业务管理部门，负责制定相关奖惩细则，组织开展专项考核，提出兑现方案等。（　　）

答案：对。

131. 公司所属各级单位安全生产委员会是安全生产的领导机构，统一领导本单位安全生产工作，安监部门承担安全生产奖励归口管理职责，人资部门承担安全生产专项奖业务管理部门职责。（　　）

答案：错。

解析：公司所属各级单位安全生产委员会是安全生产的领导机构，统一领导本单位安全生产工作，人资部门承担安全生产奖励归口管理职责，安监部门承担安全生产专项奖业务管理部门职责。

132. 年度安全生产先进单位奖的奖励范围包括市公司、直属单位和县公司。（　　）

答案：对。

133. 积极开展安全隐患排查治理、日常安全自查整改和安全日等活动是评选年度安全生产先进集体奖的考核条件之一。（　　）

答案：对。

134. 年度安全生产先进集体奖的考核条件有：安全工作基础管理扎实，年度班组全员安规考试合格率达到99%，在安全生产中有突出成绩。（　　）

答案：错。

解析：年度安全生产先进集体奖的考核条件包括：安全工作基础管理扎实，年度班组全员安规考试合格率达到100%，在安全生产中有突出成绩。

135. 安全生产先进单位、先进集体的表彰奖励按照国家电网公司表彰奖励工作管理有关办法执行。（　　）

答案：对。

136. 季度安全考核奖的安全生产难度系数，按照各市县供电公司、检修分公司、电科院、送变电公司、建设分公司、信息通信分公司难度系数1.0、其他单位0.8的原则确定。（　　）

答案：对。

137. 千日安全奖的奖励基数标准是：达到1000天时奖励基数1000元，达到2000天时奖励基数2000元，达到3000天时奖励基数3000元（连续3000天以上达到安全目标的单位，奖励基数按照3000元标准封顶）。（　　）

答案：对。

138. 安全生产特殊贡献奖的奖励条件有：在电网异常、安全生产突发事件中能够及时、准确、科学应急处置，避免了突发事件的扩大，降低了损害范围和后果，成效显著的。（　　）

答案：对。

139. 安全生产特殊贡献奖的奖励条件有：采用或发明新技术、新设备、新方法，能显著提高本质安全水平，经过实践证实具有普遍推广价值的项目。（　　）

答案：对。

140. 按照“有奖有罚、奖罚有据”的原则，依据《中华人民共和国安全生产法》《国家电网公司安全事故调查规程》进行事故调查和定性，按照国网和省公司有关安全职责要求进行责任认定，并按照人事管理权限，对事故有关责任单位和人员给予处罚。（　　）

答案：对。

141. 对事故有关责任单位和人员给予处罚的措施包括：组织处理、政纪处分、经济处罚、下发“督办单”、通报约谈和“说清楚”等。（　　）

答案：错。

解析：对事故有关责任单位和人员给予处罚的措施包括：组织处理、政纪处分、经济处罚、下发“督办单”、曝光、通报约谈和“说清楚”等。

142. 对所属各单位工资总额处罚的安全事故有：对发生特别重大安全事故（一级人身、电网、设备事件）并负有责任的单位，每起核减当年工资总额的3%。（　　）

答案：对。

143. 对所属各单位工资总额处罚的安全事故有：对发生重大安全事故（二级人身、电网、设备事件）并负有责任的单位，每起核减当年工资总额的 2.5%。（　　）

答案：错。

解析：对所属各单位工资总额处罚的安全事故包括：对发生重大安全事故（二级人身、电网、设备事件）并负有责任的单位，每起核减当年工资总额的 2.4%。

144. 对所属各单位工资总额处罚的安全事故有：对发生较大安全事故（三级人身、电网、设备事件）并负有责任的单位，每起核减当年工资总额的 2%。（　　）

答案：对。

145. 对所属各单位工资总额处罚的安全事故有：对发生打破安全目标事故（事件）并负有责任的单位，每起核减当年工资总额的 1%。（　　）

答案：错。

解析：对所属各单位工资总额处罚的安全事故包括：对发生打破安全目标事故（事件）并负有责任的单位，每起核减当年工资总额的 1.5%。

146. 对所属各单位企业负责人经济处罚的安全事故有：对发生特别重大安全事故（一级人身、电网、设备事件）并负有责任的市级公司，每起分别扣减主要负责人和有关分管负责人 30 万元绩效年薪（考核定级前）。（　　）

答案：对。

147. 对所属各单位企业负责人经济处罚的安全事故有：对发生重大安全事故（二级人身、电网、设备事件）并负有责任的市级公司，每起分别扣减主要负责人和有关分管负责人 20 万元绩效年薪（考核定级前）。（　　）

答案：对。

148. 对所属各单位企业负责人经济处罚的安全事故有：对发生较大安全事故（三级人身、电网、设备事件）并负有责任的市级公司，每起分别扣减主要负责人和有关分管负责人 7.5 万元绩效年薪（考核定级前）。（　　）

答案：对。

149. 对所属各单位企业负责人经济处罚的安全事故有：对发生打破安全目标事故（事件）并负有责任的市级公司，每起分别扣减主要负责人和有关分管负责人 3.5 万元绩效年薪（考核定级前）。（　　）

答案：错。

解析：对所属各单位企业负责人经济处罚的安全事故包括：对发生打破安全目标事故（事件）并负有责任的市级公司，每起分别扣减主要负责人和有关分管负责人 3.75 万元绩效年薪（考核定级前）。

150. 对负有管理责任的省公司部门的经济处罚有：发生特别重大安全事故（一级人身、电网、设备事件），事故调查报告认定负有管理责任的部门（包括但不限于发展、财务、安监、设备管理、营销、调控、集体企业管理办公室、科信、建设、物资、人资、后勤等部门，以下同），扣减部门主要负责人和有关分管负责人 15 万元绩效工资。（　　）

答案：对。

151. 对负有管理责任的省公司部门的经济处罚有：对发生重大安全事故（二级人身、电网、设备事件），事故调查报告认定负有管理责任的部门，每起分别扣减部门主要负责人和有关分管负责人 10 万元绩效工资。（　　）

答案：对。

152. 对负有管理责任的省公司部门的经济处罚有：对发生较大安全事故（三级人身、电网、设备事件），事故调查报告认定负有管理责任的部门，每起分别扣减部门主要负责人和有关分管负责人 3.75 万元绩效工资。（　　）

答案：对。

153. 对负有管理责任的省公司部门的经济处罚有：对发生打破安全目标事故（事件），事故调查报告认定负有管理责任的部门，每起分别扣减部门主要负责人和有关分管负责人 1.9 万元绩效工资。（　　）

答案：对。

154. 发生性质严重、影响恶劣的责任事故，事故单位主要负责人立即停职配合调查，后续根据事故调查结论给予离岗撤职等处罚。（　　）

答案：对。

155. 公司所属各级单位一年内发生 2 次及以上事故被考核的，第 2 次及以后，对同一事故单位，按照相关条款上限或提高一个事故等级的处罚标准进行处罚。（　　）

答案：对。

156. 公司实行安全事故“说清楚”制度。发生八级及以上人身事件、六级及以上电网设备事件、七级及以上信息事件，责任单位有关领导要在事故发生后的十天内到省公司“说清楚”。（　　）

答案：错。

解析：公司实行安全事故“说清楚”制度。发生八级及以上人身事件、六级及以上电网设备事件、七级及以上信息事件，责任单位有关领导要在事故发生后的七天内到省公司“说清楚”。

157. 公司实行安全事故“一票否决”制度。对未实现安全目标的单位（集体）、负有事故责任的个人，以及造成后果的单位和个人，在评先、评优等方面实行“一票否决”。（　　）

答案：对。

158. 事故发生后迟报、漏报、谎报或瞒报事故的，根据事故类别和级别，对有关单位和相关人员至少提高一个事故等级处罚，对主要策划者和决策人按事故主要责任者给予提高等级的处罚。（　　）

答案：对。

159. 事故发生后不立即组织抢救或事故调查处理期间擅离职守的，根据事故类别和级别，对有关单位和相关人员至少提高一个事故等级处罚，对主要策划者和决策人按事故主要责任者给予提高等级的处罚。（　　）

答案：对。

160. 事故发生后在重大保电活动期间，发生责任性的安全事故，并造成恶劣影响的，根据事故类别和级别，对有关单位和相关人员至少提高一个事故等级处罚，对主要策划者和决策人按事故主要责任者给予提高等级的处罚。（　　）

答案：对。

161. 事故发生后对安全生产突发事件处置不当，造成较大社会影响的，根据事故类别和级别，对有关单位和相关人员至少提高一个事故等级处罚，对主要策划者和决策人按事故主要责任者给予提高等级的处罚。（　　）

答案：对。

162. 公司所属各级单位依据《国网安徽省电力有限公司安全考核奖惩规范》实施的处罚，同时，政府有关部门按照《中华人民共和国安全生产法》《生产安全事故报告和调查处理条例》《电力安全事故应急处置和调查处理条例》等法规制度，对事故相关责任人员进行了经济处罚的，若处罚等级不同则按较高处罚等级执行。（　　）

答案：对。

163. 因安全工作受到纪律处分和经济处罚，单位应通知本人，并记入本人档案。（　　）

答案：错。

解析：因安全工作受到纪律处分和经济处罚，单位应书面通知本人，并记入本人档案。

164. 相关责任人为中共党员的，应按照《中国共产党纪律处分条例》《国家电网公司纪律审查工作规定》等相关规定给予党内警告；按照党政同责、同奖同罚的原则，发生事故单位的党组织负责人比照本单位第一责任人同等处罚。（　　）

答案：错。

解析：相关责任人为中共党员的，应按照《中国共产党纪律处分条例》《国家电网公司纪律审查工作规定》等相关规定给予党纪处分；按照党政同责、同奖同罚的原则，发生事故单位的党组织负责人比照本单位第一责任人同等处罚。

165. 公司所属各单位应强化安全生产过程管控考核。未按照规定对从业人员、被派遣劳动者、实习学生进行安全生产教育和培训，或者未按照规定如实告知有关的安全生产事项的，或者未如实记录安全生产教育和培训情况的，要严肃通报，限期改正，对有关单位和责任人员进行考核。（　　）

答案：对。

166. 公司所属各单位应强化安全生产过程管控考核。未按照规定制订生产安全事故应急救援预案或者未定期组织演练的，要严肃通报，限期改正，对有关单位和责任人员进行考核。（　　）

答案：对。

167. 公司所属各单位应强化安全生产过程管控考核。未在有较大危险因素的生产经营场所和有关设施、设备上设置明显的安全警示标志的，要严肃通报，限期改正，对有关单位和责任人员进行考核。（　　）

答案：对。

168. 公司所属各单位应强化安全生产过程管控考核。特种作业人员未按照规定经专门的安全作业培训并取得相应资格，上岗作业的，要严肃通报，限期改正，对有关单位和责任人员进行考核。（　　）

答案：对。

169. 各市级单位（含直属单位）、县公司，应按照《国家电网公司安全工作奖惩规定》及《国网安徽省电力有限公司安全考核奖惩规范》，结合本单位工作特点，制订本单位安全考核奖惩实施细则，并报上一级主管单位安监部、人资部备案。（　　）

答案：对。

170. 各级单位应在本单位安全考核奖惩实施细则中，按照《国家电网公司安全工作奖惩规定》的要求，明确对各类事故事件［尤其是五至八级安全事件（人身、电网、设备、信息系统）］的处罚措施，并严格按照“四不放过”原则，对事故单位、事故责任人进行处罚。（　　）

答案：对。

171. 公司所属各单位根据公司《安全生产反违章工作管理实施规范》对发生违章的责任人员和单位进行计分管理，对相关责任人进行经济处罚和组织处理。（　　）

答案：对。

172. 设备“零跳闸”奖的考核标准是：全年未发生110千伏及以上主变跳闸事件，110千伏及以上输电线路（含电缆）跳闸、停运次数不高于省公司设备管理部下达的预控值；奖励标准不低于2000元/人。（　　）

答案：对。

173. 继电保护安全运行奖的奖励范围仅限于从事二次管理、安监的相关专业室人员，考核标准：全年未发生110千伏及以上继电保护“三误”事件；奖励标准不低于2000元/人。（　　）

答案：错。

解析：继电保护安全运行奖的奖励范围仅限于从事二次管理、运检的相关专业室人员，考核标准：全年未发生110千伏及以上继电保护“三误”事件；奖励标准不低于2000元/人。

174. 奖励标准结合各类工作票的现场风险、管控难度，实现差异化奖励，对第一种工作票（含高压停电事故应急抢修单）的奖励金额不低于50元/张。（　　）

答案：对。

175. 根据下达调令、执行操作的步数（项数）累计，调令步数每安全达到100项、现场执行操作每安全达到1000步（项），予以不低于200元即时奖励。（　　）

答案：对。

176. 各单位严肃开展奖惩工作。要本着“公平公正、实事求是、公开透明”的原则，细化奖惩标准，规范实施流程，明确兑现方式、周期。（　　）

答案：对。

177. 在安全事故调查结束后一周内，事故单位必须对事故有关责任人进行处理；逾期不处理的，省公司将对事故责任单位主要负责人，视情节给予行政处分。（　　）

答案：错。

解析：在安全事故调查结束后一个月内，事故单位必须对事故有关责任人进行处理；逾期不处理的，省公司将对事故责任单位主要负责人，视情节给予行政处分。

第四章　安全生产保证和监督体系及例行工作

178.《电力安全事故应急处置和调查处理条例》作为一部行政法规，其条文具有强制性。违反该条例相关规定的行为是违法行为，要承担相应的法律责任。(　　)

答案：对。

179.安全生产监督管理部门和对有关行业、领域的安全生产工作实施监督管理的部门，统称负有安全生产监督管理职责的部门。(　　)

答案：对。

180.生产经营单位应当具备中华人民共和国安全生产法和有关法律、行政法规和国家标准或者行业标准规定的安全生产条件；不具备安全生产条件的，不得从事生产经营活动。(　　)

答案：对。

181.生产经营单位应当建立相应的机制，加强对安全生产责任制落实情况的监督考核，保证安全生产责任制的落实。(　　)

答案：对。

182.生产经营单位的安全生产管理机构及安全生产管理人员应当恪尽职守，依法履行职责。(　　)

答案：对。

183.生产经营单位不得因安全生产管理人员依法履行职责而降低其工资、福利等待遇或者解除与其订立的劳动合同。(　　)

答案：对。

184.生产经营单位的主要负责人和安全生产管理人员必须具备与本单位所从事的生产经营活动相应的安全生产知识和管理能力。(　　)

答案：对。

185.生产经营单位必须依法参加工伤保险，为从业人员缴纳保险费。(　　)

答案：对。

186.生产经营单位的安全生产责任制应当明确各岗位的责任人员、责任范围和考核标准等内容。(　　)

答案：对。

187.生产经营单位应当具备的安全生产条件所必需的资金投入，由生产经营单位的决策机构、主要负责人或者个人经营的投资人予以保证，并对由于安全生产所必需的资金投入不足导致的后果承担责任。(　　)

答案：对。

188.不如实反映电网运行情况的，主管人员和直接责任人员由其所在单位或者上级机关给予行政处分。(　　)

答案：对。

189.不执行调度指令和调度机构下达的保证电网安全措施的，主管人员和直接责任人员由其所在单位或者上级机关给予教育，不给予行政处分。(　　)

答案：错。

解析：不执行调度指令和调度机构下达的保证电网安全措施的，对主管人员和直接责任人员由其所在单位或者上级机关给予行政处分。

190. 任何单位和个人对违反《电力监管条例》和国家有关电力监管规定的行为有权向电力监管机构和政府有关部门举报，电力监管机构和政府有关部门应当及时处理，并依照有关规定对举报有功人员给予奖励。（　　）

答案：对。

191. 空载变压器的瓦斯保护不应投入。（　　）

答案：错。

解析：空载变压器也属于运行状态，所以瓦斯保护应投入。

192. 电力企业主要负责人未依法履行安全生产管理职责，导致事故发生的，由电力监管机构依照规定处以罚款；属于国家工作人员的，并依法给予处分；构成犯罪的，依法追究刑事责任。（　　）

答案：对。

193. 对事故发生负有责任，是指电力企业没有履行《安全生产法》等相关法律、法规规定的安全生产职责，导致事故发生的情形。（　　）

答案：对。

194. 安全责任体系及安全目标的风险辨识内容是未健全或未严格落实各级、各类人员的风险预控措施，导致“四全”安全管理不到位。（　　）

答案：错。

解析：安全责任体系及安全目标的风险辨识内容是未健全或未严格落实各级、各类人员的安全生产责任制，导致“四全”安全管理不到位。

195. 调度系统安全生产保障能力评估风险辨识典型控制措施中，调度机构应建立定期开展调度系统安全生产保障能力考核的常态机制。（　　）

答案：错。

解析：调度系统安全生产保障能力评估风险辨识典型控制措施中，调度机构应建立定期开展调度系统安全生产保障能力自评估的常态机制。

196. 调度系统安全生产保障能力评估风险辨识内容是，未能定期开展调度系统安全生产保障能力评估，导致安全生产事故发生。（　　）

答案：错。

解析：调度系统安全生产保障能力评估风险辨识内容是，未能定期开展调度系统安全生产保障能力评估，导致电网安全事故处置不当。

197. 调控机构安全保证体系和安全监督体系应相互协同、各司其职、各负其责。（　　）

答案：对。

198. 调控机构安全保证体系和安全监督体系应加大监督检查力度，加强安全管理的闭环全过程管控。（　　）

答案：对。

199. 调控机构应根据需求签订安全责任书，确保安全责任落实到岗到人。（　　）

答案：错。

解析：调控机构应逐级签订安全责任书，确保安全责任落实到岗到人。

200. 安全责任书应按照三级安全生产控制目标要求，根据本岗位的安全职责制定，应具有针对性、层次性，实行多层级控制。（　　）

答案：错。

解析：安全责任书应按照两级安全生产控制目标要求，根据本岗位的安全职责制定，应具有针对性、层次性，实行多层级控制。

201. 人员岗位变动后，应重新签订安全责任书。（　　）

答案：对。

202. 安全生产保障能力评估是电网安全管理工作的重要组成部分，是发挥调控系统保证体系和监督体系作用的重要体现。（　　）

答案：对。

203. 安全生产保障能力评估目的是实现对调控系统安全生产保障能力进行全面诊断和量化评价。（　　）

答案：对。

204. 为保证评估工作的真实性，调控机构安全生产保障能力评估结果实行“四不挂钩”。（　　）

答案：错。

解析：为保证评估工作的真实性，调控机构安全生产保障能力评估结果实行“三不挂钩”。

205. 省级调控机构安全生产保障能力评估工作受机构设置、职责分工等方面的影响。（　　）

答案：错。

解析：省级调控机构安全生产保障能力评估工作不受机构设置、职责分工等方面的影响。

206. 调控机构安全生产保障能力评估未参与评估的项目，计算查评应得分时予以减除，即应得分＝标准分－不参与查评分。（　　）

答案：对。

207. 调控机构安全生产保障能力评估各专业相对得分率＝实得分÷应得分×100%。（　　）

答案：对。

208. 电缆线路跳闸后，可立即试送电。（　　）

答案：错。

解析：电缆线路跳闸后，一般都会有故障，不可立即试送电。

209. 调控机构安全生产保障能力评估中计算调控机构评估得分，以相对反映电网调控机构安全保障能力的量化情况。（　　）

答案：对。

210. 调控机构安全生产保障能力评估中，为体现关键项目在安全生产中的重要影响，其得分比重除在标准分基础上加大之外，在扣分上加大了力度（作为否决项或同时扣减母项的部分或全部标准分）。（　　）

答案：对。

211. 调控机构安全生产保障能力评估中，对加分项得分，累加在实得分项下，标准分不变。（　　）

答案：对。

212. 调度机构应切实执行调控规程、操作管理、运行值班管理、备用调度运行管理、生产信息报送、持证上岗、反事故演习等各项管理制度。（　　）

答案：对。

213. 值班调度员的人数应按国网公司定员标准配置，不满足国网公司人资部门相关要求的，每少1人扣10%标准分。（　　）

答案：对。

214. 每月至少进行1次调控联合反事故演习，每年至少进行1次两级以上调度机构参加的系统联合反事故演习，反事故演习应使用调控联合仿真培训系统。（　　）

答案：对。

215. 重瓦斯或差动保护之一动作跳闸，经公司领导同意后可以强送。（　　）

答案：错。

解析：重瓦斯或差动保护之一动作跳闸，未查明原因和消除故障之前不得强送。

216. 调控机构安全生产保障能力评估中，停电计划工作管理为重点评估项目。(　　)

答案：对。

217. 中性点经小电阻接地系统也叫作小接地电流系统。(　　)

答案：错。

解析：中性点不接地系统（包括中性点经消弧线圈接地系统）发生单相接地故障时，由于不构成短路回路，接地故障电流往往比负荷电流小得多，故称其为小接地电流系统。

218. 对调度范围内发电厂、变电站自动化设备（RTU、厂站监控系统、电能量终端、PMU 等)，主站应有监视和异常报警手段及相应的处理措施。(　　)

答案：对。

219. 地县级调控机构安全生产保障能力评估工作中，按照国调制定相关标准或自行制定标准至少每 5 年开展一轮次对地区调度安全生产保障能力评估或安全性评价，没有开展不得分，每缺少一个单位扣 1 分。(　　)

答案：对。

220. 地县级调控机构安全生产保障能力评估工作中，重大事件汇报及调控信息报送检查中，重大事件汇报不及时、不准确一次扣 50%标准分。(　　)

答案：对。

221. 地县级调控机构安全生产保障能力评估工作中，超供电能力限电序位表和事故限电序位表检查中，序位表每缺一项扣 40%标准分。(　　)

答案：对。

222. 在能够及时全面了解情况时，值班人员应先简明正确汇报开关跳闸情况及异常情况，待详细检查后具体向调度汇报。(　　)

答案：错。

解析：在未能及时全面了解情况前，值班人员应先简明正确汇报开关跳闸情况及异常情况，待详细检查后具体向调度汇报。

223. 电网黑启动主要考虑频率控制、电压控制、暂态稳定性和静态稳定性等问题。(　　)

答案：对。

224. 交接班时发生事故，且交接班手续尚未办理完毕时，由接班者负责处理，接班者协助进行处理，在告一段落或处理结束后，才允许交接班。(　　)

答案：错。

解析：交接班时发生事故，且交接班手续尚未办理完毕时，仍由交班者负责处理，接班者协助进行处理，在告一段落或处理结束后，才允许交接班。

225. 发生重大事故时，值班调度员应暂停处理事故，尽速报告相关领导，并按规定向上级调度汇报。(　　)

答案：错。

解析：发生重大事故时，值班调度员应一边处理事故一边尽速报告相关领导，并按规定向上级调度汇报。

226. 地县级调控机构安全生产保障能力评估工作中，地调层面应按电力监管机构的要求收集、整理并定期发布“三公”调控信息。(　　)

答案：对。

227. 主变投运前可以投入相应的隔直装置。(　　)

答案：错。

解析：主变投运后，方可投入相应的隔直装置。

228. 在系统中发生事故时，允许变压器过负荷运行。(　　)

答案：错。

解析：在系统中发生事故时，不允许变压器过负荷运行。

229. 闸刀误合时，无论何种情况都不许再带负荷拉开。（　　）

答案：对。

230. 当220千伏线路开关跳闸后，为加速事故处理，各级调度运行人员待查明原因，按规定确定强送点，对故障跳闸的线路进行强送电。（　　）

答案：错。

解析：当220千伏线路开关跳闸后，为加速事故处理，各级调度运行人员可以不待查明原因，按规定确定强送点，对故障跳闸的线路进行强送电。

231. 未经调度员同意，任何单位和个人不得擅自改变调度管辖设备状态；对危及人身和设备安全的情况应按现场规程处理，但在改变设备状态后应立即向调度员汇报。（　　）

答案：对。

232. 系统安全自动装置，未经相应级别调度员的同意不得擅自退出运行。（　　）

答案：对。

233. 省级以上地方各级人民政府应当根据本行政区域内的安全生产状况，组织有关部门按照职责分工，对本行政区域内容易发生重大生产安全事故的生产经营单位进行严格检查。（　　）

答案：错。

解析：县级以上地方各级人民政府应当根据本行政区域内的安全生产状况，组织有关部门按照职责分工，对本行政区域内容易发生重大生产安全事故的生产经营单位进行严格检查。

234. 安全生产监督管理部门应当按照分类分级监督管理的要求，制订安全生产年度监督检查计划，并按照年度监督检查计划进行监督检查，发现事故隐患，应当及时处理。（　　）

答案：对。

235. 负有安全生产监督管理职责的部门依照有关法律、法规的规定，对涉及安全生产的事项需要审查批准（包括批准、核准、许可、注册、认证、颁发证照等，下同）或者验收的，必须严格依照有关法律、法规和国家标准或者行业标准规定的安全生产条件和程序进行审查。（　　）

答案：对。

236. 对未依法取得批准或者验收合格的单位擅自从事有关活动的，负责行政审批的部门发现或者接到举报后应当立即予以取缔，并依法予以处理。（　　）

答案：对。

237. 对已经依法取得批准的单位，负责行政审批的部门发现其不再具备安全生产条件的，应当撤销原批准。（　　）

答案：对。

238. 负有安全生产监督管理职责的部门对涉及安全生产的事项进行审查、验收，可以收取费用。（　　）

答案：错。

解析：负有安全生产监督管理职责的部门对涉及安全生产的事项进行审查、验收，不得收取费用。

239. 安全生产监督管理部门和其他负有安全生产监督管理职责的部门依法开展安全生产行政执法工作，对生产经营单位执行有关安全生产的法律、法规和国家标准或者行业标准的情况进行监督检查。（　　）

答案：对。

240. 生产经营单位对负有安全生产监督管理职责的部门的监督检查人员依法履行监督检查职责，应当予以配合，可以拒绝但不得阻挠。（　　）

答案：错。

解析：生产经营单位对负有安全生产监督管理职责的部门的监督检查人员依法履行监督检查职责，应当予以配合，不得拒绝、阻挠。

241. 安全生产监督检查人员应当忠于职守，坚持原则，秉公执法。（　　）

答案：对。

242. 安全生产监督检查人员执行监督检查任务时，必须出示有效的监督执法证件；对涉及被检查单位的技术秘密和业务秘密，应当为其保密。（　　）

答案：对。

243. 安全生产监督检查人员应当将检查的时间、地点、内容、发现的问题及其处理情况，做出书面记录，并由检查人员和被检查单位的负责人签字。（　　）

答案：对。

244. 负有安全生产监督管理职责的部门在监督检查中，应当互相配合，实行联合检查。（　　）

答案：对。

245. 确需分别进行检查的，应当互通情况，发现存在的安全问题应当由其他有关部门进行处理的，应当及时移送其他有关部门并形成记录备查，接受移送的部门应当及时进行处理。（　　）

答案：对。

246. 负有安全生产监督管理职责的部门依法对存在重大事故隐患的生产经营单位做出停产停业、停止施工、停止使用相关设施或者设备的决定，生产经营单位应当依法执行，及时消除事故隐患。（　　）

答案：对。

247. 负有安全生产监督管理职责的部门依照《中华人民共和国安全生产法》规定采取停止供电措施，除有危及生产安全的紧急情形外，应当提前十二小时通知生产经营单位。（　　）

答案：错。

解析：负有安全生产监督管理职责的部门依照《中华人民共和国安全生产法》规定采取停止供电措施，除有危及生产安全的紧急情形外，应当提前二十四小时通知生产经营单位。

248. 负有安全生产监督管理职责的部门应当建立举报制度，公开举报电话、信箱或者电子邮件地址，受理有关安全生产的举报；受理的举报事项经调查核实后，应当形成书面材料；需要落实整改措施的，报经有关负责人签字并督促落实。（　　）

答案：对。

249. 任何单位或者个人对事故隐患或者安全生产违法行为，均有权向负有安全生产应急管理职责的部门报告或者举报。（　　）

答案：错。

解析：任何单位或者个人对事故隐患或者安全生产违法行为，均有权向负有安全生产监督管理职责的部门报告或者举报。

250. 负有安全生产监督管理职责的部门应当建立安全生产违法行为信息库，如实记录生产经营单位的安全生产违法行为信息。（　　）

答案：对。

251.《电力安全生产监督管理办法》是为了有效实施电力安全生产监督管理，预防和减少电力事故，保障电力系统安全稳定运行和电力可靠供应而制定的法规，2015 年 2 月 17 日，经中华人民共和国发展和改革委员会主任办公会审议通过，自 2015 年 3 月 1 日起施行。（　　）

答案：对。

252. 电力安全生产工作应当坚持“安全第一、预防为主、综合治理”的方针，建立电力企业具体负责、政府监管、行业自律和社会监督的工作机制。（　　）

答案：对。

253. 电力企业是电力安全生产的责任主体，应当遵照国家有关安全生产的法律法规、制度和标准，建立健全电力安全生产责任制，加强电力安全生产管理，完善电力安全生产条件，确保电力安全生产。(　　)

答案：对。

254. 电力企业从业人员对本单位的安全生产工作全面负责。(　　)

答案：错。

解析：电力企业的主要负责人对本单位的安全生产工作全面负责。

255. 电力企业的主要负责人应当依法履行安全生产方面的义务。(　　)

答案：错。

解析：电力企业从业人员应当依法履行安全生产方面的义务。

256. 电力企业应依照国家安全生产法律法规、制度和标准，制定并落实本单位电力安全生产管理制度和规程。(　　)

答案：对。

257. 电力企业应建立健全电力安全生产保证体系和监督体系，落实安全生产责任。(　　)

答案：对。

258. 电力企业应按照国家有关法律法规设置安全生产管理机构、配备兼职安全管理人员。(　　)

答案：错。

解析：电力企业应按照国家有关法律法规设置安全生产管理机构、配备专职安全管理人员。

259. 电力企业应按照规定提取和使用电力安全生产费用，专门用于改善安全生产条件。(　　)

答案：对。

260. 电力企业应按照有关规定建立健全电力安全生产隐患排查治理制度和风险预控体系，开展隐患排查及风险辨识、评估和监控工作，并对安全隐患和风险进行治理、管控。(　　)

答案：对。

261. 电力企业应开展电力安全生产标准化建设。(　　)

答案：对。

262. 电力企业应开展电力安全生产培训宣传教育工作，负责以班组长、新工人、农民工为重点的从业人员安全培训。(　　)

答案：对。

263. 电力企业应开展电力可靠性管理工作，建立健全电力可靠性管理工作体系，准确、及时、完整报送电力可靠性信息。(　　)

答案：对。

264. 电力企业应当共同维护电力系统安全稳定运行。在电网互联、发电机组并网过程中应严格履行安全责任，并在双方的联（并）网调度协议中具体明确，可以擅自联（并）网和解网。(　　)

答案：错。

解析：电力企业应当共同维护电力系统安全稳定运行。在电网互联、发电机组并网过程中应严格履行安全责任，并在双方的联（并）网调度协议中具体明确，不得擅自联（并）网和解网。

265. 各级电力调度机构是涉及电力系统安全的电力安全事故（事件）处置的指挥机构，发生电力安全事故（事件）或遇有危及电力系统安全的情况时，电力调度机构有权采取必要的应急处置措施，相关电力企业应当严格执行调度指令。(　　)

答案：对。

266. 电力调度机构应当加强电力系统安全稳定运行管理，科学合理安排系统运行方式，开展电力系统安全分析评估，统筹协调电网安全和并网运行机组安全。(　　)

答案：对。

267. 电力企业应当加强发电设备设施和输变配电设备设施安全管理和技术管理，强化电力监控系统（或设备）专业管理，完善电力系统调频、调峰、调压、调相、事故备用等性能，满足电力系统安全稳定运行的需要。（　　）

答案：对。

268. 发电机组、风电场及光伏电站等并入电网运行，应当满足相关技术标准，符合电网运行的有关安全要求。（　　）

答案：对。

269. 特别重大事故（一级人身伤亡事件）指的是一次事故造成30人以上死亡，或者100人以上重伤者。（　　）

答案：对。

270. 公司各级单位实行以各级行政副职为安全第一责任人的安全责任制，建立健全安全保证体系和安全监督体系，并充分发挥作用。（　　）

答案：错。

解析：公司各级单位实行以各级行政正职为安全第一责任人的安全责任制，建立健全安全保证体系和安全监督体系，并充分发挥作用。

271. 公司各级单位应贯彻“谁主管谁负责、管业务必须管安全”的原则，做到计划、布置、检查、总结、考核业务工作的同时，计划、布置、检查、总结、考核安全工作。（　　）

答案：对。

272. 公司各级单位行政副职是本单位的安全第一责任人，对本单位安全工作和安全目标负全面责任。（　　）

答案：错。

解析：公司各级单位行政正职是本单位的安全第一责任人，对本单位安全工作和安全目标负全面责任。

273. 公司各级单位的各部门、各岗位应有明确的安全管理职责，做到责任分担，并实行下级对上级的安全逐级负责制。（　　）

答案：对。

274. 安全保证体系对业务范围内的安全工作负责，安全监督体系负责安全工作的综合协调和监督管理。（　　）

答案：对。

275. 公司各级单位实行下级单位对上级单位的安全责任追究制度，包括对责任人和责任单位领导的责任追究。在公司各级单位内部考核上，上级单位为下级单位承担连带责任。（　　）

答案：错。

解析：公司各级单位实行上级单位对下级单位的安全责任追究制度，包括对责任人和责任单位领导的责任追究。在公司各级单位内部考核上，上级单位为下级单位承担连带责任。

276. 安全监督管理机构是本单位安全工作的综合管理部门，对其他职能部门和下级单位的安全工作进行综合协调和监督。（　　）

答案：对。

277. 公司、省公司级单位和省公司级单位所属的检修、运行、发电、施工、煤矿企业（单位）以及地市供电企业、县供电企业，应设立安全监督管理机构。（　　）

答案：对。

278. 地市供电企业、县供电企业两级单位所属业务支撑和实施机构下属二级机构的班组应设兼职安全员。（　　）

答案：错。

解析：地市供电企业、县供电企业两级单位所属业务支撑和实施机构下属二级机构的班组应设专职或兼职安全员。

279. 公司和省公司级单位的安全监督管理机构由本单位行政正职或行政正职委托的行政副职主管。（　　）

答案：对。

280. 地市供电企业、县供电企业安全监督管理机构由安全总监主管。（　　）

答案：错。

解析：地市供电企业、县供电企业安全监督管理机构由行政正职主管。

281. 从事安全监督管理工作的人员符合岗位条件，人员数量满足工作需要。（　　）

答案：对。

282. 安全监督管理机构应贯彻执行国家和上级单位有关规定及工作部署，组织制定本单位安全监督管理和应急管理方面的规章制度，牵头并督促其他职能部门开展安全性评价、隐患排查治理、安全检查和安全风险管控等工作，积极探索和推广科学、先进的安全管理方式和技术。（　　）

答案：对。

283. 安全监督管理机构应监督本单位各级人员安全责任制的落实。（　　）

答案：对。

284. 安全监督管理机构应监督各项安全规章制度、反事故措施、安全技术劳动保护措施和上级有关安全工作要求的贯彻执行。（　　）

答案：对。

285. 安全监督管理机构应负责组织基建、生产、发电、供用电、农电、信息等安全的监督、检查和评价。（　　）

答案：对。

286. 安全监督管理机构应监督涉及电网、设备、信息安全的技术状况，涉及设备安全的防护状况。（　　）

答案：错。

解析：安全监督管理机构应监督涉及电网、设备、信息安全的技术状况，涉及人身安全的防护状况。

287. 安全监督管理机构应对监督检查中发现的重大问题和隐患，及时下达安全监督通知书，限期解决，并向分管领导报告。（　　）

答案：错。

解析：安全监督管理机构应对监督检查中发现的重大问题和隐患，及时下达安全监督通知书，限期解决，并向主管领导报告。

288. 安全监督管理机构可借助学会、协会、专家组织或其他中介机构和社会组织，对本单位或所属单位的安全状况提供诊断、分析和评价。（　　）

答案：对。

289. 安全监督管理机构有责任分析安全工作存在的突出和重大问题，向主管领导汇报，并积极向有关职能部门提出工作建议。（　　）

答案：对。

290. 电科院应参与电网规划、工程和技改项目的设计审查、施工队伍资质审查和竣工验收，以及安全方面科研成果鉴定等工作。（　　）

答案：错。

解析：安全监督管理机构应参与电网规划、工程和技改项目的设计审查、施工队伍资质审查和竣工验收，以及安全方面科研成果鉴定等工作。

291. 安全监督管理机构有责任分析安全工作存在的突出和重大问题，向分管领导汇报，并积极向有关职能部门提出工作建议。（　　）

答案：错。

解析：安全监督管理机构有责任分析安全工作存在的突出和重大问题，向主管领导汇报，并积极向有关职能部门提出工作建议。

292. 安全监督管理机构负责监督反事故措施计划和安全技术劳动保护措施计划的实施，并建立相应的考核机制，对存在的问题应及时向分管领导汇报。（　　）

答案：错。

解析：安全监督管理机构负责监督反事故措施计划和安全技术劳动保护措施计划的实施，并建立相应的考核机制，对存在的问题应及时向主管领导汇报。

293. 新入单位的人员（含实习、代培人员），应进行安全教育培训，经《电力安全工作规程》考试合格后方可进入生产现场工作。（　　）

答案：对。

294. 运维、调控人员（含技术人员）、从事倒闸操作的检修人员，应经过现场规程制度的学习、现场见习和至少3个月的跟班实习。（　　）

答案：错。

解析：运维、调控人员（含技术人员）、从事倒闸操作的检修人员，应经过现场规程制度的学习、现场见习和至少2个月的跟班实习。

295. 在岗生产人员应定期进行有针对性的现场考问、反事故演习、技术问答、事故预想等现场培训活动。（　　）

答案：对。

296. 因故间断电气工作连续2个月以上者，应重新学习《电力安全工作规程》，并经考试合格后，方可再上岗工作。（　　）

答案：错。

解析：因故间断电气工作连续3个月以上者，应重新学习《电力安全工作规程》，并经考试合格后，方可再上岗工作。

297. 生产人员调换岗位或者其岗位需面临新工艺、新技术、新设备、新材料时，应当对其进行专门的安全教育和培训，经考试合格后，方可上岗。（　　）

答案：对。

298. 所有生产人员应学会自救互救方法、疏散和现场紧急情况的处理，应熟练掌握触电现场急救方法，所有员工应掌握消防器材的使用方法。（　　）

答案：对。

299. 各基层单位应积极推进生产岗位人员安全等级培训、考核、认证工作。（　　）

答案：对。

300. 生产岗位班组长应每半年进行安全知识、现场安全管理、现场安全风险管控等知识培训，考试合格后方可上岗。（　　）

答案：错。

解析：生产岗位班组长应每年进行安全知识、现场安全管理、现场安全风险管控等知识培训，考试合格后方可上岗。

301. 在岗生产人员每年再培训不得少于16学时。（　　）

答案：错。

解析：在岗生产人员每年再培训不得少于8学时。

302. 离开特种作业岗位12个月的作业人员，应重新进行实际操作考试，经确认合格后方可上岗

作业。(　　)

答案：错。

解析：离开特种作业岗位 6 个月的作业人员，应重新进行实际操作考试，经确认合格后方可上岗作业。

303. 外来工作人员必须经过安全知识和安全规程的培训，并经领导批准后方可上岗。(　　)

答案：错。

解析：外来工作人员必须经过安全知识和安全规程的培训，并经考试合格后方可上岗。

304. 公司所属各级单位应每月对生产人员的安全考试进行抽考、调考，并对抽考、调考情况进行通报。(　　)

答案：错。

解析：公司所属各级单位应每年对生产人员的安全考试进行抽考、调考，并对抽考、调考情况进行通报。

305. 地市公司级单位、县公司级单位每年至少组织两次对班组人员的安全规章制度、规程规范考试。(　　)

答案：错。

解析：地市公司级单位、县公司级单位每年至少组织一次对班组人员的安全规章制度、规程规范考试。

306. 企业主要负责人、安全生产管理人员、特种作业人员应由取得相应资质的安全培训机构进行培训，并持证上岗。(　　)

答案：对。

307. 地市供电企业对所属的县供电企业负责人，地市公司级单位和县公司级单位对所属的建设部、调控中心、业务支撑和实施机构及其二级机构的负责人、专业技术人员，每年进行一次有关安全法律法规、规章制度、规程规范考试。(　　)

答案：对。

308. 地市公司级单位、县公司级单位每季度至少组织一次对班组人员的安全规章制度、规程规范考试。(　　)

答案：错。

解析：地市公司级单位、县公司级单位每年至少组织一次对班组人员的安全规章制度、规程规范考试。

309. 公司所属各级单位应每年对生产人员的安全考试进行抽考、调考，并对抽考、调考情况进行通报。(　　)

答案：对。

310. 省公司级单位至少每年，地市公司级单位、县公司级单位每季度召开一次安全生产委员会议，研究解决安全重大问题，决策部署安全重大事项。(　　)

答案：错。

解析：省公司级单位至少每半年，地市公司级单位、县公司级单位每季度召开一次安全生产委员会议，研究解决安全重大问题，决策部署安全重大事项。

311. 公司各级单位应在每年初召开两次年度安全工作会，总结本单位上年度安全情况，部署本年度安全工作任务。(　　)

答案：错。

解析：公司各级单位应在每年初召开一次年度安全工作会，总结本单位上年度安全情况，部署本年度安全工作任务。

312. 省公司级单位、地市公司级单位、县公司级单位应建立安全生产月、周、日例会制度，对安

全生产实行“月计划、周安排、日管控”，协调解决安全工作存在的问题，建立安全风险日常管控和协调机制。（　　）

答案：对。

313. 省公司级单位应每半年召开一次安全监督例会，地市公司级单位、县公司级单位应每月召开一次安全网例会。（　　）

答案：对。

314. 班后会应结合当班运行方式、工作任务，开展安全风险分析，布置风险预控措施，组织交待工作任务、作业风险和安全措施，检查个人安全工器具、个人劳动防护用品和人员精神状况。（　　）

答案：错。

解析：班前会应结合当班运行方式、工作任务，开展安全风险分析，布置风险预控措施，组织交待工作任务、作业风险和安全措施，检查个人安全工器具、个人劳动防护用品和人员精神状况。

315. 班前会应总结讲评当班工作和安全情况，表扬遵章守纪，批评忽视安全、违章作业等不良现象，布置下一个工作日任务。班前会和班后会均应做好记录。（　　）

答案：错。

解析：班后会应总结讲评当班工作和安全情况，表扬遵章守纪，批评忽视安全、违章作业等不良现象，布置下一个工作日任务。班前会和班后会均应做好记录。

316. 公司各级单位应定期组织开展各项安全活动。（　　）

答案：对。

317. 公司各级单位应定期和不定期进行安全检查，组织进行春季、秋季等季节性安全检查，组织开展各类专项安全检查。（　　）

答案：对。

318. 公司所属各级单位应建立“两票”管理制度，分层次对操作票和工作票进行分析、评价和考核，班组每月一次，基层单位所属的业务支撑和实施机构及其二级机构至少每季度一次，基层单位至少每半年两次。（　　）

答案：错。

解析：公司所属各级单位应建立“两票”管理制度，分层次对操作票和工作票进行分析、评价和考核，班组每月一次，基层单位所属的业务支撑和实施机构及其二级机构至少每季度一次，基层单位至少每半年一次。

319. 基层单位每年至少进行一次“两票”知识调考。（　　）

答案：对。

320. 公司各级单位应建立预防违章和查处违章的工作机制，开展违章自查、互查和稽查，采用违章曝光和违章记分等手段，加大反违章力度。定期通报反违章情况，对违章现象进行点评和分析。（　　）

答案：对。

321. 公司各级单位应编写安全通报、快报、综合安全情况，分析事故规律，吸取事故教训。（　　）

答案：对。

322. 公司所属各级单位与电网使用相关方（并网发电企业、电力用户、分布式电源等）应当依据国家有关法律法规和标准，明确各自的安全管理责任，共同维护电力系统的安全稳定运行和可靠供电。（　　）

答案：对。

323. 公司所属各级单位应与并网运行的发电企业（包括电力用户的自备电源和分布式电源）签订并网调度协议。（　　）

答案：对。

324. 对380（220）伏接入的分布式电源，需单独签订调度协议，且必须签署含有调度运行内容的发用电合同。（　　）

答案：错。

解析：对380（220）伏接入的分布式电源，可不单独签订调度协议，但必须签署含有调度运行内容的发用电合同。

325. 公司所属各级单位应根据国家有关规定，参与并网发电企业、供电企业和用户系统接线、运行方式等技术方案的审查工作和设备受电前验收工作。（　　）

答案：对。

326. 公司所属各级单位应与并网运行的发电企业或分布式电源业主签订并网调度协议，明确合同各方应承担的安全责任。（　　）

答案：错。

解析：公司所属各级单位应与并网运行的发电企业或分布式电源业主签订发用电合同，明确合同各方应承担的安全责任。

327. 公司所属各级单位对并网运行的发电企业、供电企业和电力用户，可邀请其参加与电网安全稳定相关的专业会议，交流管理经验，通报有关信息，并告知公司有关安全的规章制度。（　　）

答案：对。

328. 任何单位和个人不得阻挠和干涉对事故的报告和调查处理。（　　）

答案：对。

329. 任何单位和个人对隐瞒事故或阻碍事故调查的行为无权向公司系统各级单位反映。（　　）

答案：错。

解析：任何单位和个人对隐瞒事故或阻碍事故调查的行为有权向公司系统各级单位反映。

330. 国家电网公司安全工作实行安全目标管理和以责论处的奖惩制度。安全奖惩坚持精神奖励与物质奖励相结合、惩罚和教育相结合的原则。（　　）

答案：对。

331. 公司各级单位应按照职责管理范围，从规划设计、招标采购、施工验收、生产运行和教育培训等各个环节，对发生安全事故（事件）的单位及责任人进行责任追究和处罚。对造成后果的单位和个人，在评先、评优等方面实行“一票否决制”。（　　）

答案：对。

332. 调控机构应建立所辖电网调控系统安全监督网络，调控机构内部应建立中心、处（科）两级安全监督体系，明确两级安全监督的责任和权利，调控机构设置专职安全员，各专业设兼职安全员。（　　）

答案：对。

333. 调控机构应建立所辖电网调控系统安全监督网络，调控机构内部应建立中心、处（科）、班组三级安全监督体系，明确两级安全监督的责任和权利，调控机构设置专职安全员，各专业设兼职安全员。（　　）

答案：错。

解析：调控机构应建立所辖电网调控系统安全监督网络，调控机构内部应建立中心、处（科）两级安全监督体系，明确两级安全监督的责任和权利，调控机构设置专职安全员，各专业设兼职安全员。

334. 专职安全员应具有电网运行、管理工作经验，兼职安全员应具有一定本专业工作经验。（　　）

答案：对。

335. 安全员应具有初级及以上职称。（　　）

答案：错。

解析：安全员应具有中级及以上职称。

336. 专职安全员应经过安全生产管理知识培训，具备上岗资格。（　　）

答案：对。

337. 安全员负责监督调控机构安全责任制的落实；监督各项安全规章制度、反事故措施和上级有关安全工作指示的贯彻执行，及时反馈在执行中存在的问题并提出完善修改意见。（　　）

答案：对。

338. 安全员负责监督涉及电网运行的核心业务执行情况，所属设备、设施安全状况，涉及人身安全的防护状况，对监督检查中发现的问题和隐患，及时向分管领导报告。（　　）

答案：错。

解析：安全员负责监督涉及电网运行的核心业务执行情况，所属设备、设施安全状况，涉及人身安全的防护状况，对监督检查中发现的问题和隐患，及时向主管领导报告。

339. 安全员负责监督安全培训计划的落实，组织或配合《电力安全工作规程》《电网调度安全百问百查读本》《电网调度反管理性违章和习惯性违章指南》《电网调度安全风险辨识防范手册》等安全规定的考试和培训。（　　）

答案：对。

340. 安全员负责协助调控机构领导组织事故（事件）调查，监督“五不放过”原则的贯彻落实，完成事故（事件）的统计、分析、上报工作。（　　）

答案：错。

解析：安全员负责协助调控机构领导组织事故（事件）调查，监督“四不放过”原则的贯彻落实，完成事故（事件）的统计、分析、上报工作。

341. 安全员可以对安全生产做出贡献者提出给予表扬和奖励的建议或意见。对事故（事件）负有责任的人员，提出批评和处罚的建议或意见。（　　）

答案：对。

342. “四不放过”即事故原因未查清不放过、责任人员未处理不放过、整改措施未落实不放过、有关人员未受到教育不放过。（　　）

答案：对。

343. 调控机构需日常安全监督调度控制操作票、调度电话录音、调控值班日志、在线安全风险分析执行情况。（　　）

答案：对。

344. 调控机构需日常安全监督电网日后停电检修工作票、电网日前计划执行情况。（　　）

答案：错。

解析：调控机构需日常安全监督电网日前停电检修工作票、电网日前计划执行情况。

345. 调控机构需日常安全监督新设备投产调试方案、电网稳定措施通知单执行情况。（　　）

答案：对。

346. 调控机构需日常安全监督继电保护定值整定计算方案和继电保护定值整定单执行情况。（　　）

答案：对。

347. 调控机构需日常安全监督自动化系统及设备检修工作票，自动化值班日志及自动化运行消缺值班记录执行情况。（　　）

答案：对。

348. 调控机构需日常安全监督设备监控信息接入及问题处置执行情况。（　　）

答案：对。

349. 调控机构需日常安全监督隐患排查及治理情况。（　　）

答案：对。

350. 调控机构不需要日常安全监督机房环境、电源及消防设施等情况。（　　）

答案：错。

解析：调控机构需日常安全监督机房环境、电源及消防设施等情况。

351. 各专业安全员应开展本专业核心业务评估及控制要点的日常检查，提出安全风险控制措施建议，安全员开展核心业务月度监督检查，按月形成监督查评报告，提出评价意见和整改建议，并检查和跟踪整改措施落实情况。（　　）

答案：对。

352. 中心安全员应分析安全监督工作存在的突出和重大问题，向单位分管领导汇报，并向各专业提出改进工作的建议。（　　）

答案：错。

解析：中心安全员应分析安全监督工作存在的突出和重大问题，向调控机构领导汇报，并向各专业提出改进工作的建议。

353. 调控机构应每年制订安全生产教育培训计划，建立培训考核机制，定期培训，保证管理人员具有适应岗位要求的安全知识和安全技能。（　　）

答案：错。

解析：调控机构应每年制订安全生产教育培训计划，建立培训考核机制，定期培训，保证所有员工具有适应岗位要求的安全知识和安全技能。

354. 安全培训教育内容应至少包括《国家电网公司安全工作规定》《国家电网公司事故调查规程》《电力安全工作规程》等规程规定和事故案例，并结合调控运行特点和调控日常业务开展安全学习。（　　）

答案：对。

355. 调控机构新入职人员必须经处（科）安全教育、中心安全培训后方可进入专业处（科）开展工作，安全教育培训的主要内容应包括电力安全生产法律法规、技术标准、规章制度及调控机构制定的安全生产相关工作要求。（　　）

答案：错。

解析：调控机构新入职人员必须经处（科）安全教育、中心安全培训并经考试合格后方可进入专业处（科）开展工作，安全教育培训的主要内容应包括电力安全生产法律法规、技术标准、规章制度及调控机构制定的安全生产相关工作要求。

356. 调控机构新上岗调控运行人员必须经专业培训、现场实习后方可正式上岗，专业培训的主要形式包括发电厂和变电站现场实习、调度跟班实习、各专业轮岗学习、专业技术培训等。（　　）

答案：错。

解析：调控机构新上岗调控运行人员必须经专业培训、现场实习并经考试合格后方可正式上岗，专业培训的主要形式包括发电厂和变电站现场实习、调度跟班实习、各专业轮岗学习、专业技术培训等。

357. 调控机构应定期组织在岗人员的安全教育培训，对在岗人员开展有针对性的现场考问、技术问答、事故预想、反事故演习等培训工作。（　　）

答案：对。

358. 调控机构应加强在岗生产人员现场培训，熟悉现场设备及工作流程，调控运行、设备监控管理专业至少每年开展3次、其他专业至少每年开展2次。（　　）

答案：错。

解析：调控机构应加强在岗生产人员现场培训，熟悉现场设备及工作流程，调控运行、设备监控管理专业至少每年开展2次、其他专业至少每年开展1次。

359. 离开调控运行岗位2个月及以上的调控人员，应重新熟悉设备和系统运行方式，并经安全规程及业务考试合格后，方可重新开展调控运行工作。（　　）

答案：错。

解析：离开调控运行岗位3个月及以上的调控人员，应重新熟悉设备和系统运行方式，并经安全规程及业务考试合格后，方可重新开展调控运行工作。

360. 生产人员调换岗位，应当对其进行专门的安全教育和培训，经考试合格后，方可上岗。（　　）

答案：对。

361. 每两年应进行一次全员安全知识和安全规程制度考试，考试成绩应记入员工个人教育培训档案，不及格的应限期补考，合格后方可重新上岗。（　　）

答案：错。

解析：每年应进行一次全员安全知识和安全规程制度考试，考试成绩应记入员工个人教育培训档案，不及格的应限期补考，合格后方可重新上岗。

362. 对违反安全规章制度造成事故、严重未遂事故的责任者，应停止其业务工作，学习培训有关安全规章制度，领导批准后方可重新上岗。（　　）

答案：错。

解析：对违反安全规章制度造成事故、严重未遂事故的责任者，应停止其业务工作，学习培训有关安全规章制度，考试合格后方可重新上岗。

363. 调控机构人员应学会自救互救方法、疏散和现场紧急情况的处理，应熟练掌握触电现场急救方法，所有员工应掌握消防器材的使用方法。（　　）

答案：对。

364. 调控机构每年至少组织3次以上安全日活动，安全日活动由安全第一责任人主持，中心安全员协助，全体员工参加。（　　）

答案：错。

解析：调控机构每年至少组织2次以上安全日活动，安全日活动由安全第一责任人主持，中心安全员协助，全体员工参加。

365. 调控机构应定期召开季度安全分析会，会议由调控机构主任主持，相关专业人员参加，会后应下发会议纪要。（　　）

答案：错。

解析：季度安全分析会由调控机构安全生产第一责任人主持，相关专业人员参加，会后应下发会议纪要。

366. 调控机构应每周召开一次安全生产例会，相关专业人员参加，协调解决安全工作存在的问题，安排布置下周安全工作任务和要求。（　　）

答案：对。

367. 调控机构应执行迎峰度夏（冬、汛）、节假日及特殊保电时期等安全检查制度，根据季节性特点、检修时段，每年组织不少于两次调控系统安全专项检查。（　　）

答案：错。

解析：调控机构应执行迎峰度夏（冬、汛）、节假日及特殊保电时期等安全检查制度，根据季节性特点、检修时段，每年组织不少于一次调控系统安全专项检查。

368. 调控机构进行安全检查后，应结合当前的工作实际编制安全检查提纲，对检查出的问题要制订整改方案并督促落实。（　　）

答案：错。

解析：调控机构进行安全检查前，应结合当前的工作实际编制安全检查提纲，对检查出的问题要制订整改方案并督促落实。

369. 调控机构安全检查应结合季节安全生产特点，以查管理、查规程制度执行情况、查隐患、查安全措施落实情况为重点，从电网运行管理、二次设备管理（含安控、继电保护、调度自动化）、网厂（场）协调管理、技术监督、缺陷管理、应急预案制订，以及预防演练、迎峰度夏（冬、汛）准备情况等方面开展检查工作。（　　）

答案：对。

370. 调控机构安全检查应检查直调发电厂（场）运行管理、设备维护、电煤供应、应急处置等方面存在的问题和薄弱环节，重点检查影响电网安全运行的电厂公共环节（直流、母线、厂用电、电源）等。（　　）

答案：对。

371. 节假日及特殊保电等时期专项安全检查内容包含保电工作组织领导和工作制度执行情况。（　　）

答案：对。

372. 节假日及特殊保电等时期专项安全检查内容包含保电工作方案、事故处理预案、电网应急预案及备调运行管理情况。（　　）

答案：对。

373. 监督检查应坚持宣贯与打击，指导与考核相结合的原则。（　　）

答案：对。

374. 对发现的违章现象，必须立即指出，及时纠正，并下达处罚通知书，督促整改。（　　）

答案：错。

解析：对发现的违章现象，必须立即指出，及时纠正，并下达整改通知书，督促整改。

375. 监督检查可通过安全检查、专项监督、现场稽查进行，也可结合隐患排查、风险评估、事故分析、基层调研等进行。（　　）

答案：对。

376. 各单位应建立完善反违章监督检查标准，明确监督检查的流程、内容、要求，规范反违章监督检查工作。（　　）

答案：对。

377. 地市公司应建立作业信息网上公布制度，及时公布作业信息，明确作业任务、时间、人员、地点，利于领导干部和管理人员到岗到位的落实以及现场安全稽查工作的开展。（　　）

答案：对。

378. 各单位宜组织专门人员，配置专用交通工具和装备，开展安全稽查工作，建立安全稽查的常态机制。（　　）

答案：对。

379. 安全生产保障能力评估是电网安全管理工作的重要组成部分，是发挥调控系统应急体系和监督体系作用的重要体现。（　　）

答案：错。

解析：安全生产保障能力评估是电网安全管理工作的重要组成部分，是发挥调控系统保障体系和监督体系作用的重要体现。

380. 安全生产保障体系是反违章工作的监督主体。（　　）

答案：错。

解析：安全生产监督体系是反违章工作的监督主体。

381. 安全生产监督体系应制定完善反违章工作制度，组织开展并严格监督反违章工作，负责反违

章工作的考核评估，定期分析通报反违章工作，提出改进措施。（　　）

答案：对。

382. 生产工区、专业所、车间、县供电企业（以下简称工区）是反违章工作的实施主体。应严格按照规章制度开展生产活动，强化作业安全管理，严厉打击违章。（　　）

答案：对。

383. 班组是反违章工作的执行主体，自觉遵章守纪，严格执行标准化作业，开展自查自纠反违章，把违章现象消灭在萌芽状态。（　　）

答案：对。

384. 坚持“安全第一、预防为主”的方针，加强调控系统安全管理，在对突发事件的应急处置中突出对大面积停电事件的预防和控制，防止发生电网事故。（　　）

答案：错。

解析：坚持“安全第一、预防为主、综合治理”的方针，加强调控系统安全管理，在对突发事件的应急处置中突出对大面积停电事件的预防和控制，防止发生电网事故。

385. 按照“统一调度、分级管理”的原则，各级调控中心应在公司处置电网大面积停电应急领导小组的统一指挥下，开展大面积停电事件的应急处置工作。（　　）

答案：对。

386. 根据电网结构、调度管辖范围和监控范围，调控中心应建立统一协调的大面积停电事件预防和处置体系，制订相应电网的“黑启动”预案，保障电网在大面积停电事件发生后尽快恢复供电。（　　）

答案：对。

387. 调控中心应建立收集、处理和汇报各种电网运行突发事件信息的应急机制，确保突发事件信息传递的及时、准确。（　　）

答案：对。

388. 调控中心应快速反应、先期处置，充分发挥大运行体系下电网调控优势，建立健全“左右联动、区域协作”的快速响应机制，加强沟通协调，整合应急资源，协同开展电网大面积停电事件处置工作。（　　）

答案：错。

解析：调控中心应快速反应、先期处置，充分发挥大运行体系下电网调控优势，建立健全“上下联动、区域协作”的快速响应机制，加强沟通协调，整合应急资源，协同开展电网大面积停电事件处置工作。

389. 调控运行交接班应按照调控中心规定的时间在休息场所进行。（　　）

答案：错。

解析：交接班应按照调控中心规定的时间在值班场所进行。（　　）

390. 调度、监控业务融合的地调、县调可由接班值调控值长主持，同时完成，调度、监控业务交接班。

答案：错。

解析：调度、监控业务融合的地调、县调可由交班值调控值长主持，同时完成，调度、监控业务交接班。

391. 调控中心安全专责应落实安全第一责任人安全生产责任制，坚持“党政同责、一岗双责、齐抓共管”安全工作要求，组织制定中心年度安全生产目标及保证实现安全目标的重点工作措施，组织逐级签订安全责任书。（　　）

答案：错。

解析：调控中心主任和总支书记应落实安全第一责任人安全生产责任制，坚持“党政同责、一岗双责、齐抓共管”安全工作要求，组织制定中心年度安全生产目标及保证实现安全目标的重点工作措施，组织逐级签订安全责任书。

392. 调控中心主任每月主持召开中心安全分析例会，每日参加公司安全生产日例会，中心主任出差或请假期间，总支书记参加日例会。(　　)

答案：对。

393. 中心主任和总支书记每周常态安排半天时间，开展安全监督。加强对调控机构主要业务进行监督，包括调度控制操作票、检修工作申请票、保护定值单、调控电话录音、调控及自动化值班日志等进行监督抽查。对发现的问题及时要求相关处室（班组）进行整改，并安排中心安全监督人员监督整改过程。(　　)

答案：对。

394. 中心主任每周安排半天时间，对分管的主要业务，包括调度控制操作票、检修工作申请票、保护定值单、调控电话录音、调控及自动化值班日志等进行监督抽查，并不定期互查其他副主任分管业务，对发现的问题及时要求相关处室（班组）进行整改，并安排中心安全监督人员监督整改过程。(　　)

答案：错。

解析：中心副主任每周安排半天时间，对分管的主要业务，包括调度控制操作票、检修工作申请票、保护定值单、调控电话录音、调控及自动化值班日志等进行监督抽查，并不定期互查其他副主任分管业务，对发现的问题及时要求相关处室（班组）进行整改，并安排中心安全监督人员监督整改过程。

395. 各专业处室处长（副处长）和安全员，应根据安全生产目标，明确各自岗位的安全职责，加强对本专业主要业务监督工作。(　　)

答案：对。

396. 发生误调度、误操作、误校验、误接线、误碰、触电等一切人员直接责任事故，调度值班人员和发电厂值长应立即上报省市调。(　　)

答案：对。

397. 重瓦斯或差动保护之一动作跳闸，未查明原因和消除故障之前不得强送。(　　)

答案：对。

398. 监控员操作前，未仔细核对遥控对象，属于一般违章。(　　)

答案：错。

解析：监控员操作前，未仔细核对遥控对象，属于严重违章。

399. 主备调调度技术支持系统应保持同步运行、同步升级改造，确保电网模型和信息一致。(　　)

答案：对。

400. 交接班人员双方一致认为交接清楚后，交接班双方应在交接班记录中各自签名，交接班工作才算正式结束。(　　)

答案：对。

401. 变压器瓦斯保护是反映变压器油箱内各种故障的主保护。(　　)

答案：对。

402. 继电保护“三误”是指误操作、误接线、误整定。(　　)

答案：错。

解析：继电保护“三误”是指误碰、误接线、误整定。

403. 自动化子站设备是指变电站、开关站、牵引站、换流站、火电厂、水电厂、核电厂、风电场、光伏电站等各类厂站的自动化系统和设备。(　　)

答案：对。

404. 运行中的调度自动化系统和设备出现异常情况均列为缺陷，根据威胁安全的程度，分为紧急缺陷、重大缺陷和一般缺陷。（　　）

答案：错。

解析：运行中的调度自动化系统和设备出现异常情况均列为缺陷，根据威胁安全的程度，分为紧急缺陷、重要缺陷和一般缺陷。

405. 由于自动化系统原因导致电网发生《国家电网公司安全事故调查规程》中规定的5～7级事件，应立即向上级电力调度机构汇报。（　　）

答案：对。

第五章　电网安全风险和隐患管理

406. 在认定隐患可能造成发电厂或者变电站全厂（站）对外停电事故（事件）时，不考虑其可能对电网造成的电压波动。（　　）

答案：对。

407. 隐患可能造成的财产损失费用，包括固定资产损失，或者为恢复其功能所产生的备品备件、材料、人工、运输、清理等费用，以及事故罚款、赔偿费用等。（　　）

答案：对。

408. 为贯彻“安全第一、预防为主、综合治理”方针，规范安全生产事故隐患排查治理工作，建立长效机制，根据国家相关法律法规和国家电网公司有关规程及规定，制定了《国家电网公司安全隐患排查治理管理办法》。（　　）

答案：对。

409. 安全隐患排查治理是企业管理的重要内容，按照“谁主管、谁负责”和“全覆盖、勤排查、快治理”的原则，明确责任主体，落实职责分工，实行分级分类管理，做好全过程闭环管控。（　　）

答案：对。

410. 安全隐患是指安全风险程度较低，但是可能导致事故发生的作业场所、设备设施、电网运行的不安全状态、人的不安全行为和安全管理方面的缺失。（　　）

答案：错。

解析：安全隐患是指安全风险程度较高，可能导致事故发生的作业场所、设备设施、电网运行的不安全状态、人的不安全行为和安全管理方面的缺失。

411. 根据可能造成的事故后果，安全隐患分为Ⅰ级重大事故隐患、Ⅱ级重大事故隐患、一般事故隐患三个等级。（　　）

答案：错。

解析：根据可能造成的事故后果，安全隐患分为Ⅰ级重大事故隐患、Ⅱ级重大事故隐患、一般事故隐患和安全事件隐患四个等级。

412. “Ⅰ级重大事故隐患和Ⅱ级重大事故隐患”合称“较大事故隐患”。（　　）

答案：错。

解析：“Ⅰ级重大事故隐患和Ⅱ级重大事故隐患”合称“重大事故隐患”。

413. 1～2 级人身、电网或设备事件属于Ⅰ级重大事故隐患。（　　）

答案：对。

414. 水电站大坝溃决事件属于Ⅰ级重大事故隐患。（　　）

答案：对。

415. 特大交通事故，特大或重大火灾事故属于Ⅱ级重大事故隐患。（　　）

答案：错。

解析：特大交通事故，特大或重大火灾事故属于Ⅰ级重大事故隐患。

416. 3 级设备事件，或 4 级设备事件中造成 100 万元以上直接经济损失的设备事件，或造成水电站大坝漫坝、结构物或边坡垮塌、泄洪设施或挡水结构不能正常运行事件属于Ⅱ级重大事故隐患。（　　）

答案：对。

417. 3级设备事件，或4级设备事件中造成50万元以下直接经济损失的设备事件，或造成水电站大坝漫坝、结构物或边坡垮塌、泄洪设施或挡水结构不能正常运行事件属于Ⅱ级重大事故隐患。（　　）

答案：错。

解析：3级设备事件，或4级设备事件中造成100万元以上直接经济损失的设备事件，或造成水电站大坝漫坝、结构物或边坡垮塌、泄洪设施或挡水结构不能正常运行事件属于Ⅱ级重大事故隐患。

418. 重大飞行事故属于Ⅱ级重大事故隐患。（　　）

答案：对。

419. 6级信息系统事件属于Ⅱ级重大事故隐患。（　　）

答案：错。

解析：5级信息系统事件属于Ⅱ级重大事故隐患。

420. 5～8级人身事件属于一般事故隐患。（　　）

答案：对。

421. 一般飞行事故属于一般事故隐患。（　　）

答案：对。

422. 7级电网或设备事件属于安全事件隐患。（　　）

答案：错。

解析：8级电网或设备事件属于安全事件隐患。

423. 通用航空事故征候、航空器地面事故征候属于安全事件隐患。（　　）

答案：对。

424. 安全隐患与设备缺陷差别不大。（　　）

答案：错。

解析：安全隐患与设备缺陷有延续性又有区别。

425. 超出设备缺陷管理制度规定的消缺周期仍未消除的设备危急缺陷和严重缺陷，即为安全隐患。（　　）

答案：对。

426. 对规定的一个消缺周期内的设备缺陷应纳入安全隐患管理，并由各级单位按照设备缺陷管理规定和工作流程处置。（　　）

答案：错。

解析：对规定的一个消缺周期内的设备缺陷不纳入安全隐患管理，仍由各级单位按照设备缺陷管理规定和工作流程处置。

427. 安全隐患划分为电网设计、输电、变电、配电、发电、电网规划、电力建设、信息通信、环境保护、交通、消防、装备制造、新能源、安全保卫、后勤和其他共十六大类进行统计。（　　）

答案：错。

解析：安全隐患划分为电网运行及二次系统、输电、变电、配电、发电、电网规划、电力建设、信息通信、环境保护、交通、消防、装备制造、煤矿、安全保卫、后勤和其他共十六大类进行统计。

428. 安全隐患等级实行静态管理。（　　）

答案：错。

解析：安全隐患等级实行动态管理。

429. 根据“统一领导、落实责任、分级管理、分类指导、全员参与”的要求，公司建立总部、分部、省、地市和县公司级单位组成的五级隐患排查治理工作机制。（　　）

答案：错。

解析：根据“统一领导、落实责任、分级管理、分类指导、全员参与”的要求，公司建立总部分部、省、地市和县公司级单位组成的四级隐患排查治理工作机制。

430. 安全隐患所在单位是安全隐患排查、治理和防控的责任主体。(　　)

答案：对。

431. 总部隐患排查治理工作职责之一：组织跨区电网建设、运行重大事故隐患的排查治理，保证资金投入。(　　)

答案：对。

432. 分部隐患排查治理工作职责之一：对区域电网内主网架结构性缺陷，或主设备普遍性问题的隐患组织排查、评估、定级、治理方案制定，明确治理责任主体，并督促实施。协助总部开展跨区、跨省重要输电线路和枢纽变电站（换流站）隐患排查治理。(　　)

答案：对。

433. 省公司级单位隐患排查治理的主要职之一：按照公司总部分部委托范围，具体负责受委托运行维护的跨区电网隐患排查治理。(　　)

答案：对。

434. 县公司级单位隐患排查治理的主要职责之一：结合设备运维、监测、试验或检修、施工等日常工作排查安全隐患。(　　)

答案：错。

解析：班组、乡镇供电所的主要职责之一：结合设备运维、监测、试验或检修、施工等日常工作排查安全隐患。

435. 隐患排查治理应纳入日常工作中，按照“排查（发现）—分析辨识—评估报告—治理（控制）—验收销号”的流程形成闭环管理。(　　)

答案：错。

解析：隐患排查治理应纳入日常工作中，按照“排查（发现）—评估报告—治理（控制）—验收销号”的流程形成闭环管理。

436. 排查范围应包括所有与生产经营相关的安全责任体系、管理制度、场所、环境、人员、设备设施和活动等。(　　)

答案：对。

437. 排查方式主要有：电网年度和临时运行方式分析；各类安全性评价或安全标准化查评；各级各类安全检查；各专业结合年度、阶段性重点工作和“二十四节气表”组织开展的专项隐患排查等。(　　)

答案：对。

438. 排查方案编制应依据有关安全生产法律、法规或者设计规范、技术标准及企业的安全生产目标等，确定排查目的、参加人员、排查内容、排查时间、排查安排、排查记录要求等内容。(　　)

答案：对。

439. 安全隐患的等级由隐患所在单位按照分析、预评估、评估、认定四个步骤确定。(　　)

答案：错。

解析：安全隐患的等级由隐患所在单位按照预评估、评估、认定三个步骤确定。

440. 重大事故隐患由省公司级单位或总部相关职能部门认定。(　　)

答案：对。

441. 一般事故隐患由地市公司级单位认定。(　　)

答案：对。

442. 安全事件隐患由地市公司级单位的二级机构或县公司级单位认定。(　　)

答案：对。

443. 地市公司级单位评估判断存在重大事故隐患后应按照管理关系以电话、传真、电子邮件或信息系统等形式立即上报省公司级单位的专业职能部门和安全监察部门，并于 48 小时内将详细内容报送省公司级单位专业职能部门核定。（ ）

答案：错。

解析：地市公司级单位评估判断存在重大事故隐患后应按照管理关系以电话、传真、电子邮件或信息系统等形式立即上报省公司级单位的专业职能部门和安全监察部门，并于 24 小时内将详细内容报送省公司级单位专业职能部门核定。

444. 地市级单位对主网架结构性缺陷、主设备普遍性问题，以及由于重要枢纽变电站、跨多个地市公司级单位管辖的重要输电线路处于检修或切改状态造成的隐患进行评估，确定等级。（ ）

答案：错。

解析：省公司级单位对主网架结构性缺陷、主设备普遍性问题，以及由于重要枢纽变电站、跨多个地市公司级单位管辖的重要输电线路处于检修或切改状态造成的隐患进行评估，确定等级。

445. 安全隐患一经确定，隐患所在单位应立即采取防止隐患发展的控制措施，防止事故发生，同时根据隐患具体情况和急迫程度，及时制定治理方案或措施，抓好隐患整改，按计划消除隐患，防范安全风险。（ ）

答案：对。

446. 重大事故隐患治理应制定治理方案，由省公司级单位专业职能部门负责或其委托地市公司级单位编制，省公司级单位审查批准，在核定隐患后 15 天内完成编制、审批。（ ）

答案：错。

解析：重大事故隐患治理应制定治理方案，由省公司级单位专业职能部门负责或其委托地市公司级单位编制，省公司级单位审查批准，在核定隐患后 30 天内完成编制、审批。

447. 重大事故隐患治理方案不要求包括隐患的现状及其产生原因。（ ）

答案：错。

解析：重大事故隐患治理方案包括隐患的现状及其产生原因。

448. 重大事故隐患治理方案应包括：隐患的现状及其产生原因；隐患的危害程度和整改难易程度分析；治理的目标和任务；采取的方法和措施；经费和物资的落实；负责治理的机构和人员；治理的时限和要求；防止隐患进一步发展的安全措施和应急预案。（ ）

答案：对。

449. 一般事故隐患治理应制定治理方案或管控（应急）措施，由地市公司级单位负责在审定隐患后 10 天内完成。（ ）

答案：错。

解析：一般事故隐患治理应制定治理方案或管控（应急）措施，由地市公司级单位负责在审定隐患后 15 天内完成。

450. 安全事件隐患应制定治理措施，由地市公司级单位二级机构或县公司级单位在隐患认定后 2 周内完成，地市公司级单位有关职能部门予以配合。（ ）

答案：错。

解析：安全事件隐患应制定治理措施，由地市公司级单位二级机构或县公司级单位在隐患认定后 1 周内完成，地市公司级单位有关职能部门予以配合。

451. 安全隐患治理应结合电网规划和年度电网建设、技改、大修、专项活动、检修维护等进行，做到责任、措施、资金、项目和应急预案“五落实”。（ ）

答案：错。

解析：安全隐患治理应结合电网规划和年度电网建设、技改、大修、专项活动、检修维护等进行，做到责任、措施、资金、期限和应急预案“五落实”。

452. 未能按期治理消除的重大事故隐患，经重新评估仍确定为重大事故隐患的不需要重新制定治

理方案。（　　）

答案：错。

解析：未能按期治理消除的重大事故隐患，经重新评估仍确定为重大事故隐患的须重新制定治理方案，进行整改。

453. 对经过治理、危险性确已降低、虽未能彻底消除但重新评估定级降为一般事故隐患的，经省公司级单位核定可划为一般事故隐患进行管理，在重大事故隐患中销号，省公司级单位可以不再跟踪。（　　）

答案：错。

解析：对经过治理、危险性确已降低、虽未能彻底消除但重新评估定级降为一般事故隐患的，经省公司级单位核定可划为一般事故隐患进行管理，在重大事故隐患中销号，但省公司级单位要动态跟踪直至彻底消除。

454. 未能按期治理消除的一般事故隐患或安全事件隐患，应重新进行评估，依据评估后的等级重新填写“重大（一般事故或安全事件）隐患排查治理档案表”，重新编号，并保存原有编号。（　　）

答案：错。

解析：未能按期治理消除的一般事故隐患或安全事件隐患，应重新进行评估，依据评估后的等级重新填写“重大（一般事故或安全事件）隐患排查治理档案表”，重新编号，原有编号销除。

455. 隐患治理完成后，隐患所在单位应及时报告有关情况、申请验收。（　　）

答案：对。

456. 省公司级单位组织对一般事故隐患治理结果和相关规定的安全隐患进行验收。（　　）

答案：错。

解析：省公司级单位组织对重大事故隐患治理结果和相关规定的安全隐患进行验收。

457. 地市公司级单位组织对重大事故隐患治理结果进行验收。（　　）

答案：错。

解析：地市公司级单位组织对一般事故隐患治理结果进行验收。

458. 县公司级单位或地市公司级单位二级机构组织对一般事故隐患治理结果进行验收。（　　）

答案：错。

解析：县公司级单位或地市公司级单位二级机构组织对安全事件隐患治理结果进行验收。

459. 事故隐患治理结果验收应在提出申请后 7 天内完成。（　　）

答案：错。

解析：事故隐患治理结果验收应在提出申请后 10 天内完成。

460. 重大事故隐患治理应有书面验收报告，并由专业部门定稿后 5 天内抄送省公司级单位安全监察部门备案，受委托管理设备单位应在定稿后 3 天内抄送委托单位相关职能部门和安全监察部门备案。（　　）

答案：错。

解析：重大事故隐患治理应有书面验收报告，并由专业部门定稿后 3 天内抄送省公司级单位安全监察部门备案，受委托管理设备单位应在定稿后 5 天内抄送委托单位相关职能部门和安全监察部门备案。

461. 隐患所在单位对已消除并通过验收的应销号，整理相关资料，妥善存档；具备条件的应将书面资料扫描后上传至信息系统存档。（　　）

答案：对。

462. 省、地市和县公司级单位应开展定期评估，全面梳理、核查各级各类安全隐患，做到准确无误，对隐患排查治理工作进行评估。（　　）

答案：对。

463. 由于电网限制或供电能力不足导致的安全隐患，纳入供电企业安全隐患进行闭环管理。（　　）

答案：对。

464. 由于用户原因导致电网存在的安全隐患，由地市或县公司级单位负责以安全隐患通知书的形式告知用户，不需向政府有关部门报告，督促用户整改，并将安全隐患纳入闭环管理，采取技术或管理措施防止对电网造成影响。（　　）

答案：错。

解析：由于用户原因导致电网存在的安全隐患，由地市或县公司级单位负责以安全隐患通知书的形式告知用户，同时向政府有关部门报告，督促用户整改，并将安全隐患纳入闭环管理，采取技术或管理措施防止对电网造成影响。

465. 用户自身存在供用电安全隐患，由地市或县公司级单位负责以安全隐患通知书的形式告知产权单位，提出整改要求，告知安全责任，做好签收记录，不需向政府有关部门报告。（　　）

答案：错。

解析：用户自身存在供用电安全隐患，由地市或县公司级单位负责以安全隐患通知书的形式告知产权单位，提出整改要求，告知安全责任，做好签收记录，同时向政府有关部门报告，积极督促整改。

466. 因计划检修、临时检修和特殊方式等使电网运行方式变化而引起的电网运行隐患风险，由相应安监部门发布预警通告，相关部门制订应急预案。（　　）

答案：错。

解析：因计划检修、临时检修和特殊方式等使电网运行方式变化而引起的电网运行隐患风险，由相应调度部门发布预警通告，相关部门制订应急预案。

467. 电网运行方式变化构成重大事故隐患，电网设备部门应将有关情况通告同级安全监察部门和相关部门。（　　）

答案：错。

解析：电网运行方式变化构成重大事故隐患，电网调度部门应将有关情况通告同级安全监察部门和相关部门。

468. 接到隐患预警通告后，涉及电网、人身和设备安全管理的责任单位应立即采取管控、防范或治理措施，做到有效降低隐患风险，保障作业人员和电网及设备运行安全，并将措施落实情况报告相关部门。（　　）

答案：对。

469. 隐患预警工作结束后，发布单位应及时通告解除预警。（　　）

答案：对。

470. 重大事故隐患需逐级统计、上报至公司总部；一般事故和安全事件隐患由地市公司级单位统计、上报至省公司级单位，省公司级单位汇总后报公司总部备案。（　　）

答案：错。

解析：重大事故隐患和一般事故隐患需逐级统计、上报至公司总部；安全事件隐患由地市公司级单位统计、上报至省公司级单位，省公司级单位汇总后报公司总部备案。

471. 安全隐患信息报送执行零报告制度。（　　）

答案：对。

472. 分部、省、地市和县公司级单位应运用安全隐患管理生产系统，做到“一患一档”。（　　）

答案：错。

解析：分部、省、地市和县公司级单位应运用安全隐患管理信息系统，做到“一患一档”。

473. 隐患档案应包括以下信息：隐患简题、隐患来源、隐患内容、隐患编号、隐患所在单位、专业分类、归属职能部门、评估等级、整改期限、整改完成情况等。（　　）

答案：对。

474. 隐患排查治理过程中形成的传真、会议纪要、正式文件、治理方案、验收报告等也应归入隐患档案。上述档案的电子文档不需录入安全隐患管理信息系统。（　　）

答案：错。

解析：隐患排查治理过程中形成的传真、会议纪要、正式文件、治理方案、验收报告等也应归入隐患档案。上述档案的电子文档应及时录入安全隐患管理信息系统。

475. 隐患排查治理工作执行上级对下级监督，同级间安全生产监督体系对安全生产保证体系进行监督的督办机制。（　　）

答案：对。

476. 安全隐患实行逐级挂牌督办制度。（　　）

答案：对。

477. 分部、省公司级单位对重大事故隐患实施挂牌督办，地市公司级单位对一般事故隐患实施挂牌督办，县公司级单位及地市公司级单位其他二级机构对安全事件隐患实施挂牌督办，指定专人管理、督促整改。（　　）

答案：对。

478. 分部、省公司、地市公司和县公司级单位安全监察部门根据掌握的隐患信息情况，以《安全监督通知书》形式进行督办。定期对隐患排查治理情况进行检查并及时通报。（　　）

答案：对。

479. 承担安全生产专业管理、设备主人和监督监察职能的组织和个人，对其职责范围内发现的安全隐患进行举报的，不属于《国网安徽省电力有限公司重大安全生产隐患举报奖惩办法（试行）》奖励范围。（　　）

答案：对。

480. 任何人员发现重大安全生产隐患后，有权选择向公司任意一级调控部门举报。（　　）

答案：错。

解析：任何人员发现重大安全生产隐患后，有权选择向公司任意一级安质部门举报。

481. 约时停送电属于Ⅰ类重大安全生产隐患。（　　）

答案：对。

482.《电力安全事故应急处置和调查处理条例》规定，供电企业确定的重要电力用户，应当按照国务院电力监管机构的规定配置自备应急电源，并加强安全使用管理。（　　）

答案：错。

解析：《电力安全事故应急处置和调查处理条例》规定，县级以上地方人民政府有关部门确定的重要电力用户，应当按照国务院电力监管机构的规定配置自备应急电源，并加强安全使用管理。

483.《电力安全事故应急处置和调查处理条例》规定，事故发生后，有关单位和人员应当妥善保护事故现场及工作日志、工作票、操作票等相关材料，及时保存故障录波图、电力调度数据、发电机组运行数据和输变电设备运行数据等相关资料，并移交事故检查组。（　　）

答案：错。

解析：《电力安全事故应急处置和调查处理条例》规定，事故发生后，有关单位和人员应当妥善保护事故现场及工作日志、工作票、操作票等相关材料，及时保存故障录波图、电力调度数据、发电机组运行数据和输变电设备运行数据等相关资料，并在事故调查组成立后将相关材料、资料移交事故调查组。

484.《电力安全事故应急处置和调查处理条例》规定，事故可能导致破坏电力系统稳定和电网大面积停电的，电力调度机构有权决定采取拉限负荷、解列电网、解列发电机组等必要措施。（　　）

答案：对。

485. 在电力系统规划工作中，应考虑电力系统的安全稳定问题，研究建设结构合理的电源和电网及相应的继电保护、稳定控制、通信、自动化等二次系统，计算分析远景系统的稳定性能，在确定输电线路或输电断面的送电能力时，应计算其稳定水平，并留有一定裕度。(　　)

答案：对。

486.《电力系统安全稳定导则》规定：电力企业、电力用户及电力市场相关参与单位对影响电力系统稳定运行的参数定值设置必须经电网调度机构的审核。(　　)

答案：对。

487.《电力系统安全稳定导则》规定：根据电力系统安全需要，用户应配合落实事故限负荷、稳定控制集中切负荷、低频减负荷、低压减负荷相关措施。重要用户应配置保安电源和应急电源，在电力系统停电期间保证自身持续供电。(　　)

答案：对。

488.《国家电网公司安全事故调查规程》适用的公司系统各单位包括直属、全资、控股、管理的单位（含公司系统代管的单位和集体企业等）。(　　)

答案：对。

489. 造成其他设区的县域电网减供负荷20%以上40%以下，或者30%以上50%以下供电用户停电者为一般电网事故（四级电网事件）。(　　)

答案：错。

解析：造成其他设区的市电网减供负荷20%以上40%以下，或者30%以上50%以下供电用户停电者为一般电网事故（四级电网事件）。

490. 造成电网负荷150兆瓦以上的县级市电网减供负荷40%以上60%以下，或者50%以上70%以下供电用户停电者为一般电网事故（四级电网事件）。(　　)

答案：对。

491. 造成电网负荷150兆瓦以下的县级市电网减供负荷40%以上，或者50%以上供电用户停电者为一般电网事故（四级电网事件）。(　　)

答案：对。

492. 未构成一般以上电网事故（四级以上电网事件），造成电网减供负荷100兆瓦以上者定为五级电网事件。(　　)

答案：对。

493. 未构成一般以上电网事故（四级以上电网事件），变电站内220千伏以上任一电压等级母线计划全停定为五级电网事件。(　　)

答案：错。

解析：未构成一般以上电网事故（四级以上电网事件），变电站内220千伏以上任一电压等级母线非计划全停定为五级电网事件。

494. 未构成一般以上电网事故（四级以上电网事件），220千伏以上系统中，一次事件造成同一变电站内两台以上主变跳闸定为五级电网事件。(　　)

答案：对。

495. 未构成一般以上电网事故（四级以上电网事件），地市级以上地方人民政府有关部门确定的特级或一级重要电力用户电网侧供电全部中断定为五级电网事件。(　　)

答案：对。

496. 未构成五级以上电网事件，造成电网减供负荷40兆瓦以上100兆瓦以下者定为六级电网事件。(　　)

答案：对。

497. 未构成五级以上电网事件，变电站内110千伏（含66千伏）母线非计划全停定为六级电网

事件。（　　）

答案：对。

498. 未构成五级以上电网事件，一次事件造成同一变电站内两台以上 110 千伏（含 66 千伏）主变跳闸定为六级电网事件。（　　）

答案：对。

499. 未构成五级以上电网事件，220 千伏（含 330 千伏）系统中，一次事件造成同一变电站内两条以上母线或同一输电断面两回以上线路同时停运定为六级电网事件。（　　）

答案：对。

500. 未构成五级以上电网事件，220 千伏以上线路、母线失去主保护定为六级电网事件。（　　）

答案：对。

501. 未构成五级以上电网事件，装机总容量 200 兆瓦以上 1000 兆瓦以下的发电厂因安全故障造成全厂对外停电定为六级电网事件。（　　）

答案：对。

502. 未构成五级以上电网事件，220 千伏（含 330 千伏）电压监视控制点电压偏差超出±5%，延续时间超过 30 分钟定为六级电网事件。（　　）

答案：对。

503. 未构成五级以上电网事件，地市级以上地方人民政府有关部门确定的二级重要电力用户电网侧供电全部中断定为六级电网事件。（　　）

答案：对。

504. 未构成六级以上电网事件，变电站内 35 千伏母线非计划全停定为七级电网事件。（　　）

答案：对。

505. 未构成六级以上电网事件，35 千伏以上输变电设备异常运行或被迫停止运行，并造成减供负荷者定为七级电网事件。（　　）

答案：对。

506. 未构成六级以上电网事件，220 千伏以上单一母线非计划停运定为七级电网事件。（　　）

答案：对。

507. 未构成六级以上电网事件，110 千伏（含 66 千伏）系统中，开关失灵、继电保护或自动装置不正确动作致使越级跳闸定为七级电网事件。（　　）

答案：对。

508. 未构成六级以上电网事件，110 千伏（含 66 千伏）变压器等主设备无主保护，或线路无保护运行定为七级电网事件。（　　）

答案：对。

509. 未构成六级以上电网事件，地市级以上地方人民政府有关部门确定的临时性重要电力用户电网侧供电全部中断定为七级电网事件。（　　）

答案：对。

510.《国家电网公司安全事故调查规程》规定，变电站变压器起火事故统计为火灾事故。（　　）

答案：错。

解析：电气设备发生电弧起火引燃绝缘（包括绝缘油）、油系统（不包括油罐）、制粉系统损坏起火等事件定为设备事故。

511.《国家电网公司安全事故调查规程》规定，发电厂由于燃煤（油）质量差、煤湿等原因，在一个运行班的值班时间内，发生多次灭火停炉、降低出力，可统计为一次事故。（　　）

答案：对。

512.《国家电网公司安全事故调查规程》规定，根据事故的具体情况，各级调度机构应发布开启

或者关停发电机组、调整发电机组有功和无功功率、调整电网运行方式、调整供电调度计划等电力调度命令。（　　）

答案：对。

513.《国家电网公司安全事故调查规程》规定，产权与运行管理相分离的，由运行管理单位组织调查，也可由资产所有单位组织调查。性质严重或涉及两个以上单位的设备事故，上级管理单位应指派安监人员和有关专业人员参加调查或组织调查。（　　）

答案：对。

514.《国家电网公司安全事故调查规程》规定，发生五级以上人身事故中断有责单位的安全记录。（　　）

答案：对。

515. 加强新能源厂（场）站并网安全管理，严格落实新能源厂（场）站入网检测要求，不满足并网条件的新能源厂（场）站可以先并网后检测。（　　）

答案：错。

解析：严禁不满足并网条件的新能源厂（场）站违规并网。

516.《中华人民共和国电力法》规定，电网运行实行分级调度，分级管理。任何单位和个人不得非法干预电网调度。（　　）

答案：错。

解析：《中华人民共和国电力法》规定，电网运行实行统一调度，分级管理。任何单位和个人不得非法干预电网调度。

517. 正常运行方式下的电力系统中任一元件（如线路、发电机、变压器等）无故障或因故障断开，电力系统应能保持稳定运行和正常供电，其他元件不过负荷，电压和频率均在允许范围内，这通常称为 N-1 原则。（　　）

答案：对。

518. 电力系统应有事故无功备用，无功电源中的事故备用容量，应主要储备于运行的发电机、调相机和动态无功补偿设备中，保证电力系统的稳定运行。（　　）

答案：对。

519. 在电压水平影响到电网安全时，调度控制机构有权采取限制负荷和解列机组、线路等措施。（　　）

答案：对。

520. 基本辅助服务是指为了保障电力系统安全稳定运行，保证电能质量，发电机组必须提供的辅助服务，包括一次调频、基本调峰、基本无功调节。（　　）

答案：对。

521. 局部（地区、站）电网电压的下降或升高，可采取改变有功与无功电力潮流的重新分配、改变运行方式、调整主变压器变比或改变网络参数等措施加以解决。（　　）

答案：对。

522. 电网运行电压超出规定值时，应采取调整发电机、调相机无功出力、投退并联电容器（或并联电抗器），调整可控高抗、SVC 容量等措施解决。（　　）

答案：对。

523. 现场工作要执行现场工作保安规定，不得在未做好安全措施的情况下开展工作。（　　）

答案：对。

524. 电网的频率特性取决于负荷频率特性和发电机频率特性。（　　）

答案：对。

525. 在电网运行中，所有有调整能力的发电机组都自动参与二次调频。（　　）

答案：错。

解析：在电网运行中，所有有调整能力的发电机组都自动参与一次调频。

526. 在电网运行中，所有有调整能力的发电机组都自动参与一次调频。(　　)

答案：对。

527. 当电力系统频率高于50.2兆赫时，按照电网调度机构指令降低光伏发电站有功功率，严重情况下切除整个光伏电站。(　　)

答案：对。

528. 风电场并网前所采用机型应取得国家电网公司认可的具有相应资质的检测机构的检测认证。(　　)

答案：对。

529. 发电厂的升压站不应作为系统枢纽站，也不应装设构成电磁环网的联络变压器。(　　)

答案：对。

530. 对集中开发的大型能源基地新能源项目，在开展接入系统设计之前，还应完成输电系统规划设计。(　　)

答案：对。

531. 并网电厂发电机组配置的频率异常、低励限制、定子过电压、定子低电压、失磁、失步等涉网保护定值应满足电力系统安全稳定运行的要求。(　　)

答案：对。

532. 电网应进行合理分区，分区电网应尽可能简化，有效限制短路电流。(　　)

答案：对。

533. 在高一级电压网络建设初期，暂不能消除的影响系统安全稳定运行的电磁环网，应采取必要的稳定控制措施，同时应采取后备措施限制系统稳定破坏事故的影响范围。(　　)

答案：对。

534. 电网联系较为薄弱的省级电网之间及区域电网之间宜采取手动解列等措施，防止一侧系统发生稳定破坏事故时扩展到另一侧系统。(　　)

答案：错。

解析：电网联系较为薄弱的省级电网之间及区域电网之间宜采取自动解列等措施，防止一侧系统发生稳定破坏事故时扩展到另一侧系统。

535. 加大规划阶段系统分析深度，在系统规划设计有关稳定计算中，发电机组均应采用详细模型，以正确反映系统动态特性。(　　)

答案：对。

536. 在规划设计阶段，对尚未有具体参数的规划机组，宜采用同容量机组的典型模型和参数。(　　)

答案：错。

解析：在规划设计阶段，对尚未有具体参数的规划机组，宜采用同类型、同容量机组的典型模型和参数。

537. 电网调度部门确定的电网运行控制极限值，应与计算极限值相同。(　　)

答案：错。

解析：电网调度部门确定的电网运行控制极限值，应按照相关规定在计算极限值的基础上留有一定的稳定储备。

538. 严格执行电网各项运行控制要求，严禁超运行控制极限值运行。(　　)

答案：对。

539. 电网一次设备故障后，应按照故障前方式电网运行控制的要求，尽快将相关设备的潮流（或

发电机出力、电压等）控制在规定值以内。（　　）

答案：错。

解析：电网一次设备故障后，应按照故障后方式电网运行控制的要求，尽快将相关设备的潮流（或发电机出力、电压等）控制在规定值以内。

540. 正常运行时，严禁220千伏及以上电压等级线路、变压器等设备无快速保护运行。（　　）

答案：对。

541. 母差保护临时退出时，应尽量减少无母差保护运行时间，并严格限制母线及相关元件的倒闸操作。（　　）

答案：对。

542. 受端系统枢纽厂站继电保护定值整定困难时，应侧重防止保护误动。（　　）

答案：错。

解析：受端系统枢纽厂站继电保护定值整定困难时，应侧重防止保护拒动。

543. 如因两侧系统短路容量相差较大，存在重合于永久故障时由于直流分量较大而导致断路器无法灭弧，需靠失灵保护动作延时切除故障的问题时，线路重合闸应选用一侧先重合，另一侧待对侧重合成功后再重合的方式。（　　）

答案：对。

544. 并入电网的发电机组应具备满负荷时功率因数在0.9（滞相）～0.97（进相）运行的能力，新建机组应满足进相0.95运行的能力。（　　）

答案：对。

545. 在电网薄弱地区或对动态无功有特殊需求的地区，发电机组应具备满负荷滞相0.85的运行能力。（　　）

答案：对。

546. 发电机自带厂用电运行时，进相能力应不低于0.98。（　　）

答案：错。

解析：发电机自带厂用电运行时，进相能力应不低于0.97。

547. 在基建阶段应完成AVC无功电压控制系统的联调和传动工作，并具备同步投产条件。AVC系统应先投入半闭环控制模式运行48小时，自动控制策略验证无误后改为闭环控制模式。（　　）

答案：对。

548. 电网主变压器最大负荷时高压侧功率因数不应低于0.95，最小负荷时不应高于0.95。（　　）

答案：对。

549. 对额定负荷大于等于100千伏安，且通过10千伏及以上电压等级供电的电力用户，在用电高峰时段变压器高压侧功率因数应不低于0.95。（　　）

答案：对。

550. 在电网运行时，当系统电压持续降低并有进一步恶化的趋势时，必须及时采取拉路限电等果断措施，防止发生系统电压崩溃事故。（　　）

答案：对。

551. 发电机励磁调节器［含电力系统稳定器（PSS）］须经有资质的检测中心入网检测合格，挂网试运行半年以上，形成入网励磁调节器软件版本，才能进入电网运行。（　　）

答案：对。

552. 发电机励磁系统应具备一定过负荷能力。（　　）

答案：对。

553. 具有孤岛/孤网风险的区域电网内水轮发电机调速器应具备孤网控制模式及切换开关，其控

制参数应委托相关单位开展仿真验证。（　　）

答案：对。

554. 50兆瓦及以上容量发电机变压器组应按双重化原则配置微机保护（非电量保护除外）。（　　）

答案：错。

解析：100兆瓦及以上容量发电机变压器组应按双重化原则配置微机保护（非电量保护除外）。

555. 发电机变压器组的断路器三相位置不一致保护不应启动失灵保护。（　　）

答案：错。

解析：发电机变压器组的断路器三相位置不一致保护应启动失灵保护。

556. 风电场、光伏发电站无功补偿设备的低电压、高电压穿越能力应不低于风电机组、光伏逆变器的穿越能力，支撑风电机组、光伏逆变器满足低电压、高电压穿越要求。（　　）

答案：对。

557. 风电场、光伏发电站应具备一次调频功能，并网运行时一次调频功能始终投入并确保正常运行，技术指标应满足《电力系统网源协调技术规范》（DL/T 1870—2018）的要求。（　　）

答案：对。

558. 风电机组、光伏逆变器因故障或脱网后不得自动并网，故障脱网的风电机组、光伏逆变器须经调控机构许可后并网。（　　）

答案：对。

559. 两套分列运行的站用交流电源系统，电源环路中应设置明显断开点，禁止合环运行。（　　）

答案：对。

560. 供电企业在与重要客户签订供用电合同时，当重要客户对电能质量的要求高于国家相关标准的，应明确要求其自行采取必要的技术措施。（　　）

答案：对。

561. 二级重要电力客户应具备双回路供电条件，供电电源可以来自同一个变电站。（　　）

答案：对。

562. 报废线路的“三跨”应予以拆除，退运线路的“三跨”应纳入正常运维范围。（　　）

答案：对。

563. 变压器冷却器每年应进行1～2次冲洗，并宜安排在大负荷来临前进行。（　　）

答案：对。

564. 安徽电网主网一级风险对应事故调查规程重大及以上电网事故（二级及以上电网事件）风险。（　　）

答案：对。

565. 安徽电网主网一级风险对应事故调查规程一般、较大电网事故（三级、四级电网事件）风险。（　　）

答案：错。

解析：安徽电网主网二级风险对应事故调查规程一般、较大电网事故（三级、四级电网事件）风险。

566. 地区电网和县级电网运行风险对应事故调查规程七级及以上电网事件风险，其中地区电网二级及以上和县级电网一级运行风险对应事故调查规程六级及以上电网事件风险。（　　）

答案：对。

567. 铁路牵引站站内设备利用凌晨不通车时段检修构成的铁路牵引站全停风险不列入电网风险。（　　）

答案：对。

568. 若设备计划停电检修使高危及重要用户、铁路牵引站等供电可靠性降低，由营销部门在停电检修前提前告知，取得用户确认后，就可开展停电检修工作。（　　）

答案：错。

解析：若设备计划停电检修使高危及重要用户、铁路牵引站等供电可靠性降低，由营销部门在停电检修前提前告知，取得用户书面回执确认后，才能开展停电检修工作。

569. 地区电网供电能力不足，需要有序用电 10%及以上属于六级电网事件风险。（　　）

答案：错。

解析：地区电网供电能力不足，需要有序用电 10%及以上属于五级电网事件风险。

570. 安徽电网实时运行备用有功功率不能满足规定的备用要求，需要有序用电属于五级电网事件风险。（　　）

答案：对。

571. 因电网设备停电检修，220 千伏及以上电网发生单一设备故障或同杆并架线路 N-2 故障，将导致 220 千伏铁路牵引站全停，属于五级电网事件风险。（　　）

答案：对。

572. 因电网设备停电检修，220 千伏及以上电网发生单一设备故障或同杆并架线路 N-2 故障，将导致局部电网解列、三个及以上 220 千伏变电站全停，属于五级电网事件风险。（　　）

答案：对。

573. 因电网设备停电检修，220 千伏及以上电网发生单一设备故障或同杆并架线路 N-2 故障，将导致一级重要用户全停，属于六级电网事件风险。（　　）

答案：错。

解析：因电网设备停电检修，220 千伏及以上电网发生单一设备故障或同杆并架线路 N-2 故障，将导致一级重要用户全停，属于五级电网事件风险。

574. 对省调控中心下发的五级及以上主网风险，当由运检类工作引起五级电网风险时，由设备运维单位运检部牵头组织设备运维单位制定风险防控措施及应急处置预案，经审核后报省公司安监部、运检部、调控中心备案。（　　）

答案：对。

575. 电网运行风险预警规定：需要启动有序用电的，由调度部门下达有序用电通知给营销部门，由营销部门根据调度要求制订相关有序用电方案，报调度部门。（　　）

答案：对。

576. 安徽电网主网运行风险预警实行分级签发制度。（　　）

答案：对。

577. 安徽电网主网运行风险预警实行分级签发制度，五级电网风险预警由协管副总师签发。（　　）

答案：对。

578. 安徽电网主网运行风险预警实行分级签发制度，四级电网风险预警由公司协管副总师审核，公司分管领导签发。（　　）

答案：对。

579. 安徽电网主网运行风险预警实行分级签发制度，三级及以上电网风险预警由公司分管领导审核，公司总经理签发。（　　）

答案：对。

580. 地市公司（含省检修公司、省送变电公司）四级电网风险预警由市公司分管副总审核，市公司总经理签发。（　　）

答案：错。

解析：地市公司（含省检修公司、省送变电公司）五级电网风险预警由市公司分管副总审核，市公司总经理签发。

581. 重要用户可以列入电网拉限电序位表。（　　）

答案：错。

解析：重要用户不得列入电网拉限电序位表。

582. 重要用户并网前，各市县公司依据调度管辖范围必须与其签订统一规范的调度协议。（　　）

答案：对。

583. 重要用户合环倒电可以不汇报所辖调控部门直接操作。（　　）

答案：错。

解析：重要用户合环倒电应汇报所辖调控部门，经许可后方可操作。

584. 若因电网检修工作安排降低了重要用户供电可靠性的，各市县调控机构应按风险大小程度，发布电网风险预警通知单或书面告知营销部门，要求重要用户做好防范应急措施。（　　）

答案：对。

585. 重要用户故障及异常处置范围划分，与调度管辖范围划分一致。（　　）

答案：对。

586. 煤矿等特定重要用户供电电源发生故障停电时，各市县调控机构可不待检查立即进行故障线路试送，尽量缩短煤矿等特定重要用户停电时间，最大限度地减少停电影响。（　　）

答案：对。

587. 重要用户发生停电后，各市县公司必须在 30 分钟内汇报省调。（　　）

答案：错。

解析：重要用户发生停电后，各市县公司必须在 15 分钟内汇报省调。

588.《国网安徽省电力公司电网运行风险预警管控工作规范》规定：对涉及单一专业的各级调度管辖范围电网七级风险，在制定并落实可靠的专业管控措施前提下，可以不专门发布预警。（　　）

答案：对。

589. 省公司电网运行风险预警发布条件包括设备停电造成接入 220 千伏及以上电网的二级重要客户单电源供电（用户设备工作导致的单电源风险除外）。（　　）

答案：错。

解析：省公司电网运行风险预警发布条件包括设备停电造成接入 220 千伏及以上电网的一级重要客户单电源供电（用户设备工作导致的单电源风险除外）。

590. 地市公司电网运行风险预警发布条件包括设备停电期间，220 千伏及以下一条线路或一段母线或一台主变或同杆并架线路（30％以上同杆）故障，可能发生七级以上电网事件。（　　）

答案：对。

591. 地市公司电网运行风险预警发布条件包括设备停电期间局部电网供电能力不足。（　　）

答案：对。

592. 地市公司电网运行风险预警发布条件包括设备停电造成接入 110 千伏及以下电网的二级及以上重要客户单电源供电。（　　）

答案：对。

593. “预警通知单”执行部门会签和审批制度，调控部门编制完成并送相关部门会签后，提交上级调度审批。（　　）

答案：错。

解析：“预警通知单”执行部门会签和审批制度，调控部门编制完成并送相关部门会签后，提交本单位领导审批。

594. 三级以上电网风险预警，由省公司行政正职审核批准。（　　）

答案：对。

595. 四级风险电网预警，由省公司分管副职审核批准。（　　）

答案：对。

596. 地市公司五级电网风险预警由本单位行政正职审核批准。（　　）

答案：对。

597. 六级电网风险预警由本单位分管副职审核批准。（　　）

答案：对。

598. 地市公司五级电网风险预警由本单位分管副职审核批准。（　　）

答案：错。

解析：地市公司五级电网风险预警由本单位行政正职审核批准。

599. “预警通知单”由安监部门发布，并在预警管控系统挂网。（　　）

答案：错。

解析：“预警通知单”由各级调度部门发布，并在预警管控系统挂网。

600. 预警发布应预留合理时间，“预警通知单”宜在工作实施前36小时发布，四级以上“预警通知单”宜在工作实施3个工作日前发布。（　　）

答案：对。

601. 输变电设备紧急缺陷或异常、自然灾害、外力破坏等突发事件引发的电网运行风险，达到预警条件，调控部门在采取应急处置措施后，通知相关部门和责任单位即可。（　　）

答案：错。

解析：输变电设备紧急缺陷或异常、自然灾害、外力破坏等突发事件引发的电网运行风险，达到预警条件，调控部门在采取应急处置措施后，及时通知相关部门和责任单位，并第一时间发布相关电网风险预警。

602. 风险预警责任单位填写“预警反馈单”，在预警发布48小时内在预警管控系统挂网反馈。（　　）

答案：错。

解析：责任单位填写“预警反馈单”，在预警发布24小时内在预警管控系统挂网反馈。

603. “预警通知单”涉及工作实施前2个工作日，各项预警管控措施均应落实到位，具备下达设备停电操作指令的条件。（　　）

答案：错。

解析：“预警通知单”涉及工作实施前1个工作日，各项预警管控措施均应落实到位，具备下达设备停电操作指令的条件。

604. “电网运行风险预警报告单”按照“谁预警、谁报告”原则，四级以上风险预警，省公司调控中心向能源局及派出机构、地方政府电力运行主管部门行文报送。（　　）

答案：对。

605. 对风险预警涉及的二级以上重要客户，营销部门提前2个工作日向客户书面送达“电网运行风险预警告知单”。（　　）

答案：对。

606. 对电厂送出可靠性造成影响或需要电源支撑的风险预警，调控部门提前1个工作日向相关并网电厂书面送达“预警告知单”并签收。（　　）

答案：对。

607. 针对四级及以上风险预警，应提升运维保障级别，无人变电站恢复有人值班，重要区段派专人看护，重点设备特巡不少于每日2次。（　　）

答案：错。

解析：提升运维保障级别，无人变电站恢复有人值班，重要区段派专人看护，重点设备特巡不少于每日 3 次。

608. 有关重要用户的电网风险管控，营销部门负责通知非调度协议用户。（　　）

答案：对。

609. 设备停电造成重要电力用户的单电源供电风险时，调度部门要及时发布电网风险预警通知单，提前书面通知重要电力用户（调控部门负责通知签订调度协议的用户，营销部门负责通知非调度协议用户），并上报政府有关部门。（　　）

答案：对。

610. 在进行调度业务联系时，必须使用固定的调度录音电话，严禁采用手机等其他通信手段，调度电话应 24 小时畅通。（　　）

答案：对。

611. 营销部门要加强新增用户报装资料审查，确保新用户接入的电源线路符合“独立双电源”和“非同杆双电源”等要求，严禁一级及以上重要电力用户不符合“双电源”条件接入电网。（　　）

答案：对。

612. 营销部门对新增重要电力用户自备应急电源配置不满足要求的，原则上不予办理接入电网手续。（　　）

答案：对。

613. 运检部门应开展用户供电电源排查。负责定期对公司资产的一级及以上重要电力用户电源线路是否为同杆架设或同沟敷设情况进行排查梳理。（　　）

答案：对。

614. 省公司安质部牵头对省公司调度管辖范围内五级及以上风险预警进行现场督查。（　　）

答案：错。

解析：省公司安质部牵头对省公司调度管辖范围内四级及以上风险预警进行现场督查。

615. 省公司专业部门对省调管辖范围内的五级以上风险预警组织进行现场检查。（　　）

答案：对。

616. 所有对二级及以上重要用户供电形成单电源供电风险的，必须通过调度录音电话和电网风险告知单等方式告知用户其存在的电网运行风险。（　　）

答案：对。

第六章　应急管理

617. 按照公司安全生产规定等，自然灾害、事故灾难、公共卫生事件分为特别重大、重大、较大和一般四级。（　　）

答案：错。

解析：按照社会危害程度、影响范围等因素，自然灾害、事故灾难、公共卫生事件分为特别重大、重大、较大和一般四级。

618. 国家建立统一领导、综合协调、分类管理、分级负责、属地管理为主的应急管理体制。（　　）

答案：对。

619. 突发事件应对工作实行预防为主、预防与应急相结合的原则。（　　）

答案：对。

620. 国家建立重大突发事件风险监测体系，对可能发生的突发事件进行综合性评估，减少重大突发事件的发生，最大限度地减轻重大突发事件的影响。（　　）

答案：错。

解析：突发事件应对工作实行预防为主、预防与应急相结合的原则。国家建立重大突发事件风险评估体系，对可能发生的突发事件进行综合性评估，减少重大突发事件的发生，最大限度地减轻重大突发事件的影响。

621. 国务院和县级以上地方各级人民政府是突发事件应对工作的行政领导机关，其办事机构及具体职责由国务院规定。（　　）

答案：对。

622. 有关人民政府及其部门做出的应对突发事件的决定、部署，应当及时公布。（　　）

答案：错。

解析：有关人民政府及其部门做出的应对突发事件的决定、命令，应当及时公布。

623. 国务院制定国家突发事件总体应急预案，组织制定国家突发事件专项应急预案；国务院有关部门根据各自的职责和国务院相关应急预案，制定国家突发事件部门应急预案。（　　）

答案：对。

624. 生产、经营、储存、使用危险物品的车间、商店、仓库不得与员工宿舍在同一座建筑物内，并应当与员工宿舍保持安全距离。（　　）

答案：对。

625. 可以预警的自然灾害、事故灾难和公共卫生事件的预警级别，按照突发事件发生的紧急程度、发展势态和可能造成的危害程度分为一级、二级、三级和四级，四级为最高级别。（　　）

答案：错。

解析：可以预警的自然灾害、事故灾难和公共卫生事件的预警级别，按照突发事件发生的紧急程度、发展势态和可能造成的危害程度分为一级、二级、三级和四级，分别用红色、橙色、黄色和蓝色标示，一级为最高级别。

626. 迟报、谎报、瞒报、漏报有关突发事件的信息，或者通报、报送、公布虚假信息，造成后果的应根据情节对直接负责的主管人员和其他直接责任人员依法给予处分。（　　）

答案：对。

627. 未经安全生产教育和培训合格的从业人员，可以临时身份上岗作业。（　　）

答案：错。

解析：未经安全生产教育和培训合格的从业人员，不得上岗作业。

628. 从业人员发现直接危及人身安全的紧急情况时，有权立即停止作业并撤离作业场所。（　　）

答案：错。

解析：从业人员发现直接危及人身安全的紧急情况时，有权停止作业或者在采取可能的应急措施后撤离作业现场。

629. 生产经营单位对负有安全生产监督管理职责的部门的监督检查人员（以下统称安全生产监督检查人员）依法履行监督检查职责，应当予以配合，不得拒绝、阻挠。（　　）

答案：对。

630. 调控机构或各专业与外包从业人员订立协议，免除或者减轻其对从业人员因生产安全事故伤亡依法应承担的责任的，该协议无效。（　　）

答案：对。

631. 电力安全事故是指电力生产或者电网运行过程中发生的影响电力系统安全稳定运行或者影响电力正常供应的事故（包括热电厂发生的影响热力正常供应的事故）。（　　）

答案：对。

632. 有关地方人民政府应当依照法律、行政法规和国家处置电网大面积停电事件应急预案，组织制订本行政区域处置电网大面积停电事件应急预案。（　　）

答案：对。

633. 事故可能导致破坏电力系统稳定和电网大面积停电的，电力调度机构有权决定采取拉限负荷、解列电网、解列发电机组等必要措施。（　　）

答案：对。

634. 事故造成重要电力用户供电中断的，重要电力用户启动自备应急电源无效的，电网企业应当提供必要的支援。（　　）

答案：对。

635. 恢复电网运行和电力供应，应当优先保证工业和居民用电。（　　）

答案：错。

解析：恢复电网运行和电力供应，应当优先保证重要电厂厂用电源、重要输变电设备、电力主干网架的恢复，优先恢复重要电力用户、重要城市、重点地区的电力供应。

636. 电网减供负荷是指电力调度机构统一调度的电网在事故发生期间的实际负荷最小减少量。（　　）

答案：错。

解析：电网减供负荷是指电力调度机构统一调度的电网在事故发生期间的实际负荷最大减少量。

637. 电网负荷 600 兆瓦以上的其他设区的市电网减供负荷 60% 以上属于重大电力安全事故。（　　）

答案：对。

638. 全厂对外停电是指发电厂对外有功负荷降到零（虽电网经发电厂母线传送的负荷没有停止，仍视为全厂对外停电。（　　）

答案：对。

639. 国务院是突发公共事件应急管理工作的最高行政领导机构。（　　）

答案：对。

640. 电网运行实行“统一调度、分级管理”的原则。（　　）

答案：对。

641. 事故报告应当及时、准确、完整，任何单位和个人对事故不得迟报、漏报、谎报或者瞒报。(　　)

答案：对。

642. 事故调查处理应当坚持实事求是、尊重科学的原则，及时、准确地查清事故经过、事故原因和事故损失，查明事故性质，认定事故责任，总结事故教训，提出整改措施，并对事故责任者依法追究责任。(　　)

答案：对。

643. 事故发生后，事故现场有关人员应当立即向本单位负责人报告；单位负责人接到报告后，应当于2小时内向事故发生地县级以上人民政府安全生产监督管理部门和负有安全生产监督管理职责的有关部门报告。(　　)

答案：错。

解析：事故发生后，事故现场有关人员应当立即向本单位负责人报告；单位负责人接到报告后，应当于1小时内向事故发生地县级以上人民政府安全生产监督管理部门和负有安全生产监督管理职责的有关部门报告。

644. 根据生产安全事故造成的人员伤亡或者直接经济损失，事故一般分为特别重大事故、重大事故、一般事件。(　　)

答案：错。

解析：根据生产安全事故造成的人员伤亡或者直接经济损失，事故一般分为特别重大事故、重大事故、较大事故、一般事故。

645. 安全生产监督管理部门和负有安全生产监督管理职责的有关部门逐级上报事故情况，每级上报的时间不得超过1小时。(　　)

答案：错。

解析：安全生产监督管理部门和负有安全生产监督管理职责的有关部门逐级上报事故情况，每级上报的时间不得超过2小时。

646. 自事故发生之日起20日内，事故造成的伤亡人数发生变化的，应当及时补报。道路交通事故、火灾事故自发生之日起7日内，事故造成的伤亡人数发生变化的，应当及时补报。(　　)

答案：错。

解析：自事故发生之日起30日内，事故造成的伤亡人数发生变化的，应当及时补报。道路交通事故、火灾事故自发生之日起7日内，事故造成的伤亡人数发生变化的，应当及时补报。

647. 事故发生单位负责人接到事故报告后，应当立即启动事故相应应急预案，或者采取有效措施，组织抢救，防止事故扩大，减少人员伤亡和财产损失。(　　)

答案：对。

648. 事故发生后，有关单位和人员应当妥善保护事故现场及相关证据，任何单位和个人不得破坏事故现场、毁灭相关证据。(　　)

答案：对。

649. 事故调查组的组成应当遵循翔实、效能的原则。(　　)

答案：错。

解析：事故调查组的组成应当遵循精简、效能的原则。

650. 重大活动电力安全保障工作的总体目标：确保重大活动期间电力系统安全稳定运行，确保重点用户供用电安全，杜绝造成严重社会影响的停电事件发生。(　　)

答案：对。

651. 重大活动承办方选择活动主办场所、相关服务场所时，应当优先选择具备双回路及以上供电电源且自备应急电源容量满足重要负荷用电要求的场所。(　　)

答案：对。

652. 公司各级单位的各部门、各岗位应有明确的安全管理职责，做到责任分担，并实行上级对下级的安全逐级负责制。（　　）

答案：错。

解析：公司各级单位的各部门、各岗位应有明确的安全管理职责，做到责任分担，并实行下级对上级的安全逐级负责制。

653. “两票三制”中的三制是指交接班制、班前会制和班后会制。（　　）

答案：错。

解析：交接班制、巡回检查制、设备定期试验轮换制。

654. 防汛、抗震、防台风、防雨雪冰冻灾害等应急预案所需项目，可作为制订和修订反事故措施计划的依据。（　　）

答案：对。

655. 对违反规程制度造成安全事故、严重未遂事故的责任者，按有关规定处理后，可重新上岗。（　　）

答案：错。

解析：对违反规程制度造成安全事故、严重未遂事故的责任者，除按有关规定处理外，还应责成其学习有关规程制度，并经考试合格后，方可重新上岗。

656. 安全性评价应按照“制订评价计划、开展自评价、组织专家查评、实施整改方案”过程进行。（　　）

答案：对。

657. 公司各级单位应根据突发事件类别和影响程度，成立专项事件应急处置领导机构（临时机构），在应急领导小组的领导下，具体负责指挥突发事件的应急处置工作。（　　）

答案：对。

658. 公司各级单位应定期组织开展应急演练，每三年至少组织一次综合应急演练或社会应急联合演练，每年至少组织一次专项应急演练。（　　）

答案：错。

解析：公司各级单位应定期组织开展应急演练，每两年至少组织一次综合应急演练或社会应急联合演练，每年至少组织一次专项应急演练。

659. 任何单位和个人不得故意破坏事故现场，不得伪造、隐匿或者毁灭相关证据。（　　）

答案：对。

660. 对380（220）伏接入的分布式电源，必须单独签订调度协议，并签署含有调度运行内容的发用电合同。（　　）

答案：错。

解析：对380（220）伏接入的分布式电源，可不单独签订调度协议，但必须签署含有调度运行内容的发用电合同。

661. 公司应急预案体系由总体应急预案、特殊应急预案和现场处置方案构成。（　　）

答案：错。

解析：公司应急预案体系由总体应急预案、专项应急预案和现场处置方案构成。

662. 专项应急预案是针对特定的场所、设备设施、岗位，针对典型的突发事件，制定的处置措施和主要流程。（　　）

答案：错。

解析：现场处置方案是针对特定的场所、设备设施、岗位，针对典型的突发事件，制定的处置措施和主要流程。

663. 应急预案的编制应依据有关方针政策、法律、法规、规章、制度、标准，并遵循公司的应急预案编制规范和格式要求，要素齐全。（　　）

答案：对。

664. 应急预案可以替代规定、规程。（　　）

答案：错。

解析：应急预案的内容应突出“实际、实用、实效”的原则，既要避免出现与现有安全生产管理规定、规程重复或矛盾，又要避免以应急预案替代规定、规程的现象。

665. 应急预案编制完成后，应征求应急管理归口部门和其他相关部门的意见，不必组织桌面推演进行论证。（　　）

答案：错。

解析：应急预案编制完成后，应征求应急管理归口部门和其他相关部门的意见，并组织桌面推演进行论证。

666. 总体应急预案、专项应急预案和现场处置方案的评审由本单位应急管理归口部门组织。（　　）

答案：错。

解析：总体应急预案的评审由本单位应急管理归口部门组织；专项应急预案和现场处置方案的评审由预案编制责任部门负责组织。

667. 应急预案评审采取会议评审方式，评审意见应形成书面意见，并由评审组织部门存档。（　　）

答案：对。

668. 形式评审是对应急预案的合法性、完整性、针对性、实用性、科学性、操作性和衔接性等方面进行评审。（　　）

答案：错。

解析：要素评审是对应急预案的合法性、完整性、针对性、实用性、科学性、操作性和衔接性等方面进行评审。

669. 应急预案经评审、修改，符合要求后，由本单位主要负责人（或分管领导）签署发布。（　　）

答案：对。

670. 公司所属各级单位应急预案按照规定做好公司系统内部备案工作，包括备案对象、备案内容、备案形式三个部分。（　　）

答案：错。

解析：公司所属各级单位应急预案按照以下规定做好公司系统内部备案工作。

（1）备案对象：由应急管理归口部门负责向直接主管上级单位报备。

（2）备案内容：总体、专项应急预案的文本，现场处置方案的目录。

（3）备案形式：正式文件。

（4）备案时间：应急预案发布后20个工作日内。

671. 应急预案演练分为综合演练和专项演练，可以采取桌面推演、现场实战演练或其他演练方式。（　　）

答案：对。

672. 各职能部门按照“谁主管、谁负责”原则，贯彻落实公司应急领导小组有关决定事项，负责管理范围内的应急体系建设与运维、相关突发事件预警与应对处置的组织指挥、与政府专业部门的沟通协调等工作。（　　）

答案：对。

673. 市级供电公司、县级供电企业设总体应急预案、专项应急预案、现场处置方部门应急预案。（　　）

答案：错。

解析：市级供电公司、县级供电企业设总体应急预案、专项应急预案、现场处置方案，视情况制订部门应急预案。

674. 电网规划、设计、建设和运行过程中，应充分考虑自然灾害等各类突发事件影响，以及发展裕度持续改善布局结构，使之满足防灾抗灾要求，符合国家预防和处置自然灾害等突发事件的需要。（　　）

答案：对。

675. 公司各单位均应与当地气象、水利、地震、地质、交通、消防、公安等政府专业部门建立信息沟通机制，共享信息，提高预警和处置的科学性，并与地方政府、社会机构、发电企业、电力用户建立应急沟通与协调机制。（　　）

答案：对。

676. 总部及公司各单位应加强应急指挥中心运行管理，根据需求进行设备检查调试，组织开展相关演练，保证应急指挥中心随时可以启用。（　　）

答案：错。

解析：总部及公司各单位应加强应急指挥中心运行管理，定期进行设备检查调试，组织开展相关演练，保证应急指挥中心随时可以启用。

677. 根据突发事件性质、级别，按照“统一指挥”要求，总部、相关分部，以及相关单位分别启动相应级别应急响应措施，组织开展突发事件应急处置与救援。（　　）

答案：错。

解析：根据突发事件性质、级别，按照“分级响应”要求，总部、相关分部，以及相关单位分别启动相应级别应急响应措施，组织开展突发事件应急处置与救援。

678. 公司各单位应切实履行社会责任，服从政府统一指挥，积极参加国家各类突发事件应急救援，提供抢险和应急救援所需电力支持，优先为政府抢险救援及指挥、灾民安置、医疗救助等重要场所提供电力保障。（　　）

答案：对。

679. 公司将应急工作纳入安全奖惩制度，发生主要负责人在本单位发生生产安全事故时不立即组织抢救，追究相关单位和人员责任。（　　）

答案：对。

680. 大面积停电事件的预防应遵循“科学分析、实效演练、重点预控”的原则，按照“先降后控”的要求，严控电网运行风险。（　　）

答案：对。

681. 大面积停电事件的处置应遵循“统一指挥、上下协同”的原则，在公司应急处置小组的统一指挥下，尽快恢复居民负荷和通道，优先恢复具备送电条件的设备。（　　）

答案：错。

解析：大面积停电事件的处置应遵循“统一指挥、上下协同”的原则，在公司应急处置小组的统一指挥下，尽快恢复重要负荷和通道，优先恢复具备送电条件的设备。

682. 调控故障处置小组负责组织开展调控机构大面积停电事件应急工作预案的编制、培训、演练及修订工作。（　　）

答案：错。

解析：调控应急指挥工作组负责组织开展调控机构大面积停电事件应急工作预案的编制、培训、演练及修订工作。

683. 调控应急指挥工作组根据相关法律法规和有关标准变化情况、电网安全性评价结论、电网结构和运行方式重大变化及应急处置经验教训等，每季度组织对调控机构应对大面积停电处置方案进行评估，提出整改意见，及时组织修订。（　　）

答案：错。

解析：调控应急指挥工作组根据相关法律法规和有关标准变化情况、电网安全性评价结论、电网结构和运行方式重大变化及应急处置经验教训等，每年组织对调控机构应对大面积停电处置方案进行评估，提出整改意见，及时组织修订。

684. 调控机构根据外部环境、电网运行、供需平衡、燃料供应、设备运行等因素，综合分析电网运行风险，提出电网大面积停电预警建议，调控应急指挥工作组审核后报本单位应急领导小组和上级调控机构。（　　）

答案：对。

685. 依据《国家电网公司大面积停电事件应急预案》，公司电网大面积停电预警分为一级、二级、三级和四级，依次用红色、黄色、蓝色和绿色表示。（　　）

答案：错。

解析：依据《国家电网公司大面积停电事件应急预案》，公司电网大面积停电预警分为一级、二级、三级和四级，依次用红色、橙色、黄色和蓝色表示。

686. 发生大面积停电三、四级预警时，调控机构应终止受影响电网的检修试验、新设备启动等工作，尽快恢复相关检修设备。（　　）

答案：对。

687. 调控机构应严格执行《国家电网公司调度系统重大事件汇报规定》的相关要求，向本级公司应急领导小组和上级调控机构进行信息报送。（　　）

答案：对。

688. 调控应急指挥工作组应结合电力平衡分析、电网安全稳定分析情况，明确发电机组应急启动和停机安排；加强电网运行方式安排，定期修正电网事故预想和运行方式预案、稳定控制限额、安全稳定装置（系统）状态、无功电压控制策略。（　　）

答案：错。

解析：调控应急指挥工作组应结合电力平衡分析、电网安全稳定分析情况，明确发电机组应急启动和停机安排；加强电网运行方式安排，滚动修正电网事故预想和运行方式预案、稳定控制限额、安全稳定装置（系统）状态、无功电压控制策略。

689. 发生孤网运行情况时，在上级调控机构统一领导和指挥下，应急处置小组应指导值班调度员迅速调整运行方式和机组开停方式，尽快恢复系统频率和电压正常，优先恢复重要负荷供电，择机并网。（　　）

答案：对。

690. 值班调度员应及时收集本级及下级电网运行相关信息，加强沟通协调，在电网恢复过程中，应协调好电网、电厂、用户之间的恢复次序，保证电网安全稳定。电网恢复过程中，要注意防止发生过电压，避免造成新的设备损坏。（　　）

答案：对。

691. 调控应急指挥工作组根据《国家大面积停电事件应急预案》的规定，当应急处置满足终止条件时应立即结束应急响应流程，进行后期处置工作。（　　）

答案：错。

解析：调控应急指挥工作组根据《国家大面积停电事件应急预案》的规定，当应急处置满足终止条件时，向本级公司应急领导小组和上级调控机构提出应急结束建议；在接到应急结束的通知后，结束应急响应流程，进行后期处置工作。

692. 应急响应期间，调控应急指挥工作组统一负责电网运行信息的汇集与报送工作。（　　）

答案：对。

693. 调控机构应成立调控应急指挥工作组，总指挥由调控机构行政副职担任，接受本单位应急领导小组的统一领导和指挥。（　　）

答案：错。

解析：调控机构应成立调控应急指挥工作组，总指挥由调控机构行政正职担任，接受本单位应急领导小组的统一领导和指挥。

694. 调控机构应急处置时，应急指挥工作组领导和部分专业成员应按要求及时赶赴指定场所，指挥和协助应急处置。（　　）

答案：错。

解析：应急指挥工作组全体成员应按要求及时赶赴指定场所，指挥和协助应急处置。

695. 省备调值班人员应每年定期到主调进行学习，参与主调调控值班，确保具备承担主调调控业务的能力。（　　）

答案：对。

696. 当电网发生大面积停电事件应急处理时，可以通过外部邮件系统传送应急信息。（　　）

答案：错。

解析：加强信息报送的保密工作。各类信息数据库不得向外部单位开放，各类数据未经调控应急指挥工作组同意不得对外发布。

697. 应急响应结束后，相关调控机构应按要求及时对处置工作全过程进行评估，在事件处置完成后 15 个工作日内形成报告，报送相关部门和上级调控机构。（　　）

答案：错。

解析：应急响应结束后，相关调控机构应按要求及时对处置工作全过程进行评估，在事件处置完成后两周内形成报告，报送相关部门和上级调控机构。

698. 事件应急处置结束后 15 个工作日内，调控机构应组织研究事件发生机理，分析故障发展过程，总结应急处置过程中的经验和教训，进一步补充、完善和修订相关应急处置预案，并组织调控机构各相关专业进行技术交流和研讨。（　　）

答案：对。

699. 各级调控机构应以不发生人员责任的五级以上电网事件（事故）为基准，每年制定安全生产控制目标。（　　）

答案：对。

700. 安全责任书期限为一年，一般应在一季度完成签订工作。人员岗位变动后，应重新签订。（　　）

答案：对。

701. 外来工作人员上岗前，必须经过安全知识和安全规程的培训，考试合格后，持证或佩戴标志上岗。（　　）

答案：对。

702. 外来工作人员从事有危险或易引起电网事故、设备事故的工作时，应在本单位领导带领和监护下进行，并做好安全措施。（　　）

答案：错。

解析：外来工作人员从事有危险或易引起电网事故、设备事故的工作时，应在有经验的本单位人员带领和监护下进行，并做好安全措施。

703. 因电网原因造成电气化铁路运输线路停运的事件属于紧急报告类事件。（　　）

答案：错。

解析：因电网原因造成电气化铁路运输线路停运的事件属于一般报告类事件。

704. 县级以上调控机构调控场所（包括备用调控场所）发生停电、火灾等事件属于一般报告类事件。（　　）

答案：对。

705. 在直调范围内发生紧急报告类事件的调控机构调度员，须在45分钟内向上一级调控机构调度员进行紧急报告，省调调度员须在45分钟内向国调调度员进行紧急报告。（　　）

答案：错。

解析：在直调范围内发生紧急报告类事件的调控机构调度员，须在30分钟内向上一级调控机构调度员进行紧急报告，省调调度员须在30分钟内向国调调度员进行紧急报告。

706. 特急报告类、紧急报告类、一般报告类事件应按调管范围由发生重大事件的调控机构尽快将详细情况以书面形式报送至上一级调控机构。（　　）

答案：对。

707. 发生国家电网有限公司调度系统重大事件汇报规定中重大事件后，相应调控机构的汇报内容主要包括事件发生时间、概况、造成的影响等情况。（　　）

答案：对。

708. 在发生严重电网事故或受自然灾害影响，恢复系统正常方式需要较长时间时，相关调控机构应随时向上级调控机构汇报恢复情况。（　　）

答案：对。

709. 电缆线路故障，可以立即试送一次。如试送不成功，应依据相关规定处理。（　　）

答案：错。

解析：线路跳闸试送不成功的同时，不能强送并立即汇报调度。

710. 备调场所设施及技术支持系统配备应满足调度实时运行值班和日前调度业务开展需求，并与主调同步运行。（　　）

答案：对。

711. 继电保护功能模块的智能电子设备，不纳入继电保护和安全自动装置设备管理范畴。（　　）

答案：错。

解析：继电保护和安全自动装置设备管理包括保护装置、电力自动化系统、电力监控。

712. 调控机构对智能变电站中的全站系统配置文件（SCD）进行归口管理，运维单位具体负责。（　　）

答案：对。

713. 线路故障跳闸后，值班监控员、厂站运行值班人员及输变电设备运维人员应立即收集故障相关信息，并由值班监控员综合考虑跳闸线路的有关设备信息确定是否试送。（　　）

答案：错。

解析：线路故障跳闸后，值班监控员、厂站运行值班人员及输变电设备运维人员应立即收集故障相关信息并汇报调度员，由值班调度员综合考虑是否试送。

714. 电网发生故障时，调控机构值班调度员应结合综合智能告警信息，监视本网频率、电压及重要断面潮流情况，开展故障处置。（　　）

答案：对。

715. 调控机构应针对电网存在的安全风险和危险点，制订切实可行、翔实合理的措施、计划，并严格执行措施、计划。（　　）

答案：对。

716. 调控机构应建立风险评估和危险电分析的常态机制。（　　）

答案：对。

717. 调控机构应建立定期开展调度系统安全生产保障能力自评估的常态机制。（　　）

答案：对。

718. 调控机构加强应急处置过程中的信息收集与共享，确保信息汇报的时效性和权威性。（　　）

答案：对。

719. 应急演练结束后应开展评估，对演练中发现的应急预案暴露问题进行登记即可。（　　）

答案：错。

解析：调控机构演练结束后开展评估，应结合演习过程中暴露的问题，修订预案。

720. 调控机构应实行反事故演习分析、总结、改正制度，并形成书面报告。（　　）

答案：对。

721. 调控机构应定期开展反事故演习，提高调控人员应急处置能力。（　　）

答案：对。

722. 调控运行专业应按规定检查视频系统运行情况，发现异常，及时通知相关人员检查处理，并做好相关记录。（　　）

答案：对。

723. 调控运行专业应按规定检查输变电设备状态在线监测系统运行情况，若发现异常，应及时通知相关人员检查处理，并做好相关记录。（　　）

答案：对。

724. 调控大厅内应保持肃静、整洁，不得闲谈，不得会客，不做与调度业务无关的事。（　　）

答案：对。

725. 事故处理时所有人员均应迅速离开调控大厅。必要时值班调度员可以邀请其他有关专业人员到调控大厅协助解决有关问题。（　　）

答案：错。

解析：事故处理时除有关领导和专业人员外，其他人员均应迅速离开调控大厅。必要时值班调度员可以邀请其他有关专业人员到调控大厅协助解决有关问题。

726. 调控机构应按照“变电站设备监控信息”要求，将监控信息按规定接入监控系统，特别是事故及越限类信息一定要单独上传，不能合并发出。（　　）

答案：错。

解析：按照“变电站设备监控信息”要求，将监控信息按规定接入监控系统，特别是事故及异常类信息一定要单独上传，不能合并发出。

727. 即时报告可以电话、电传、电子邮件、短信等形式上报。六级以上的即时报告事故均应在48小时以内以书面形式上报。（　　）

答案：错。

解析：即时报告可以电话、电传、电子邮件、短信等形式上报。五级以上的即时报告事故均应在48小时以内以书面形式上报。

728. 七级人身、八级电网、七级设备和八级信息系统事件由事件发生单位自行组织调查，上级管理单位认为有必要时可以组织、派员参加或授权有关单位调查。（　　）

答案：对。

729. 高压设备发生接地时，室内人员应距离故障点5m以外，室外人员应距离故障点10m以外。（　　）

答案：错。

解析：高压设备发生接地时，室内人员应距离故障点4m以外，室外人员应距离故障点8m以外。

730. 违章按照性质分为管理违章、行为违章和装置违章三类。（　　）

答案：对。

731. 严重违章是指可能直接造成人身、电网、设备事故的违章现象。(　　)

答案：错。

解析：严重违章：违反国家、上级和本单位规章制度或违法行为。

732. 调度应急预案涉及多个调控中心的，由下级调控中心申请共同研究和统一协调应急过程中的处置方案，明确上下级调控中心协调配合要求。(　　)

答案：错。

解析：调度应急预案涉及多个调控中心的，由上一级单位共同研究和统一协调应急过程中的处置方案，明确上下级调控中心协调配合要求。

733. 应急预案针对性和实用性不强属于行为违章。(　　)

答案：对。

734. 突发事件是指突然发生，造成或者可能造成公司安全生产或社会稳定的严重危害，需要采取应急措施予以应对的自然灾害、事故灾难、公共卫生事件和社会安全事件。(　　)

答案：对。

735. 突发事件预防是指在突发事件发生前，采取各种有效措施，消除突发事件隐患，避免突发事件发生。(　　)

答案：对。

736. 公司建立统一领导、综合协调、分类管理、分级负责、区域联动、分区管理的应急管理体系。(　　)

答案：错。

解析：公司建立统一领导、综合协调、分类管理、分级负责、上下联动、属地管理的应急管理体系。

737. 根据应急工作“平战结合”的要求，公司应急组织机构按平时、战时要求建设。(　　)

答案：对。

738. 公司建立上下对应、相互衔接、完善健全的应急预案体系，按照“横向到边、纵向到底”的要求，针对电网安全、人身安全、设备设施安全、网络与信息安全、社会安全等各类突发事件，编制相应的应急预案。(　　)

答案：对。

739. 应急预案实行分类目、分专业管理。(　　)

答案：错。

解析：应急预案实行分级、分专业管理。

740. 公司各单位应急预案编制完成后，应按照省、市、县三级分级管理的原则开展评审。(　　)

答案：对。

741. 应急保障工作主要有应急技术保障、应急队伍建设、应急经费保障、应急物资储备等内容。(　　)

答案：对。

742. 应急实施与评估工作主要有应急监测与预警、突发事件信息报送、应急处置与救援、事后恢复与重建、应急评估与统计分析等内容。(　　)

答案：对。

743. 预警信息的发布和解除，由公司领导或相关专业组按照有关规定统一进行。(　　)

答案：错。

解析：预警信息的发布和解除，由应急办或相关专业组按照有关规定统一进行。

744. 应急处置应把恢复电网放在首要地位。(　　)

答案：错。

解析：应急处置应把尽快恢复用户供电与恢复电网放在同样重要的地位。

745. 每年针对年度运行方式的重大变化，调控中心要会同安质部等相关部门参加，组织开展一次联合反事故应急演练。（　　）

答案：对。

第七章　消防安全和紧急救护

746. 消防工作贯彻预防为主、防消结合的方针。（　　）

答案：对。

747. 任何单位和个人都有维护消防安全、保护消防设施、预防火灾、报告火警的义务。（　　）

答案：对。

748. 电器产品应当符合部分消防安全的要求。（　　）

答案：错。

解析：电器产品应当符合所有消防安全的要求。

749. 消防设施是指火灾自动报警系统、自动灭火系统、消火栓系统、防烟排烟系统，以及应急广播和应急照明、安全疏散设施等。（　　）

答案：对。

750. 应急照明不属于消防设施。（　　）

答案：错。

解析：应急照明属于消防设施。

751. 重要公共建筑是指发生火灾可能造成重大人员伤亡、财产损失和严重社会影响的公共建筑。（　　）

答案：对。

752. 建筑物安全出口是指供人员安全疏散用的楼梯间和室外楼梯的出入口或直通室内外安全区域的出口。（　　）

答案：对。

753. 发生火灾时可以乘坐普通电梯逃生。（　　）

答案：错。

解析：发生火灾时不可以乘坐普通电梯逃生。

754. 泡沫灭火器可用于C类火灾场所。（　　）

答案：错。

解析：泡沫对可燃液体火灾有效，但扑救可燃气体几乎无效。

755. 二氧化碳灭火器可以用于A类火灾场所。（　　）

答案：错。

解析：灭火器喷出的二氧化碳无液滴，全是气体，对A类场所几乎无效。

756. 心脏骤停（又称心脏猝死）、呼吸停止是严重的生命危险现象之一，一旦发生，唯有采取心肺复苏法才能使患者转危为安。（　　）

答案：对。

757. 信息机房线缆部署应实现强弱电分离，并完善防火阻燃、阻火分隔、防潮、防水及防小动物等各项安全措施。（　　）

答案：对。

758. 调控中心人员每2年至少进行一次消防安全培训，消防安全责任人和消防安全管理人等消防从业人员应接受专门培训。（　　）

答案：错。

解析：调控中心人员每年至少进行一次消防安全培训，消防安全责任人和消防安全管理人等消防从业人员应接受专门培训。

759. 机房应建立火灾隐患排查、治理常态机制，定期开展火灾隐患排查工作。根据发现的隐患，提出整改方案、落实整改措施，保障消防安全。（　　）

答案：对。

760. 自动化机房应强化动火管理，施工、检修等工作现场严格执行动火工作票制度，落实现场防火和灭火责任。不具备动火条件的现场，经公司领导批准后，方可以开展动火工作。（　　）

答案：错。

解析：强化动火管理，施工、检修等工作现场严格执行动火工作票制度，落实现场防火和灭火责任。不具备动火条件的现场，严禁违法违规动火工作。

761. 自动化机房应加强易燃、易爆物品的管理。建立易燃、易爆物品台账，严格按照易燃、易爆物品的管理规定进行采购、运输、储存、使用。（　　）

答案：对。

762. 机房应安装火灾自动报警、固定灭火、防烟排烟等各类消防系统及灭火器等各类消防器材，应根据相关规范定期进行巡查、检测、检修、保养，并做好检查维保记录，确保消防设施正常运行。（　　）

答案：对。

763. 自动化机房应按相关标准配置灭火器材，并定期检测维护，相关人员应了解灭火器材的使用方法。属消防重点部位的机构，应设立微型消防站，按照要求配置相应的消防器材。（　　）

答案：错。

解析：自动化机房应按相关标准配置灭火器材，并定期检测维护，相关人员应熟练使用灭火器材。属消防重点部位的机构，应设立微型消防站，按照要求配置相应的消防器材。

764. 自动化机房防火、防爆重点场所应采用防爆型的照明、通风设备，其控制开关应安装在室内。（　　）

答案：错。

解析：自动化机房防火、防爆重点场所应采用防爆型的照明、通风设备，其控制开关应安装在室外。

765. 调度室、控制室、计算机室、通信室、档案室等重要部位严禁吸烟，禁止明火取暖。（　　）

答案：对。

766. 自动化机房防火材料的耐火等级进行测试，并不低于被贯穿物（楼板、墙体等）的耐火极限。（　　）

答案：对。

767. 每2年应有保证机房正常的维护和运行管理费用。（　　）

答案：错。

解析：每年应有保证机房正常的维护和运行管理费用。

768. 火灾自动报警系统应符合现行国家标准《火灾自动报警系统设计规范》（GB 50116）的规定，且通过消防部门的验收，应与本市消防中心相连。（　　）

答案：对。

769. 机房使用的消防器材和设备应是经国家指定的检测中心确认合格的产品。（　　）

答案：对。

770. 各级电网设备消防管理部门对电网设备重点防火部位和场所，应按国家有关规定及技术标准，装设火灾自动报警装置或固定灭火装置。（　　）

答案：对。

771. 第十七条各级电网设备消防管理部门应当根据消防法规的有关规定，组织开展消防业务学习和灭火技能训练，提高预防和扑救火灾的能力。（　　）

答案：对。

772. 对电气设备灭火时，准许在熟悉该设备带电部分人员的指挥或带领下进行灭火。（　　）

答案：错。

解析：对电气设备灭火时，仅准许在熟悉该设备带电部分人员的指挥或带领下进行灭火。

773. 参加电网设备灭火的人员在灭火时，应防止烧伤或被燃烧物所产生的气体引起中毒、窒息，对电气设备灭火时还应防止触电。（　　）

答案：对。

774. 总（分）部每年不定期组织开展消防安全监督检查，省公司级单位一年至少组织开展 4 次安全监督检查，地市公司级单位每季度至少组织开展 2 次安全监督检查，县公司级单位每月至少组织开展 2 次安全监督检查。（　　）

答案：错。

解析：总（分）部每年不定期组织开展消防安全监督检查，省公司级单位一年至少组织开展 2 次安全监督检查，地市公司级单位每季度至少组织开展 2 次安全监督检查，县公司级单位每月至少组织开展 1 次安全监督检查。

775. 地市公司级单位安全目标包括不发生一般及以上火灾事故。（　　）

答案：对。

776. 所有生产人员应学会自救互救方法、疏散和现场紧急情况的处理，应熟练掌握触电现场急救方法，由各级安全监督人员掌握消防器材的使用方法。（　　）

答案：错。

解析：所有生产人员应学会自救互救方法、疏散和现场紧急情况的处理，应熟练掌握触电现场急救方法，所有员工应掌握消防器材的使用方法。

777. 调控中心机房服务器、通信网络设备要有独立双电源供电。（　　）

答案：对。

778. 通信光缆或电缆应采用同一路由的电缆沟（竖井）进入通信机房和主控室。（　　）

答案：错。

解析：一要严格执行十八项反措要求，分调、省调度大楼应具备两条及以上完全独立的光缆通道。通信光缆或电缆应采用不同路由的电缆沟（竖井）进入通信机房和主控室。二要规范敷设各类线缆，避免通信光缆或电缆与一次动力电缆同沟（架）布放，实现强弱电完全隔离。三要完善电缆井防火阻燃和阻火分隔等各项安全措施，确保防火封堵、隔离严密有效。

779. 自动化机房消防设施要定位、定量、定人、统一编号、建立台账、定期检查、挂牌管理，不得挪作他用。（　　）

答案：对。

780. 自动化设备发生火灾后，应立即上报公司领导，不得迟报、漏报、谎报或者瞒报。（　　）

答案：对。

781. A 类机房应使用铜芯电力电缆、电线，严禁铜、铝混用。（　　）

答案：对。

782. A 类主机房宜设置采暖散热器。（　　）

答案：错。

解析：①主机房不宜设置采暖散热器。②主机房应维持一定的正压。③主机房与其他房间压差不应小于 5Pa，与室外静压差不应小于 10Pa。

783. A 类机房内严禁带入和存放各种易燃、易爆、腐蚀和强磁物品。（　　）

答案：对。

784. A类主机房、不间断电源室和电池室可不设置洁净气体灭火系统。（　　）

答案：错。

解析：①主机房、不间断电源室和电池室应设置洁净气体灭火系统。②气体灭火装置的灭火性能可靠，不损坏电子设备。③气体灭火系统的灭火剂及设施应采用经消防检测部门检测合格的产品。

785. A类机房灭火器材和安全防护面具应有人定期检查。（　　）

答案：错。

解析：①灭火器材和安全防护面具应有专人定期检查。②维护人员应熟悉常用的消防知识和安全操作方法。

786. A类机房所有的缝隙、线管漏洞必须用防火材料封堵。（　　）

答案：对。

787. 信息机房及设备巡视分为定期巡视和特殊巡视，巡视人员将巡视时间、巡视内容及发现的问题及时记入机房运行记录。（　　）

答案：对。

788. 机房蓄电池室要求：电池安装处应远离热源和易产生火花的地方。（　　）

答案：对。

789. 制订信息机房安全事件应急预案，预案应包括失火、停电、漏水、设备事故停机、网络受到重大攻击、数据丢失等一些突发事件的紧急情况的处理。（　　）

答案：对。

790. 主机房可不安装感烟探测器。当设有固定灭火器系统时，仅采用感温探测器即可。（　　）

答案：错。

解析：主机房应安装感烟探测器。当设有固定灭火器系统时，应采用感烟、感温两种探测器的组合。

791. 自动化机房空调系统所采用的电加热器，应设置有风断电保护。（　　）

答案：错。

解析：报警系统和自动灭火系统应与空调、通风系统联锁。空调系统所采用的电加热器，应设置无风断电保护。

792. 生产现场和经常有人工作的场所应配备急救箱，存放急救用品，并应指定专人负责保管。（　　）

答案：错。

解析：生产现场和经常有人工作的场所应配备急救箱，存放急救用品，并应指定专人经常检查、补充或更换。

793. 救护者在救护过程中特别是在杆上或高处抢救伤者时，要注意自身和被救者不要触及附近带电体，防止再次触及带电设备。（　　）

答案：错。

解析：救护者在救护过程中特别是在杆上或高处抢救伤者时，要注意自身和被救者与附近带电体之间的安全距离，防止再次触及带电设备。

794. 低压触电时，因触电者的身体是带电的，其鞋的绝缘也可能遭到破坏，救护人不得接触触电者的皮肤，也不能抓他的鞋。（　　）

答案：对。

795. 触电者神志不清，判断意识无，有心跳，但呼吸停止或极微弱时，应立即用仰头抬颌法，使气道开放，并进行口对口人工呼吸，并对触电者施行心脏按压。（　　）

答案：错。

解析：触电者神志不清，判断意识无，有心跳，但呼吸停止或极微弱时，应立即用仰头抬颌法，使气道开放，并进行口对口人工呼吸，此时切记不能对触电者施行心脏按压。

796. 伤员脱离电源后，对伤者有无脉搏的判断应同时触摸两侧颈动脉。（　　）

答案：错。

解析：脉搏判断不要同时触摸两侧颈动脉，造成头部供血中断。

797. 胸外心脏按压时，胸外心脏按压与人工呼吸的比例关系通常是，成人为 30：2，婴儿、儿童为 15：2。（　　）

答案：对。

798. 创伤急救时，外部出血立即采取止血措施，防止失血过多而休克。（　　）

答案：对。

799. 平地搬运时伤员头部在前、上楼、下楼、下坡时头部在下，搬运中应严密观察伤员，防止伤情突变。（　　）

答案：错。

解析：平地搬运时伤员应头部在后，上楼、下楼、下坡时头部在上，搬运中应严密观察伤员，防止伤情突变。

800. 可用电线、铁丝、细绳等做止血带使用。（　　）

答案：错。

解析：严禁用电线、铁丝、细绳等作止血带使用。

801. 开放性骨折，伴有大出血者，先固定、再止血，并用干净布片覆盖伤口，然后速送医院救治。（　　）

答案：错。

解析：开放性骨折，伴有大出血者，先止血、再固定，并用干净布片覆盖伤口，然后速送医院救治。

802. 创伤急救时，如果伤员颅脑外伤，应使伤员采取平卧位，保持气道通畅，若有呕吐，应扶好头部和身体，使头部和身体同时侧转，防止呕吐物造成窒息。（　　）

答案：对。

803. 冻伤急救，应将伤员身上潮湿的衣服剪去后用干燥柔软的衣服覆盖，并立即烤火或搓雪。（　　）

答案：错。

解析：冻伤急救，将伤员身上潮湿的衣服剪去后用干燥柔软的衣服覆盖，不得烤火或搓雪。

804. 毒蛇咬伤后，不要惊慌、奔跑、饮酒，以免加速蛇毒在人体内扩散。（　　）

答案：对。

805. 怀疑可能存在有害气体时，应立即将人员撤离现场，转移到通风良好处休息。抢救人员进入险区应戴防毒面具。（　　）

答案：对。

806. 触电急救，首先要使触电者迅速脱离电源，越快越好。因为电流作用的时间越长，伤害越重。（　　）

答案：对。

807. 触电者神志清醒、有意识，心脏跳动，但呼吸急促、面色苍白，或曾一度电休克但未失去知觉，此时应立即用心肺复苏法抢救。（　　）

答案：错。

解析：触电者神志清醒、有意识，心脏跳动，但呼吸急促、面色苍白，或曾一度电休克但未失去知觉，此时不能立即用心肺复苏法抢救。

808. 触电者心跳、呼吸停止时，应立即进行心肺复苏法抢救，不得延误或中断。(　　)

答案：对。

809. 触电者和雷击伤者心跳、呼吸停止，并伴有其他外伤时，应先处理外伤，再进行心肺复苏急救。(　　)

答案：错。

解析：触电者和雷击伤者心跳、呼吸停止，并伴有其他外伤时，应先迅速进行心肺复苏急救，然后处理外伤。

810. 对触电者正确的抢救体位是仰卧位。患者头、颈、躯干平卧无扭曲，双手放于两侧躯干旁。(　　)

答案：对。

811. 当发现触电者呼吸微弱或停止时，应立即通畅触电者的气道以促进触电者呼吸或便于抢救。通畅气道主要采用抬起下颏法。(　　)

答案：错。

解析：当发现触电者呼吸微弱或停止时，应立即通畅触电者的气道以促进触电者呼吸或便于抢救。通畅气道主要采用仰头举颏法。

812. 被电击伤并经过心肺复苏抢救成功的电击伤员，都应让其充分休息，并在医务人员指导下进行不少于24小时的心脏监护。(　　)

答案：错。

解析：被电击伤并经过心肺复苏抢救成功的电击伤员，都应让其充分休息，并在医务人员指导下进行不少于48小时的心脏监护。

813. 现场触电急救，应立即采用肾上腺素等药物，提高救治效率。(　　)

答案：错。

解析：现场触电急救，对采用肾上腺素等药物应持慎重态度。

814. 创伤急救原则上是先固定，后抢救，再搬运，并注意采取措施，防止伤情加重或污染。(　　)

答案：错。

解析：创伤急救原则上是先抢救，后固定，再搬运，并注意采取措施，防止伤情加重或污染。

815. 严禁用电线、铁丝、细绳等作止血带使用。(　　)

答案：对。

816. 脱离电源，就是要使触电者接触的那一部分带电设备的所有开关、刀闸或其他断路设备断开；或设法将触电者与带电设备脱离开。(　　)

答案：对。

817. 当电线搭落在触电者身上或压在身下时，可用干燥的衣服、手套、绳索、皮带、铁棍、木板、木棍等物品作为工具，拉开触电者或挑开电线，使触电者脱离电源。(　　)

答案：错。

解析：当电线搭落在触电者身上或压在身下时，可用干燥的衣服、手套、绳索、皮带、木板、木棍等绝缘物作为工具，拉开触电者或挑开电线，使触电者脱离电源。

818. 救护人不可直接用手、其他金属及潮湿的物体作为救护工具，而应使用适当的绝缘工具。救护人最好用两只手操作，以防自己触电。(　　)

答案：错。

解析：救护人不可直接用手、其他金属及潮湿的物体作为救护工具，而应使用适当的绝缘工具。救护人最好用一只手操作，以防自己触电。

819. 触电者脱离电源以后，现场救护人员应迅速对触电者的伤情进行判断，对症抢救。(　　)

答案：对。

820. 心肺复苏法时操作者应注意站在触电者侧面便于操作的位置，单人营救时应站立在触电者的头部位置；双人营救时，吹气人应站在触电者的肩部，按压心脏者应站在触电者胸部、与吹气者相对的一侧。(　　)

答案：错。

解析：心肺复苏法时操作者应注意站在触电者侧面便于操作的位置，单人营救时应站立在触电者的肩部位置；双人营救时，吹气人应站在触电者的头部，按压心脏者应站在触电者胸部、与吹气者相对的一侧。

821. 开放气道的方法有仰头抬颈法、仰头举颏法、双手托颌法三种，此三种方法适用于所有心肺复苏病人。(　　)

答案：错。

解析：开放气道的方法有仰头抬颈法、仰头举颏法、双手托颌法三种。头颈外伤者禁用仰头抬颈法、仰头举颌法，用此方法可致头颈损伤加重甚至出现意外。

822. 调控大厅及机房电气设备应选用具有生产许可证或CCC证书的电器产品，并与场所的环境相适应。(　　)

答案：对。

823. 调控大厅及机房消火栓出水应正常，消火栓动压满足要求。(　　)

答案：错。

解析：调控大厅及机房消火栓出水应正常，消火栓静压满足要求。

824. 定期用红外线温度测量仪对自动化、通信机房电缆进行温度测量。及时检查和完善电缆封堵，尤其是每次敷设电缆后，应及时恢复。(　　)

答案：对。

825. 自动化机房蓄电池室内的灯具、线路、开关等电器须采用防爆全封闭型、设置可靠的通风系统。(　　)

答案：对。

826. 在调控场所动明火工作时应指派专人监护，工作地点备有足够的消防器材，监护人员在高风险作业时需在场。(　　)

答案：错。

解析：在调控场所动明火工作时应指派专人监护，工作地点备有合格的消防器材，监护人员始终在场。

第八章　备用调度安全管理

827. 主备调调度技术支持系统应保持同步运行。（　　）

答案：对。

828. 备调技术支持系统省级改造可以不与主调系统同步进行。（　　）

答案：错。

解析：备调技术支持系统升级改造应与主调系统同步进行。

829. 设备新投、变动时，主调模型、数据应保证及时同步到备调。（　　）

答案：对。

830. 备调技术支持系统的运行管理应纳入主调调控机构统一管理。（　　）

答案：错。

解析：备调技术支持系统的运行管理应纳入备调所在地的调控机构统一管理。

831. 主调应在值班期间同步使用备调技术支持系统。（　　）

答案：对。

832. 当处于重大保电或有特殊要求时，主调应实行主备调同步值守。（　　）

答案：对。

833. 备调所在地的备用调控值班人员应具备承担相应主调调控业务的能力。（　　）

答案：对。

834. 备调负责建立健全备调运行管理机制和相关要求，组织编制和修订备调应急工作预案。（　　）

答案：错。

解析：主调负责建立健全备调运行管理机制和相关要求，组织编制和修订备调应急工作预案。

835. 备调负责在突发情况下，组织实施主备调调控指挥权转移。（　　）

答案：错。

解析：主调负责在突发情况下，组织实施主备调调控指挥权转移。

836. 主调所在地的调控机构负责备调技术支持系统、通信系统及场所和环境的日常运行维护及故障检修等工作。（　　）

答案：错。

解析：备调所在地的调控机构负责备调技术支持系统、通信系统及场所和环境的日常运行维护及故障检修等工作。

837. 备调所在地的调控机构编制备调场所应急预案及备调技术支持系统故障处置方案。（　　）

答案：对。

838. 备调所在地的调控机构协助开展备调应急演练、评估和人员培训工作。（　　）

答案：对。

839. 备调所在地的调控机构负责备调的后勤保障，提供有关办公、生活、消防、安全保障等条件。（　　）

答案：对。

840. 采用互备模式的备调技术支持系统、场所及后勤辅助设施的技改、大修计划，备调的日常维护、重大故障处理、检修等工作职责分工由参与互备的调控机构共同协商确定。（　　）

答案：对。

841. 正常工作模式是指主调和备调正常履行各自的调控职能，主调行使电网调控指挥权，备调值班设施正常运行，备调通信自动化等技术支持系统处于实时运行状态，为主调提供容灾备用。（　　）

答案：对。

842. 应急工作模式是指在主调因外力原因，临时不能完全或部分履行电网调控职能，在主调人员赶赴备调的过渡时期，由备调值班人员暂时接管电网调控部分或全部业务。（　　）

答案：错。

解析：应急工作模式是指在主调因外力原因，临时不能完全或部分履行电网调控职能，在主调人员赶赴备调的过渡时期，由主调值班人员暂时接管电网调控部分或全部业务。

843. 过渡期模式是指因突发事件，主调无法正常履行调控职能，按照备调启用条件、程序和指令，主调人员在备调行使电网调控指挥权。（　　）

答案：错。

解析：过渡期模式是指因突发事件，主调无法正常履行调控职能，按照备调启用条件、程序和指令，备调人员在备调行使电网调控指挥权。

844. 主调应每年安排调控、通信、自动化等专业人员赴备调同步值守，熟悉备调技术支持系统及备调值班场所工作环境。（　　）

答案：错。

解析：主调应每季度安排调控、通信、自动化等专业人员赴备调同步值守，熟悉备调技术支持系统及备调值班场所工作环境。

845. 备调各专业技术人员应学习了解主调电网基本情况、电网运行及调控机构各专业管理特点。（　　）

答案：对。

846. 备调值班人员培训考核、上岗资格认定由主调统一负责。（　　）

答案：对。

847. 备调值班人员取得上岗资格后，每年应不少于1次赴主调进行学习，参与主调调控值班，熟悉系统运行方式、运行规定和工作要求。（　　）

答案：错。

解析：备调值班人员取得上岗资格后，每年应不少于2次赴主调进行学习，参与主调调控值班，熟悉系统运行方式、运行规定和工作要求。

848. 备调值班人员值班期间应使用和验证主调技术支持系统。（　　）

答案：错。

解析：备调值班人员值班期间应使用和验证备调技术支持系统，发现缺陷及时通知专业人员进行处理。

849. 备调值班人员应及时做好备调运行资料更新，确保运行资料的准确性和一致性。（　　）

答案：对。

850. 备调自动化值班人员应同步做好备调技术支持系统资料更新，确保运行资料的准确性和一致性。（　　）

答案：对。

851. 调控各专业运行规程、技术标准、规定、制度、运行方式，以及备调各类规章、制度等应留存备查，突发事件应急处置预案可不必留存。（　　）

答案：错。

解析：调控各专业运行规程、技术标准、规定、制度、运行方式，以及备调各类规章、制度等应留存备查，包括突发事件应急处置预案。

852. 备调所在地调控机构负责备调场所的日常管理。备调场所应具备良好的安全保障，能确保备调场所安全；具备人员 24 小时值班所必需的日常需要，但用餐、保洁工作需自行承担。（　　）

答案：错。

解析：备调所在地调控机构负责备调场所的日常管理。备调场所应具备良好的安全保障，能确保备调场所安全；具备人员 24 小时值班所必需的日常需要（包括用餐、饮水、休息及必需的保洁工作）。

853. 主调应定期对备调技术支持系统进行功能检测和数据校对，备调所在地的调控机构应定期对备调技术支持系统进行检查、测试。（　　）

答案：对。

854. 厂站设备新投、检修及变动时，主调应将电网模型、图形于当天工作日内同步到备调技术支持系统，备调应与主调同步完成通道接入及信息联调核对工作。（　　）

答案：错。

解析：厂站设备新投、检修及变动时，主调应将电网模型、图形于 3 个工作日内同步到备调技术支持系统，备调应与主调同步完成通道接入及信息联调核对工作。

855. 互备模式下，备调所在地的调控机构对技术支持系统进行计划检修维护工作，对备调功能有影响的，应按主调检修管理的有关规定提前向主调办理检修维护申请，得到主调批准后方可进行。（　　）

答案：错。

解析：互备模式下，备调所在地的调控机构对技术支持系统进行计划检修维护工作，对备调功能有影响的，应与参与互备的调控机构相互协调后方可进行。

856. 发电厂、变电站基建竣工投运时，备调调度技术支持系统数据传输通道应保证同步建成投运，并应与主调技术支持系统数据传输通道相对独立。（　　）

答案：对。

857. 通信部门发现数据传输通道异常时，应立即通知相关调度值班人员并及时进行处理。（　　）

答案：错。

解析：当通信部门发现数据传输通道异常时，应立即通知相关自动化值班人员并及时进行处理。

858. 备调应急演练，各参演专业、部门、单位可以成立专门组织机构，制订周密的演练方案，确保演练不影响电网安全与正常调控业务。（　　）

答案：错。

解析：主备调应急演练，各参演专业、部门、单位必须成立专门组织机构，制订周密的演练方案，确保演练不影响电网安全与正常调控业务。

859. 备调短时转入应急工作模式的整体演练，演练应包括技术支持系统切换、人员转移和调控指挥权转移。（　　）

答案：错。

解析：备调短时转入应急工作模式的整体演练，演练应包括技术支持系统切换、人员转移，不涉及调控指挥权转移。

860. 对采用共备模式的主调应成立备调启用工作小组，负责备调的启用和调控指挥权转移。（　　）

答案：对。

861. 共备模式下省备调启用工作小组小组成员应包括主调各专业人员及备调所在单位成员，小组成员名单及递补顺序应预先确定并及时更新。（　　）

答案：对。

862. 进入应急工作模式后，主调调控业务由备调启用工作小组组长全面负责。（　　）

答案：错。

解析：进入应急工作模式后，主调调控业务由备调启用工作小组或主备调切换工作小组全面负责。

863. 对采用互备模式的调控机构，参与互备的调控机构内都应分别成立主备调切换工作小组。（　　）

答案：对。

864. 涉及电网企业的重大刑事案件暂未影响主调正常履行调控职能时，可不转移调度指挥权。（　　）

答案：对。

865. 备调调控指挥权转移必须在主调人员赶赴备调就位后进行。（　　）

答案：错。

解析：有条件时调控指挥权转移应在主调人员赶赴备调就位后进行；危急情况下主调失效，主调人员可以先进行调控指挥权转移，再立即赶赴备调；过渡时期由备调值班人员接管电网调控指挥权，主调人员到备调就位后完成交接。

866. 备调启用工作小组原则上应在 2～3 小时内到达备调开展工作，备调所在地单位应在 2 小时内落实有关后勤保障条件。（　　）

答案：对。

867. 调控机构应建立备调运行评估机制。（　　）

答案：对。

868. 调控机构实行以行政副职为安全第一责任人的安全生产责任制，建立健全安全生产责任体系、保证体系和监督体系。（　　）

答案：错。

解析：调控机构实行以行政正职为安全第一责任人的安全生产责任制。

869. 省级以上调控机构安全生产目标至少应包含不发生六级信息系统事件。（　　）

答案：错。

解析：省级以上调控机构安全生产目标至少应包含不发生五级信息系统事件。

870. 调控机构可以不逐级签订安全责任书，只要确保安全责任落实到岗。（　　）

答案：错。

解析：调控机构应逐级签订安全责任书，将安全责任分解落实到各层级、各专业、各岗位，确保安全责任落实到岗到人。

871. 安全责任书期限为一年，原则上应在每年一季度完成签订。人员岗位变动后，可不重新签订安全责任书。（　　）

答案：错。

解析：安全责任书期限为一年，原则上应在每年一季度完成签订。人员岗位变动后，应重新签订安全责任书。

872. 调控机构应设置专职安全员，各内设专业应设兼职安全员。（　　）

答案：对。

873. 调控机构安全员职责包括建立健全调控机构安全管理工作机制。（　　）

答案：对。

874. 各专业安全员负责对涉及本专业的业务进行日常检查，提出安全风险控制措施和建议。（　　）

答案：对。

875. 调控机构应在公司通用制度统一框架下，及时制定、动态修订电网运行及专业安全管理工作实施细则，确保实效性和可操作性。（　　）

答案：对。

876. 调控机构新上岗调控运行值班人员经专业培训后即可正式上岗。（　　）

答案：错。

解析：新上岗调控运行值班人员必须经专业培训并经考试合格后方可正式上岗。

877. 调控机构应定期对调控业务联系对象进行培训，组织开展持证上岗考试。（　　）

答案：对。

878. 调控机构迎峰度夏（冬、汛）专项安全检查主要内容可以不包括发电厂电力监控系统安全防护等方面。（　　）

答案：错。

解析：调控机构迎峰度夏（冬、汛）专项安全检查主要内容可以包括发电厂电力监控系统安全防护等方面。

879. 调控机构应以两年为周期对下级调控机构开展安全生产保障能力评估。（　　）

答案：错。

解析：调控机构应以三年为周期对下级调控机构开展安全生产保障能力评估。

880. 调控机构应建立运行值班员业务承载力分析机制，合理调配调度员、监控员值班期间的人数与工作量，安全、高效开展电网运行工作。（　　）

答案：对。

881. 外来工作人员上岗前，必须经过安全知识和安全规程的培训，经领导批准后，持证或佩戴标志上岗。（　　）

答案：错。

解析：外来工作人员上岗前，必须经过安全知识和安全规程的培训，考试合格后，持证或佩戴标志上岗。

882. 地市级调控机构的备用调度是地调利用区域内所辖变电站基础设施，建设独立于主调的备调技术支持系统，同时利用县调或相关人员实现对地调实时调度业务的备用。（　　）

答案：错。

解析：地市级调控机构的备用调度是地调利用区域内所辖县调、变电站基础设施，建设独立于主调的备调技术支持系统，在省调、所属县调、变电站等地建立备调值班设施，利用通信和自动化手段远程浏览、控制地调主调和备调技术支持系统，同时利用省调、县调或相关人员实现对地调实时调度业务的备用。

883. 地、县备用调度应逐步实现对主调实时业务、技术支持系统、实时数据采集、备用场所及值班设施的实时备用。（　　）

答案：对。

884. 主备调人员及技术支持系统应实行同质化运行管理。（　　）

答案：对。

885. 备调值班设施应采取独立于其他设施的 UPS 电源单独供电。（　　）

答案：对。

886. 实时业务备用方面，地为县备模式的地调应设置专用调度席位和专岗。（　　）

答案：错。

解析：实时业务备用方面，地为县备模式的地调应设置县调备用调度席位和专岗。

887. 主备调调度技术支持系统应保持同步运行、同步升级改造，确保电网模型和信息一致。设备新投、变动时，主调模型、数据应保证及时同步到备调。（　　）

答案：对。

888. 公司应急指挥中心负责突发情况下组织实施主备调调控指挥权转移。（　　）

答案：错。

解析：主调负责突发情况下组织实施主备调调控指挥权转移。

889. 通信运维单位负责备调调度技术支持系统的通道组织和方式安排，制订并组织实施备调通信系统的升级、改造方案，组织应急通信演练。（　　）

答案：错。

解析：主调自动化专业协调通信运维单位负责备调调度技术支持系统的通道组织和方式安排，制订并组织实施备调通信系统的升级、改造方案，组织应急通信演练。

890. 正常工作模式是指主调和备调正常履行各自的调控职能，主调掌握电网调控指挥权，备调值班设施正常运行，备调通信自动化等技术支持系统处于实时运行状态，为主调提供数据容灾备份。（　　）

答案：对。

891. 应急工作模式是指因突发事件，主调无法正常履行调控职能，按照备调启用条件、程序和指令，主调人员在备调行使电网调控指挥权。（　　）

答案：对。

892. 备调应针对可能发生的突发事件及危险源至少制订以下预案（方案）：备调场所突发事件应急预案；备调技术支持系统故障处置方案；备调通信系统故障处置方案。（　　）

答案：对。

893. 主调应针对可能发生的突发事件及危险源制订备调启用专项应急预案，预案应包括组织体系、人员配置、工作程序及后勤保障等内容。（　　）

答案：对。

894. 备调书面资料，每季度至少与主调同步更新一次。（　　）

答案：错。

解析：备调书面资料，每月至少与主调同步更新一次。

895. 备调调度技术支持系统应按照《电力二次系统安全防护规定》的要求建立完备的安全防护体系，制定相应的管理措施，实现“安全分区、网络专用、横向隔离、纵向认证”，满足安全等级保护要求。（　　）

答案：对。

896. 备调值班场所席位设置应满足应急工作模式下各专业人员工作要求，备调调度室内至少设置专用备调席位 1 席。（　　）

答案：错。

解析：备调值班场所席位设置应满足应急工作模式下各专业人员工作要求，备调调度室内至少设置专用备调席位 2 席。

897. 地调运维人员负责进行备调技术支持系统常态化检查、测试及故障消缺等日常维护工作，负责对备调值班设施及备调技术支持系统日常巡视。（　　）

答案：错。

解析：地调运维人员负责进行备调技术支持系统常态化检查、测试及故障消缺等日常维护工作，备调所在单位值班人员负责对备调值班设施及备调技术支持系统日常巡视。

898. 厂站设备新投、变动时，调控机构应同时完成主备调技术支持系统的接入调试，以及备调与主调模型、参数、图形和运行资料的同步更新。（　　）

答案：对。

899. 备调技术支持系统和数据应定期进行备份。（　　）

答案：对。

900. 备调所在单位负责备调技术支持系统及通信调度台的运行状态监视，负责开展调度、监控电话测试，数据同步管理。（　　）

答案：错。

解析：主调应负责备调技术支持系统及通信调度台的运行状态监视，负责开展调度、监控电话测试，数据同步管理。

901. 备调调度技术支持系统机房应纳入备调所在单位办公场所统一管理。（　　）

答案：错。

解析：备调调度技术支持系统机房应纳入所在地调控机构机房统一管理。

902. 发电厂、变电站基建竣工投运时，备调调度技术支持系统数据传输通道应保证同步建成投运。（　　）

答案：对。

903. 通信运维单位需要中断备调调度技术支持系统数据传输通道时，应按有关规定事先取得上级通信单位的同意后方能执行。（　　）

答案：错。

解析：通信运维单位需要中断备调调度技术支持系统数据传输通道时，应按有关规定事先取得主调自动化管理部门的同意后方能执行。

904. 地县调控机构应每半年安排值班人员赴备调值守，熟悉备调技术支持系统及备调值班场所工作环境。（　　）

答案：错。

解析：地县调控机构应每季度安排值班人员赴备调值守，熟悉备调技术支持系统及备调值班场所工作环境。

905. 地县调控机构应每半年组织一次调控指挥权转移的综合演练。（　　）

答案：错。

解析：地县调控机构应每年组织一次调控指挥权转移的综合演练。

906. 综合演练时，主备调均应有主调负责人及各专业人员参加。（　　）

答案：对。

907. 演练应包括技术支持系统切换、人员转移和调控指挥权转移，主调应关闭值班场所。（　　）

答案：错。

解析：演练应包括技术支持系统切换、人员转移和调控指挥权转移，主调至少应关闭值班场所及SCADA功能。

908. 备调年度演练至少应通过48小时以上的连续启用检验。（　　）

答案：错。

解析：备调年度演练至少应通过24小时以上的连续启用检验。

909. 主调应成立备调工作小组，在接到“备调启用”指令后，负责备调的启用和运行维护管理。组长由主调安全生产第一责任人担任，常务副组长由实时业务备用所在地部门（处室、单位）的负责人担任。（　　）

答案：对。

910. 备调由正常工作模式转入应急工作模式，原则上调控指挥权转移应在主调人员赶赴备调就位后进行；危急情况下主调失效，主调人员可以先进行调控指挥权转移至实时业务备用承担单位，再立即赶赴备调。（　　）

答案：对。

911. 调控机构应在接到“备调由正常转入应急工作模式”的批准后，第一时间启动备调工作小组，做好开赴备调的集结，备调工作小组原则上应在2～3小时内到达备调开展工作并落实有关后勤保障条件。（　　）

答案：错。

解析：调控机构应在接到“备调由正常转入应急工作模式”的批准后，第一时间启动备调工作小组，做好开赴备调的集结，备调工作小组原则上应在2～3小时内到达备调开展工作，备调所在地单位应在2小时内落实有关后勤保障条件。

912. 调控指挥权转移前，主调值班调度员应事先汇报上级调度拟转移情况。（　　）

答案：错。

解析：调控指挥权转移后，备调值班调度员应立即汇报上级调度。

913. 经评估确认主调已具备行使电网调控指挥权能力后，由主调安全生产第一责任人发出启动主备调切换流程的指令，确认满足调控指挥权转移的条件并正式交接后，电网调控指挥权由备调转回至主调。（　　）

答案：对。

914. 调控指挥权的转回不安排在备调正在进行倒闸操作、异常事故处理及恶劣天气时进行。（　　）

答案：对。

915. 调控指挥权转回后，主调值班调度员应立即汇报上级调度。（　　）

答案：对。

916. 地县调控机构应结合年度演练，每年对备调管理情况进行一次总体评估。（　　）

答案：对。

917. 发生因突发事件导致调控指挥权转移至备调，地县调控机构应立即组织分析评估。（　　）

答案：错。

解析：发生因突发事件导致调控指挥权转移至备调，事件结束后一周内，地县调控机构应组织分析评估。

918. 调控机构主备调综合转换演练评估目的是实现对调控机构主备调综合转换演练过程、备调场所设施设备建设与维护、备用调度系统建设与维护、常态化演练情况进行全面诊断和量化评价。（　　）

答案：对。

919. 调控机构应每年开展主备调综合转换演练评估工作，评估可采用自评、互评、集中查评三种方式。（　　）

答案：对。

920. “互评”即同级调控机构开展主备调综合转换演练交叉评价。（　　）

答案：错。

解析：“互评”即同级调控机构在上级调控机构的组织下开展主备调综合转换演练交叉评价。

921. 开展主备调综合转换演练前，调控机构应按重大事项报告相关规定向上级调控机构进行汇报。（　　）

答案：错。

解析：开展主备调综合转换演练前，调控机构应按重大事项报告相关规定向本公司有关部门及上级调控机构进行汇报。

922. 被评估单位应在评估完成后10个工作日内向上级调控机构报送演练总结及整改（计划）报告。（　　）

答案：对。

923. 备调选址应在上下级调度、平级调度或地理区域内变电站（运维站）等地点建立独立的备用应急值班场所。（　　）

答案：错。

解析：备调选址应在上下级调度、平级调度或地理区域内变电站（运维站）等有人进行系统维护、能够提供业务备用的地点建立独立的备用应急值班场所。

924. 备调场所与主调保持适当的地理距离，具备可靠的交通运输保障手段，人员从主备到达备调调度场所端对端交通时间不超过3小时。（　　）

答案：对。

925. 备调场所只设置调度、监控运行值班工作席位。（　　）

答案：错。

解析：备调场所应设立技术支持办公区，并配置计划、方式、保护、自动化等工作席位。

926. 备调场所和相关机房应满足防火、防恐等要求。消防器材配置符合标准且定期维护，记录完整；门禁齐备，出入履行登记手续。（　　）

答案：对。

927. 备调系统可利用所在地点其他设施的UPS电源供电。（　　）

答案：错。

解析：备调系统应采用独立UPS电源供电，UPS容量满足系统运行要求。

928. 备调应建设独立的EMS系统及OMS系统，备用EMS系统应包括SCADA、监控功能等与主调系统一致的全功能模块，备调系统功能应与主调一致。（　　）

答案：对。

929. 主调应接入备调系统远程终端，主调系统异常时，使用备调远程终端开展（部分）调控业务。（　　）

答案：错。

解析：主备调应相互接入对侧系统远程终端，主调常态使用备调远程终端开展（部分）调控业务，主备调控系统并列运行、交叉应用。

930. 备调系统设备采用双机、双网冗余配置，可靠性和系统性能满足指标要求。（　　）

答案：对。

931. 备调系统应与调控范围内变电站和发电厂实现单网单平面通信，当网络故障时，相关量测量可采用主调转发模式。（　　）

答案：错。

解析：备调系统应与调控范围内变电站和发电厂实现双网双平面通信，相关量测量采用“直采直送”。

932. 备调UPS在交流电源消失后，不间断供电维持时间应不少于3小时。（　　）

答案：错。

解析：备调UPS在交流电源消失后，不间断供电维持时间应不少于2小时。

933. 备调座席应连接专用的调度交换机，使用与主调一致的人机设备，具备与主调一致的数据内容和显示界面，操作流程一致。（　　）

答案：对。

934. 主备调调度电话号码应分别设置，做好备案并通知相关单位留存。（　　）

答案：错。

解析：主备调调度电话号码一致，且能同步振铃。

935. 备调值班电话应具备录音功能，对备调调度电话进行实时录音，并具有查询、备份等功能。（　　）

答案：错。

解析：备调值班电话具备独立的电脑录音设备，对备调调度电话进行实时录音，并具有查询、备份等功能。

936. 备调值班员应具备主调值班资格，并统一纳入主调调度员持证上岗管理。（　　）

答案：对。

937. 各级调控机构主备调综合转换演练时长应不少于48小时。(　　)

答案：错。

解析：省级及以上调控机构主备调综合转换演练时长应不少于48小时，地县级调控机构不少于24小时。

938. 综合转换演练方案应以事故处置应急预案为基础，明确演练流程、内容和各类保障措施等重点事项的安排。(　　)

答案：错。

解析：综合转换演练方案应以备调启用专项应急预案为基础，明确演练流程、内容和各类保障措施等重点事项的安排。

简答题

第一章　电网安全规定及法律法规

1. 什么是电力安全事故?

答：电力安全事故是指电力生产或者电网运行过程中发生的影响电力系统安全稳定运行或者影响电力正常供应的事故（包括热电厂发生的影响热力正常供应的事故）。

2. 电力安全事故调查报告应当包括哪些内容?

答：(1) 事故发生单位概况和事故发生经过；

(2) 事故造成的直接经济损失和事故对电网运行、电力（热力）正常供应的影响情况；

(3) 事故发生的原因和事故性质；

(4) 事故应急处置和恢复电力生产、电网运行的情况；

(5) 事故责任认定和对事故责任单位、责任人的处理建议；

(6) 事故防范和整改措施。

事故调查报告应当附具有关证据材料和技术分析报告。事故调查组成员应当在事故调查报告上签字。

3. 什么是突发事件，突发事件如何分级?

答：突发事件是指突然发生，造成或者可能造成严重社会危害，需要采取应急处置措施予以应对的自然灾害、事故灾难、公共卫生事件和社会安全事件。

按照社会危害程度、影响范围等因素，自然灾害、事故灾难、公共卫生事件分为特别重大、重大、较大和一般四级。法律、行政法规或者国务院另有规定的，从其规定。

4.《电网调度管理条例》中对“电网调度”如何定义?

答：《电网调度管理条例》所称的电网调度，是指电网调度机构（以下简称调度机构）为保障电网的安全、优质、经济运行，对电网运行进行的组织、指挥、指导和协调。电网调度应当符合社会主义市场经济的要求和电网运行的客观规律。

5. 电网调度机构分为几级，分别包含哪些机构?

答：调度机构分为五级，分别为国家调度机构，跨省、自治区、直辖市调度机构，省、自治区、直辖市级调度机构，省辖市级调度机构，县级调度机构。

6. 出现哪些紧急情况，值班调度人员可以向本电网内的发电厂、变电站的运行值班单位发布调度指令?

答：(1) 发电、供电设备发生重大事故或者电网发生事故；

(2) 电网频率或者电压超过规定范围；

(3) 输变电设备负载超过规定值；

(4) 主干线路功率值超过规定的稳定限额；

(5) 其他威胁电网安全运行的紧急情况。

7. 电网公司基层单位安全目标是什么?

答：(1) 不发生重伤及以上人身事故；

(2) 不发生五级及以上电网、设备事件；

(3) 不发生一般及以上火灾事故；

(4) 不发生六级及以上信息系统事件；

(5) 不发生煤矿较大及以上非伤亡事故；

（6）不发生本单位负同等及以上责任的重大交通事故；

（7）不发生其他对公司和社会造成重大影响的事故（事件）；

（8）满足百日安全个数或安全天数。

8. 电网公司基层单位之供电单位应满足的百日安全个数或安全天数是如何规定的？

答：供电单位：35千伏及以上电压等级的主变压器容量10000兆伏安及以上的供电企业1个，5000～10000兆伏安的供电企业2个，5000兆伏安及以下供电企业3个。

9. 省级以上调控机构安全生产目标至少应包含哪些内容？

答：（1）不发生有人员责任的一般以上电网事故；

（2）不发生有人员责任的一般以上设备事故；

（3）不发生重伤以上人身事故；

（4）不发生危害电网安全的电力监控系统网络安全事件；

（5）不发生五级信息系统事件；

（6）不发生调控生产场所火灾事故；

（7）不发生影响公司安全生产记录的其他事故。

10. 调控机构安全活动记录应包括哪些内容？

答：（1）传达上级有关安全生产指示；

（2）学习事故通报及安全生产简报；

（3）讨论、分析安全生产隐患及整改措施；

（4）布置本专业安全生产工作；

（5）其他与安全生产有关的工作。

第二章　安全管理理论基础

11. 安全生产五要素指的是什么？

答：安全生产五要素是指安全文化、安全法制、安全责任、安全科技、安全投入。

12. 我国安全生产管理方针及其含义是什么？

答：安全生产方针是“安全第一，预防为主，综合治理”。“安全第一”是指在生产劳动过程中，安全始终是第一位的，是头等大事，生产必须安全，安全才能促进生产，抓生产首先必须抓安全。“预防为主”是指实现安全生产的最有效措施是对事故积极预防、主动预防，把事故隐患消灭在萌芽状态。“综合治理”是保证安全的具体方式和措施，通过法律的、经济的、行政的、教育的等多种形式和手段进行综合治理。

13. 安全事故具有哪些基本特性？

答：事故的基本特性有普遍性、随机性、必然性、因果相关性、突变性、潜伏性、危害性、可预防性。

14. 预防原理应遵循什么原则？

答：运用预防原理应遵循偶然损失原则、因果关系原则、3E原则、3P原则、本质安全化原则。

15. 系统安全的含义是什么？

答：系统安全是指在系统寿命周期的所有阶段，以使用效能、时间为条件，应用工程和管理的原理、准则、技术，使系统获得最佳的安全性。

16. 什么是安全管理？（答案不唯一）

答：安全管理是管理者对安全生产进行的计划、组织、监督、协调和控制的一些列活动，其目的是保护职工在生产过程中的安全与健康，保护国家和集体的财产不受损失，促进企业改善管理，提高效益，保障事业的顺利发展。

17. 安全管理计划的作用有哪些？

答：（1）安全管理计划是安全决策目标实现的保证；

（2）安全管理计划是安全工作的实施纲领；

（3）安全管理计划能够协调、合理利用一切资源，使安全管理活动取得最佳效益。

第三章　安全生产目标管理

18. 国网公司安全工作的总体目标是防止哪些事故（事件）的发生？

答：(1) 人身死亡；

(2) 大面积停电；

(3) 大电网瓦解；

(4) 主设备严重损坏；

(5) 电厂垮坝、水淹厂房；

(6) 重大火灾；

(7) 煤矿透水、瓦斯爆炸；

(8) 其他对公司和社会造成重大影响、对资产造成重大损失的事故（事件）。

19. 省级电网公司的安全目标是什么？

答：(1) 不发生人身死亡事故；

(2) 不发生一般及以上电网、设备事故；

(3) 不发生重大火灾事故；

(4) 不发生五级信息系统事件；

(5) 不发生煤矿重大及以上非伤亡事故；

(6) 不发生本单位负同等及以上责任的特大交通事故；

(7) 不发生其他对公司和社会造成重大影响的事故（事件）。

20. 地市供电企业的安全目标是什么？

答：(1) 不发生重伤及以上人身事故；

(2) 不发生五级及以上电网、设备事件；

(3) 不发生一般及以上火灾事故；

(4) 不发生六级及以上信息系统事件；

(5) 不发生煤矿较大及以上非伤亡事故；

(6) 不发生本单位负同等及以上责任的重大交通事故；

(7) 不发生其他对公司和社会造成重大影响的事故（事件）。

21. 县公司级单位的安全目标是什么？

答：(1) 不发生五级及以上人身事故；

(2) 不发生六级及以上电网、设备事件；

(3) 不发生一般及以上火灾事故；

(4) 不发生七级及以上信息系统事件；

(5) 不发生煤矿一般及以上非伤亡事故；

(6) 不发生本单位负同等及以上责任的重大交通事故；

(7) 不发生其他对公司和社会造成重大影响的事故（事件）。

22. 调控各专业安全生产目标至少应包含哪些内容？

答：(1) 不发生调控值班人员误调度、误操作、漏监视信号等事件；

(2) 不发生监控信号误接入、误定义、误分类等事件；

(3) 不发生发电计划、停电检修计划安排不当等事件；

(4) 不发生系统运行方式安排不合理、无功电压控制策略安排不当等事件；

(5) 不发生继电保护和安全自动装置配置不当、误整定等事件；

(6) 不发生调度自动化系统 SCADA 功能全部丧失等事件；

(7) 不发生危害电网安全的电力监控系统网络安全事件；

(8) 不发生因调度运行安排不当导致的水库水位运行异常事件。

23. 对事故有关责任单位和人员给予的处罚措施包括哪些？

答：组织处理、政纪处分、经济处罚、下发“督办单”、曝光、通报约谈和“说清楚”。

24. 根据《国网安徽省电力有限公司安全考核奖惩规范》，事故发生后有哪些行为，根据事故类别和级别，对有关单位和相关人员至少提高一个事故等级处罚，对主要策划者和决策人按事故主要责任者给予提高等级的处罚？(回答五条及以上)

答：(1) 迟报、漏报、谎报或瞒报事故的；

(2) 伪造或故意破坏事故现场的；

(3) 销毁有关证据、资料的；

(4) 拒绝接受调查或拒绝提供有关情况和资料的；

(5) 在事故调查中作伪证或指使他人作伪证的；

(6) 事故发生后逃匿的；

(7) 事故发生后不立即组织抢救或事故调查处理期间擅离职守的；

(8) 在重大保电活动期间，发生责任性的安全事故，并造成恶劣影响的；

(9) 反事故措施不落实、隐患治理不及时、风险预警管控不到位导致安全事故的；

(10) 对安全生产突发事件处置不当，造成较大社会影响的。

25.《国网安徽省电力有限公司安全考核奖惩规范》中对工作票执行无差错奖的奖励范围、考核条件和奖励标准是如何规定的？

答：奖励范围：现场工作负责人、工作许可人和工作票签发人。考核条件：每月根据工作票执行数量、两票评价规范性进行考核，进行统计、考核、兑现。奖励标准结合各类工作票的现场风险、管控难度，实现差异化奖励，对第一种工作票（含高压停电事故应急抢修单）的奖励金额不低于 50 元/张。对被各级稽查发现有严重及以上违章的相关工作负责人、工作许可人和工作票签发人的当月工作票执行无差错奖全部扣除。

26.《国网安徽省电力有限公司安全考核奖惩规范》中对调度和倒闸操作无差错奖的奖励方式是如何规定的？

答：根据下达调令、执行操作的步数（项数）累计，调令步数每安全达到 100 项、现场执行操作每安全达到 1000 步（项），予以不低于 200 元即时奖励；对出现误调度、误操作的单位，全年不得兑现调度和倒闸操作无差错奖。

第四章 安全生产保证和监督体系及例行工作

27. 什么是调度关系转移？

答：经两调度控制机构协商一致，决定将一方调度直调范围的某些设备的调度指挥权，暂由另一方代替行使。转移期间，设备由接受调度关系转移的一方调度全权负责，直至转移关系结束。

28. 保证电力系统安全稳定运行的“三道防线”是什么？

答：所谓“三道防线”，是指在电力系统受到不同扰动时对电网保证安全可靠供电方而提出的要求，包括：

(1) 满足电力系统第一级安全稳定标准要求，由系统一次网架及继电保护装置来保证，作为系统稳定运行的第一道防线。

(2) 满足电力系统第二级安全稳定标准要求，配置切机、切负荷控制等装置，作为系统稳定运行的第二道防线。

(3) 满足电力系统第三级安全稳定标准要求，配置适当的失步解列装置及足够容量的低频率、低电压减负荷装置和高频率切机、快关主气门等装置，作为系统稳定运行的第三道防线。

29. 电力系统发生事故处理的一般处理原则？

答：事故处理原则：

(1) 尽速限制事故发展，消除事故的根源并解除对人身和设备安全的威胁；

(2) 调整电力系统的运行方式，使其恢复正常；

(3) 用一切可能的方法保持设备继续运行，以保证对用户的正常供电；

(4) 尽速对已停电的用户恢复供电，对重要用户应优先恢复供电。

30. 调度自动化运行交接班的内容有哪些？

答：(1) 自动化值班日志；

(2) 运行监视、巡视过程中的异常情况；

(3) 正在进行的检修工作进展情况；

(4) 自动化系统缺陷处置详情，缺陷派修单跟踪情况。

31. 什么是最小运行方式？

答：最小运行方式是系统在该运行方式时具有最大的短路阻抗值，发生短路后产生的短路电流最小的一种运行方式。一般根据系统最小运行方式的短路电流值来校验继电保护装置的灵敏度。

32. 什么是调度指令，包括哪些内容？

答：所谓调度指令，是指上级值班调度人员对调度系统下级值班人员发布的必须强制执行的决定。电网调度系统中习惯称其为调度命令。

调度指令包括调度机构值班调度人员有权发布的一切正常操作、调整和事故处理的指令，例如：电网送变电设备的倒闸操作指令，开停发电机、调相机或增减出力的指令，投退继电保护或安全自动装置或更改其整定值的指令，拉闸限电指令等。指令形式可以是单项令、逐项令或综合令。

33. 什么是继电保护的主保护和后备保护？

答：(1) 主保护是满足系统稳定和设备安全要求，能以最快速度有选择地切除被保护设备和线路故障的保护。

(2) 后备保护是主保护或断路器拒动时，用来切除故障的保护。后备保护可分为远后备保护和近后备保护两种：远后备保护是当主保护或断路器拒动时，由相邻电力设备或线路的保护来实现的后备保护；近后备保护是当主保护拒动时，由本电力设备或线路的另一套保护来实现后备的保护；当断路器拒动时，由断路器失灵保护来实现后备保护。

34. 调度数据网的组成及作用是什么？

答：调度数据网是承载电力系统生产控制大区各类业务的专用数据网络，是实现各级调度机构之间及调度机构与厂站之间数据传输和交换的基础设施，由骨干网和各级接入网组成。

35. 调度业务交接内容应包括哪些？(回答五条及以上)

答：(1) 电网频率、电压、联络线潮流运行情况；

(2) 调管电厂出力计划及联络线计划调整情况；

(3) 调管电厂的机、炉等设备运行情况；

(4) 当值适用的启动调试方案、设备检修单、运行方式通知单，电网设备异动情况，操作票执行情况；

(5) 当值适用的稳定措施通知单及重要潮流断面控制要求、稳定措施投退情况；

(6) 当值适用的继电保护通知单、继电保护及安全自动装置的变更情况；

(7) 调管范围内线路带电作业情况；

(8) 通信、自动化系统运行情况，调度技术支持系统异常和缺陷情况；

(9) 其他重要事项。

36. 地调和县调（以下简称“地（县）调”）实施一体化运作，主要职责有哪些？

答：(1) 负责地区电网调控运行，调度管辖 10～110 (66) 千伏和终端 220 千伏系统；承担地域内 35～220 千伏和 330 千伏终端站变电设备运行集中监控、输变电设备状态在线监测与分析业务；考虑地域差异性，地（县）调 10～35 千伏的调控范围可因地制宜调整；

(2) 负责配网故障研判及抢修协调指挥业务；

(3) 负责贯彻落实公司电力调度控制方面的规章制度、技术标准及其他规范性文件；

(4) 承担所辖地区电网调度运行、设备监控、调度计划、水电及新能源、运行方式、继电保护、自动化等各专业管理职责；

(5) 负责统筹协调与所辖地。

37. 在电力通信电源上工作，有哪些一般规定？

答：新增负载前，应核查电源负载能力，并确保各级开关容量匹配；拆接负载电缆前，应断开电源的输出开关；直流电缆接线前，应校验线缆两端极性；裸露电缆线头应做绝缘处理。

38. 电力系统的基本概念是什么？

答：电力系统是指由发电、输电、变电、配电及电力调度等环节组成的电能生产、传输和分配的系统。

39. 电力事故的基本概念是什么？

答：电力事故是指电力生产、建设过程中发生的电力安全事故、电力人身伤亡事故、发电设备或输变电设备设施损坏造成直接经济损失的事故。

40. 电力安全事件的基本概念是什么？

答：电力安全事件是指未构成电力安全事故，但影响电力（热力）正常供应，或对电力系统安全稳定运行构成威胁，可能引发电力安全事故或造成较大社会影响的事件。

41. 什么是电网的经济调度？

答：经济调度是指在电网安全和优质的运行条件下，合理利用现有的能源和设备，采用各种技术和管理手段，在满足一些列约束条件下，将电网的总负荷按最佳经济效益分配给各个电厂和电厂的各台机组，使全系统以最小的发供电运行成本保证对用户的正常供电。

42.《国家电网公司安全工作规定》中对新上岗生产人员培训有哪些要求？

答：(1) 运维、调控人员（含技术人员）、从事倒闸操作的检修人员，应经过现场规程制度的学习、现场见习和至少2个月的跟班实习；

（2）检修、试验人员（含技术人员），应经过检修、试验规程的学习和至少2个月的跟班实习；

（3）用电检查、装换表、业扩报装人员，应经过现场规程制度的学习、现场见习和至少1个月的跟班实习；

（4）特种作业人员，应经专门培训，并经考试合格取得资格、单位书面批准后，方能参加相应的作业。

43.《国家电网公司安全工作规定》关于在岗生产人员的培训是怎么要求的？（回答三条即可）

答：（1）在岗生产人员应定期进行有针对性的现场考问、反事故演习、技术问答、事故预想等现场培训活动；

（2）因故间断电气工作连续3个月以上者，应重新学习《电力安全工作规程》，并经考试合格后，方可再上岗工作；

（3）生产人员调换岗位或者其岗位需面临新工艺、新技术、新设备、新材料时，应当对其进行专门的安全教育和培训，经考试合格后，方可上岗；

（4）变电站运维人员、电网调控人员，应定期进行仿真系统的培训；

（5）所有生产人员应学会自救互救方法、疏散和现场紧急情况的处理，应熟练掌握触电现场急救方法，所有员工应掌握消防知识。

44.什么叫电力通信系统？

答：电力通信系统是指用以完成电力系统运行、经营和管理等活动中所需各种信息传输与交换的技术系统的总称，包括通信设备、通信线路、通信电源及电力通信网管等各类软件系统。

45.停电计划安排的原则是什么？

答：应按照常规检修配合基建和技改工程、二次设备检修配合一次设备检修、下级电网停电服从上级电网停电的原则安排停电计划，保障输变电设备工作配合，电网、电源和用户工作配合，主、配、农网设备工作配合，实现“综合平衡、一停多用”。

46.班前会的含义是什么？

答：班前会应结合当班运行方式、工作任务，开展安全风险分析，布置风险预控措施，组织交待工作任务、作业风险和安全措施，检查个人安全工器具、个人劳动防护用品和人员精神状况。

47.班后会的含义是什么？

答：班后会应总结讲评当班工作和安全情况，表扬遵章守纪，批评忽视安全、违章作业等不良现象，布置下一个工作日任务。班前会和班后会均应做好记录。

48.公司各级单位对安全会的开展有哪些要求？

答：（1）年度安全活动。根据公司年度安全工作安排，组织开展专项安全活动，抓好活动各项任务的分解、细化和落实。

（2）安全生产月活动。根据全国安全生产月活动要求，结合本单位安全工作实际情况，每年开展为期一个月的主题安全月活动。

（3）安全日活动。班组每周或每个轮值进行一次安全日活动，活动内容应联系实际，有针对性，并做好记录。班组上级主管领导每月至少参加一次班组安全日活动并检查活动情况。

49.公司所属各级单位应与并网运行的发电企业（包括电力用户的自备电源和分布式电源）签订并网调度协议，在并网协议中至少明确哪些内容？（回答三条即可）

答：（1）对保证电网安全稳定、电能质量方面双方应承担的责任；

（2）为保证电网安全稳定、电能质量所必须满足的技术条件；

（3）对保证电网安全稳定、电能质量应遵守的运行管理、检修管理、技术管理、技术监督等规章制度；

（4）并网电厂应开展并网安全性评价工作，达到所在电网规定的并网必备条件和评分标准要求；

（5）并网电厂应参加电网企业为保证电网安全稳定、电能质量为目的组织的联合反事故演习；

（6）发生影响到对方的电网、设备安全稳定运行、电能质量的事故（事件），应为对方提供有关事故调查所需数据资料及事故时的运行状态。

50. 违章按照性质分为管理违章、行为违章和装置违章三类，具体含义分别是什么。

答：（1）管理违章是指各级领导、管理人员不履行岗位安全职责，不落实安全管理要求，不健全安全规章制度，不执行安全规章制度等的各种不安全作为；

（2）行为违章是指现场作业人员在电力建设、运行、检修、营销服务等生产活动过程中，违反保证安全的规程、规定、制度、反事故措施等的不安全行为；

（3）装置违章是指生产设备、设施、环境和作业使用的工器具及安全防护用品不满足规程、规定、标准、反事故措施等的要求，不能可靠保证人身、电网和设备安全的不安全状态和环境的不安全因素。

51. 各级调控中心在应急处理中的主要职责是什么？

答：（1）判断事件性质及其影响范围；

（2）监控相关电网输变电运行设备信息，发现并汇报事故及异常信息，为事故处理提供依据；

（3）指挥电网故障处理；

（4）采取一切必要手段，控制事件波及范围，有效防止事态进一步扩大，尽可能保证主网安全和重点地区、重要城市的电力供应；

（5）制订电网恢复方案和恢复步骤，并组织实施；

（6）指导所辖电网内重点城市的供电恢复工作；

（7）及时将大面积停电事件的事态发展和处置情况向上级领导汇报。

52. 电网运行日常应急工作归口调控中心综合技术处室负责。日常工作包括哪些内容？

答：（1）按照统一对外的原则，负责调控中心与相关单位、本级公司应急指挥中心的应急协调；

（2）督导调控系统应急工作任务在电网运行日常工作中的落实；

（3）组织开展调控应急工作预案的编制、培训、演练及修订工作；

（4）根据上级调控中心要求，由自动化处联系信通公司组织启动和值守应急电话会议系统；

（5）及时向上级应急指挥部上报应急组织机构成员组成及变更情况。应急指挥部组织机构相关人员变动后，应在5个工作日内书面上报新的人员名单和联系方式。

53. 调控机构安全员任职条件有哪些？

答：（1）坚持原则，具有中级及以上职称；

（2）熟悉与电网安全生产有关的法律、法规、技术标准、文件；

（3）专职安全员应具有电网运行、管理工作经验，兼职安全员应具有一定本专业工作经验；

（4）专职安全员应经过安全生产管理知识培训，具备上岗资格。

54. 调控机构安全员的主要职责有哪些？

答：（1）监督调控机构安全责任制的落实；监督各项安全规章制度、反事故措施和上级有关安全工作指示的贯彻执行，及时反馈在执行中存在的问题并提出完善修改意见；

（2）监督涉及电网运行的核心业务执行情况，所属设备、设施安全状况，涉及人身安全的防护状况，对监督检查中发现的问题和隐患，及时向主管领导报告；

（3）建立安全管理机制；

（4）监督安全培训计划的落实，组织或配合《电力安全工作规程》《电网调度安全百问百查读本》《电网调度反管理性违章和习惯性违章指南》《电网调度安全风险辨识防范手册》等安全规定的培训和考试。

55. 调控机构日常安全监督的主要内容有哪些？

答：（1）调度控制操作票、调度电话录音、调控值班日志、在线安全风险分析执行情况；

（2）电网日前停电检修工作票、电网日前计划执行情况；

（3）新设备投产调试方案、电网稳定措施通知单执行情况；

（4）继电保护定值整定计算方案和继电保护定值整定单执行情况；

（5）自动化系统及设备检修工作票，自动化值班日志及自动化运行消缺值班记录执行情况；

（6）设备监控信息接入及问题处置执行情况；

（7）隐患排查及治理情况；

（8）机房环境、电源及消防设施等情况。

56. 调控机构安全员日常监督工作有哪些要求？

答：各专业安全员应开展本专业核心业务评估及控制要点的日常检查，提出安全风险控制措施建议，安全员开展核心业务月度监督检查，按月形成监督查评报告，提出评价意见和整改建议，并检查和跟踪整改措施落实情况。

57. 调控机构新入职人员教育培训有哪些要求？

答：调控机构新入职人员必须经处（科）安全教育、中心安全培训并经考试合格后方可进入专业处（科）开展工作，安全教育培训的主要内容应包括电力安全生产法律法规、技术标准、规章制度及调控机构制定的安全生产相关工作要求。

58. 调控机构新上岗调控运行人员教育培训有哪些要求？

答：调控机构新上岗调控运行人员必须经专业培训、现场实习并经考试合格后方可正式上岗，专业培训的主要形式包括发电厂和变电站现场实习、调度跟班实习、各专业轮岗学习、专业技术培训等。

59. 调控机构在岗生产人员的培训有哪些要求？

答：（1）调控机构应定期组织在岗人员的安全教育培训，对在岗人员开展有针对性的现场考问、技术问答、事故预想、反事故演习等培训工作；

（2）调控机构应加强在岗生产人员现场培训，熟悉现场设备及工作流程，调控运行、设备监控管理专业至少每年开展2次、其他专业至少每年开展1次；

（3）离开调控运行岗位3个月及以上的调控人员，应重新熟悉设备和系统运行方式，并经安全规程及业务考试合格后，方可重新开展调控运行工作；

（4）生产人员调换岗位，应当对其进行专门的安全教育和培训，经考试合格后，方可上岗；

（5）每年应进行一次全员安全知识和安全规程制度考试，考试成绩应记入员工个人教育培训档案，不及格的应限期补考，合格后方可重新上岗。

60. 调控机构安全日活动记录主要内容有哪些？

答：（1）传达上级有关安全生产指示；

（2）学习事故通报及安全生产简报；

（3）讨论、分析安全生产隐患及整改措施；

（4）布置本专业安全生产工作；

（5）其他与安全生产有关的工作。

61. 调控机构季度安全分析会的会议主要内容应至少包括哪些？

答：（1）组织学习有关安全生产的文件；

（2）通报季度电网运行情况；

（3）各专业根据电力电量平衡、电网运行方式变更、季节变化、水情变化、火电储煤变化、技术支持系统运行情况等，综合分析安全生产趋势和可能存在的风险；

（4）根据安全生产趋势，针对电网运行存在的问题，研究应对事故采取的预防对策和措施；

（5）总结事故教训，布置下季度安全生产重点工作。

62. 调控机构迎峰度夏（冬、汛）专项检查的内容有哪些？

答：（1）结合季节安全生产特点，以查管理、查规程制度执行情况、查隐患、查安全措施落实情况为重点，从电网运行管理、二次设备管理（含安控、继电保护、调度自动化）、网厂（场）协调管理、技术监督、缺陷管理、应急预案制订，以及预防演练、迎峰度夏（冬、汛）准备情况等方面开展检查工作；

（2）检查直调发电厂（场）运行管理、设备维护、电煤供应、应急处置等方面存在的问题和薄弱环节，重点检查影响电网安全运行的电厂公共环节（直流、母线、厂用电、电源）等。

63. 调控机构节假日及特殊保电等时期专项安全检查内容有哪些？

答：（1）保电工作组织领导和工作制度执行情况；

（2）保电工作方案、事故处理预案、电网应急预案及备调运行管理情况；

（3）值班人员对节日方式和保电预案的熟悉程度、继电保护故障录波联通情况、自动化调度技术支持系统（含 SCADA、AGC、AVC、WAMS 和在线分析应用）维护和管理、运行系统、设备和参数是否完好、电源系统、空调、消防设施、办公场所、值班安排是否正常等；

（4）组织协调下级调控机构和运行单位保电工作进展情况。

64. 调控机构对并网发电厂涉网安全监督应履行哪些职能？

答：（1）新、改、扩建发电机组须符合并网必备条件之后方可并网，新机组须完成各项系统调试工作，经技术认定、评审合格后，方可进入商业运行。

（2）对已并网发电机组，应定期检查是否符合并网必备条件。对存在问题的，及时发出整改通知书，督促发电企业按要求进行整改。

（3）对并网发电厂发生涉及电网安全的异常和故障，调控机构应及时组织技术分析和评估，并督促其完成事故技术分析与评估报告，采取有效的预防和整改措施。

第五章　电网安全风险和隐患管理

65.《国家电网公司安全隐患排查治理管理办法》规定的Ⅰ级重大事故隐患指可能造成哪些后果的安全隐患？

答：(1) 1～2级人身、电网或设备事件；

(2) 水电站大坝溃决事件；

(3) 特大交通事故，特大或重大火灾事故；

(4) 重大以上环境污染事件。

66.《国家电网公司安全隐患排查治理管理办法》规定的Ⅱ级重大事故隐患指可能造成哪些后果或安全管理存在哪些情况的安全隐患？

答：(1) 3～4级人身或电网事件；

(2) 3级设备事件，或4级设备事件中造成100万元以上直接经济损失的设备事件，或造成水电站大坝漫坝、结构物或边坡垮塌、泄洪设施或挡水结构不能正常运行事件；

(3) 5级信息系统事件；

(4) 重大交通，较大或一般火灾事故；

(5) 较大或一般等级环境污染事件；

(6) 重大飞行事故；

(7) 安全管理隐患：安全监督管理机构未成立，安全责任制未建立，安全管理制度、应急预案严重缺失，安全培训不到位，发电机组（风电场）并网安全性评价未定期开展，水电站大坝未开展安全注册和定期检查。

67. 根据《国家电网公司安全隐患排查治理管理办法》，一般事故隐患指可能造成哪些后果的安全隐患？

答：(1) 5～8级人身事件；

(2) 其他4级设备事件，5～7级电网或设备事件；

(3) 6～7级信息系统事件；

(4) 一般交通事故，火灾（7级事件）；

(5) 一般飞行事故；

(6) 其他对社会造成影响事故的隐患。

68. 根据《国家电网公司安全隐患排查治理管理办法》，安全事件隐患指可能造成以下后果的安全隐患？

答：(1) 8级电网或设备事件；

(2) 8级信息系统事件；

(3) 轻微交通事故，火警（8级事件）；

(4) 通用航空事故征候，航空器地面事故征候。

69.《国家电网公司安全隐患排查治理管理办法》中安全隐患划分为哪十六大类进行统计？

答：电网运行及二次系统、输电、变电、配电、发电、电网规划、电力建设、信息通信、环境保护、交通、消防、装备制造、煤矿、安全保卫、后勤和其他。

70. 提高电力系统安全稳定水平的三项基本条件是什么？

答：(1) 合理的电网结构；

（2）对所设计或所运行的电力系统进行全面的研究分析，掌握系统情况，并采取了各种切实可行的技术措施和管理措施，保障电力系统的安全稳定运行；

（3）建立保证电力系统安全稳定运行的最后一道防线。

71. 安全隐患排查范围主要是什么？

答：排查范围应包括所有与生产经营相关的安全责任体系、管理制度、场所、环境、人员、设备设施和活动等。

72. 安全隐患排查方式主要有哪些？

答：电网年度和临时运行方式分析；各类安全性评价或安全标准化查评；各级各类安全检查；各专业结合年度、阶段性重点工作和“二十四节气表”组织开展的专项隐患排查；设备日常巡视、检修预试、在线监测和状态评估、季节性（节假日）检查；风险辨识或危险源管理；已发生事故、异常、未遂、违章的原因分析，事故案例或安全隐患范例学习等。

73. 安全隐患排查方案编制依据主要有哪些？

答：排查方案编制应依据有关安全生产法律、法规或者设计规范、技术标准及企业的安全生产目标等，确定排查目的、参加人员、排查内容、排查时间、排查安排、排查记录要求等内容。

74. 重大事故隐患治理方案应包括哪些？

答：隐患的现状及其产生原因；隐患的危害程度和整改难易程度分析；治理的目标和任务；采取的方法和措施；经费和物资的落实；负责治理的机构和人员；治理的时限和要求；防止隐患进一步发展的安全措施和应急预案。

75. 与用户相关的安全隐患治理包括哪些？

答：（1）由于电网限制或供电能力不足导致的安全隐患，纳入供电企业安全隐患进行闭环管理；

（2）由于用户原因导致电网存在的安全隐患，由地市或县公司级单位负责以安全隐患通知书的形式告知用户，同时向政府有关部门报告，督促用户整改，并将安全隐患纳入闭环管理，采取技术或管理措施防止对电网造成影响；

（3）用户自身存在供用电安全隐患，由地市或县公司级单位负责以安全隐患通知书的形式告知产权单位，提出整改要求，告知安全责任，做好签收记录，同时向政府有关部门报告，积极督促整改。

76. 接到隐患预警通告后，涉及电网、人身和设备安全管理的责任单位应立即采取哪些措施？

答：接到隐患预警通告后，涉及电网、人身和设备安全管理的责任单位应立即采取管控、防范或治理措施，做到有效降低隐患风险，保障作业人员和电网及设备运行安全，并将措施落实情况报告相关部门。隐患预警工作结束后，发布单位应及时通告解除预警。

77. 隐患档案应包括哪些信息？

答：隐患档案应包括以下信息：隐患简题、隐患来源、隐患内容、隐患编号、隐患所在单位、专业分类、归属职能部门、评估等级、整改期限、整改完成情况等。隐患排查治理过程中形成的传真、会议纪要、正式文件、治理方案、验收报告等也应归入隐患档案。上述档案的电子文档应及时录入安全隐患管理信息系统。

78. 根据《国网安徽省电力有限公司隐患排查治理工作考评办法》，专业部门发生哪些隐患管理不到位情况，公司对相应专业部门进行通报？

答：专业部门发生下述隐患管理不到位情况，公司对相应专业部门进行通报：未有效开展专项隐患排查治理工作；专项排查的次数和效果不满足要求；发生事故后（包括上级通报事故）应组织针对性的专项隐患排查而未组织；因隐患管理不到位导致发生一般及以上人身、电网、设备、火灾事故和5级信息系统事件，或者因隐患管理不到位导致发生其他安全事件。

79. 电力系统稳定可分为哪几类？

答：电力系统稳定可分为功角稳定、电压稳定和频率稳定三大类。

80. 什么是电网正常运行方式？

答：电网正常运行方式包括计划检修方式和按负荷曲线及季节变化的水电大发、火电大发、最大或最小负荷、最小开机和抽水储能运行工况、新能源发电最大或最小等可能出现的运行方式。

81. 哪些事件构成五级电网事件？（回答五条及以上）

答：（1）造成电网减供负荷 100 兆瓦以上者。

（2）220 千伏以上电网非正常解列成三片以上，其中至少有三片每片内解列前发电出力和供电负荷超过 100 兆瓦。

（3）220 千伏以上系统中，并列运行的两个或几个电源间的局部电网或全网引起振荡，且振荡超过一个周期（功角超过 360°），不论时间长短或是否拉入同步。

（4）变电站内 220 千伏以上任一电压等级母线非计划全停。

（5）220 千伏以上系统中一次事件造成同一变电站内两台以上主变跳闸。

（6）500 千伏以上系统中一次事件造成同一输电断面两回以上线路同时停运。

82. 电磁环网对电网运行主要有哪几种弊端？

答：电磁环网对电网运行主要有下列弊端：

（1）易造成系统热稳定破坏；

（2）易造成系统动稳定破坏；

（3）不利于经济运行；

（4）需要装设高压线路因故障停运后联锁切机、切负荷等安全自动装置。

83. 引起电力系统振荡的主要原因是什么？

答：静态稳定破坏；暂态稳定破坏；动稳定破坏；大容量机组跳闸或失磁；电源间非同步合闸未能拖入同步。

84. 线路跳闸后，哪些情况不宜强送？（回答五条及以上）

答：（1）空充电线路。

（2）试运行线路。

（3）线路跳闸后，经备用电源自动投入已将负荷转移到其他线路上，不影响供电。

（4）电缆线路。

（5）有带电作业工作并申明不能强送电的线路。

（6）线路变压器组断路器跳闸，重合不成功。

（7）运行人员已发现明显故障现象。

（8）线路断路器有缺陷或遮断容量不足的线路。

（9）已掌握有严重缺陷的线路（水淹、杆塔严重倾斜、导线严重断股等）。

除上述情况外，线路跳闸，重合动作重合不成功，按规程规定或请示总工程师批准可进行强送电一次，必要时经总工程师批准可多于一次强送电不成功。

85. 设备停电检修包括哪几种，各自的定义是什么？

答：设备停电检修分计划检修（含节日检修）和临时检修（含紧急抢修）。计划检修指列入年度、月度计划的系统发输变电设备的定期检修、维修、试验、改扩建和继电保护及安全自动装置、电力调度通信、自动化设施的定期维护、试验等（节日检修是指节假日的计划检修）。临时检修指非计划性检修，即未列入月度计划的设备消缺等检修工作（紧急检修是指因设备异常需紧急停运处置及设备故障停运后的设备检修）。

86. 四级及以上电网风险预警，应强化落实哪些风险预警管控措施？

答：（1）编制风险预警管控工作方案，成立组织机构，召开现场协调会，明确职责分工、管控措施和相关要求。

（2）强化值班制度，提前编制操作预案，开展专项反事故演习，优先安排操作。

（3）提升运维保障级别，无人变电站恢复有人值班，重要区段派专人看护，重点设备特巡不少于每日3次。

(4) 加强施工组织，优化施工（检修）方案，派员驻场指导，开展随工验收。

(5) 建立信息通报制度，及时通报天气情况、电网运行、现场环境、施工进度、管控措施落实等情况。

(6) 保证主力电厂安全可靠、重要客户应急电源有效可用，联合开展针对性演练。

87. 省公司电网运行风险预警发布条件包括哪些？

答：(1) 夏（冬）季用电高峰期间，全省电力平衡不足或局部电网供电能力不足；

(2) 设备停电期间，全省电力平衡不足或局部电网供电能力不足；

(3) 设备停电期间，500千伏及以上一条线路或一段母线或一台主变或同杆并架线路（30%以上同杆）故障，可能发生五级以上电网事件；

(4) 设备停电造成接入220千伏及以上电网的一级重要客户单电源供电（用户设备工作导致的单电源风险除外）。

88. 地市公司电网运行风险预警发布条件包括哪些？

答：(1) 设备停电期间，局部电网供电能力不足；

(2) 设备停电期间，220千伏及以下一条线路或一段母线或一台主变或同杆并架线路（30%以上同杆）故障，可能发生七级以上电网事件；

(3) 设备停电造成接入110千伏及以下电网的二级及以上重要客户单电源供电（所有对二级及以上重要用户供电形成单电源供电风险的，必须通过调度录音电话和电网风险告知单等方式告知用户其存在的电网运行风险）。

89. 哪些情况下认定地区电网运行处于一级风险？

答：(1) 地区电网供电能力不足，需要有序用电10%及以上。

(2) 因电网设备停电检修，电网发生单一设备故障或同杆并架线路N-2故障，将导致合肥电网减供负荷10%及以上、其他地区电网减供负荷20%及以上、县级市电网减供负荷40%及以上等任一事件。

(3) 因电网设备停电检修，电网发生单一设备故障，将导致局部电网解列、三个及以上同电压等级变电站（含用户站）全停、铁路牵引站全停、高危及重要用户全停等任一事件。铁路牵引站站内设备利用凌晨不通车时段检修构成的铁路牵引站全停风险不列入电网风险。

(4) 其他五级及以上电网事件。

90. 哪些情况下认定安徽电网主网运行处于三级风险？

答：(1) 安徽电网实时运行备用有功功率不能满足规定的备用要求，需要有序用电。

(2) 地区电网供电能力不足，需要有序用电10%及以上。

(3) 因电网设备停电检修，220千伏及以上电网发生单一设备故障或同杆并架线路N-2故障，将导致局部电网解列、三个及以上220千伏变电站全停、220千伏铁路牵引站全停、一级高危用户全停、运行总容量100万千瓦以上的省调发电厂全停等其中任一事件。铁路牵引站站内设备利用凌晨不通车时段检修构成的铁路牵引站全停风险不列入电网风险。

(4) 存在可能导致省公司级重要输电通道过载超稳定极限或者被迫停役可能的自然灾害或者山火等风险。

91. 根据《国网安徽省电力公司新建发电机组并网管理办法》，新建发电机组并网前必须满足哪些条件？（回答五条及以上）

答：(1) 政府主管部门项目核准或备案文件。

(2) 电网公司印发的接入系统方案。

(3) 电力建设工程质量监督中心站同意机组整套启动的质量监督检查报告。

(4) 具备相应资质能力的机构出具的通过低电压穿越能力试验的报告及相关材料（风电机组及光

伏机组)。

(5) 价格主管部门的电价文件。

(6) 已签订《(临时) 并网调度协议》《(临时) 购售电合同》和供用电合同。

(7) 机组运行对应的一、二次设备符合现行的国家标准、行业标准和其他有关规定，满足接入电网运行条件。

(8) 接入电网工程启动送电完毕，具备运行条件。

(9) 通过省电力公司组织的并网验收。

92.《安徽省电力系统调度规程》中要求新设备启动前必须具备哪些条件?(回答五条及以上)

答:(1) 新投产发电设备所属单位已与相应调度机构签订《并网调度协议》。

(2) 设备竣工验收结束，质量符合安全运行要求。

(3) 设备参数测量及有关试验(包括保护元件及整组试验) 结束，并提前4天将实测参数和有关试验报告以书面形式报送相应调度机构和有关单位。

(4) 生产准备工作就绪(包括运行人员培训、考试合格，现场规程、制度健全等)。

(5) 电力通信、调度自动化设备良好，通信畅通，各项功能符合国家标准及调度运行要求。

(6) 继电保护、安全自动装置等设备符合系统要求，校验合格并具备投运条件。

(7) 电能计量关口已经有关部门批复，计量表计齐全，校验合格并具备运行条件。

93. 节假日及重要保电时期，主网保电方案编制要包含哪些内容?(回答五条及以上)

答:(1) 日负荷预测、发用电平衡、火电开机方式(含正负备用不足情况下的火电备开备停方案)。

(2) 天气情况、来水预测、水电发电原则。

(3) 主要设备停复役计划、电网结线方式变更情况及存在的薄弱环节、运行注意事项。

(4) 继电保护及安全自动装置的运行要求。

(5) 潮流控制及安全稳定控制措施。

(6) 调峰及调压措施。

(7) 重要保电地区电网运行要求。

94. 为保证电网和机组安全，发生哪些情况时，发电厂和地调运行值班人员可根据有关规定，自行将AVC所控制的设备改为就地控制，并立即汇报省调?

答:(1) 电网发生系统解列或振荡事故。

(2) 电压明显超出合格范围。

(3) 通信通道及省调AVC系统异常。

(4) 发电厂、变电站端AVC系统异常。

95. 在调度操作管理中，口头调度操作指令使用范围一般是什么?

答:(1) 故障及异常处置。

(2) 单一设备操作。

(3) 紧急情况下为明显改善系统运行方式或对用户送电等的操作。

96. 在调度操作管理中，操作前应考虑哪些方面?

答:(1) 接线方式改变后电网的稳定性和合理性，有功、无功的功率平衡及备用容量，新能源消纳，防止故障的对策。

(2) 操作引起的输送功率、电压的变化，潮流超过稳定限额、设备过负荷、电压超过正常范围等情况。

(3) 继电保护及安全自动装置运行方式是否合理，变压器中性点接地方式、无功补偿装置投入情况，是否引起操作过电压。

(4) 操作后对设备监控、通信、远动等设备的影响。

97. 在调度操作管理中，系统中的正常操作，应尽可能避免安排在哪些情况时进行？（回答五条及以上）

答：（1）调度运行值班人员交接班时。

（2）系统接线极不正常时。

（3）系统高峰负荷时或有关设备过载时。

（4）有关联络线输送潮流过稳定限额时。

（5）系统发生故障时。

（6）恶劣气象环境时。

（7）系统有特殊要求时。

为了提早向用户送电，明显改善系统运行方式，解决系统电压、频率不正常及满足系统规定的备用容量等特殊情况，可以在任何时候进行必要的操作，但必须有相应的安全措施。

98. 为防止故障扩大，哪些情况可以无须等待调度指令，故障单位值班人员可立即自行处置，但事后应迅速汇报值班调度员？

答：（1）对人身和设备安全有严重威胁者，按现场规程立即采取措施。

（2）确认无来电的可能时，将已损坏的设备隔离。

（3）发电机组由于误碰跳闸，应立即恢复并列。

（4）线路开关由于误碰跳闸，应立即对联络开关鉴定同期后并列或合环。

（5）对末端无电源线路或低压侧无电源变压器开关因误碰跳闸应立即恢复运行。

（6）调度规程中已有明确规定可不待调度下令自行处置者。

第六章　应急管理

99. 根据国家疫情常态化防控要求，哪些场合及哪些人员要佩戴口罩？

答：在人员密集的封闭场所、与他人小于1米距离接触时佩戴口罩。医疗机构工作人员，在密闭公共场所工作的营业员、保安员、保洁员、司乘人员、客运场站服务人员、警察等人员及就医人员等要佩戴口罩。

100.《中华人民共和国突发事件应对法》对突发事件的分级如何定义，如何标示其分级？

答：按照突发事件发生的紧急程度、发展势态和可能造成的危害程度分为一级、二级、三级和四级，分别用红色、橙色、黄色和蓝色标示，一级为最高级别。

101. 事故调查报告应当包括哪些内容？

答：(1) 事故发生单位概况；

(2) 事故发生经过和事故救援情况；

(3) 事故造成的人员伤亡和直接经济损失；

(4) 事故发生的原因和事故性质；

(5) 事故责任的认定及对事故责任者的处理建议；

(6) 事故防范和整改措施。

102.《生产安全事故报告和调查处理条例》规定，发生哪些行为应对直接负责的主管人员和其他直接责任人员依法给予处分，构成犯罪的，依法追究刑事责任？

答：(1) 不立即组织事故抢救的；

(2) 迟报、漏报、谎报或者瞒报事故的；

(3) 阻碍、干涉事故调查工作的；

(4) 在事故调查中作伪证或者指使他人作伪证的。

103. 公用卫生类突发事件主要包括哪些？

答：主要包括传染病疫情，群体性不明原因疾病，食品安全和职业危害，动物疫情，以及其他严重影响公众健康和生命安全的事件。

104. 国家突发公共事件应急工作原则是什么？

答：以人为本，减少危害；居安思危，预防为主；统一领导，分级负责；依法规范，加强管理；快速反应，协调应对；依靠科技，提高素质。

105. 突发事件的预警方式主要有哪些？

答：预警信息的发布、调整和解除，可通过广播、电视、报刊、信息网络、警报器、宣传车或组织人员逐户通知等方式进行，对老、弱、病、残、孕等特殊人群，以及学校等特殊场所和警报盲区，采取有针对性的公告方式。

106. 应急演练的定义是什么？

答：应急演练是指针对突发事件风险和应急保障工作要求，由相关应急人员在预设条件下，按照应急预案规定的职责和程序，对应急预案的启动、监测与预警、应急响应和应急保障等内容进行应对训练。

107. 什么是大面积停电事件？

答：大面积停电事件是指由于自然灾害、电力安全事故和外力破坏等原因造成区域性电网、省级电网或城市电网大量减供负荷，对国家安全、社会稳定及人民群众生产生活造成影响和威胁的停电事件。

108. 调控机构应建立完善调控机构应急预案体系，主要包括哪些应急预案？

答：按照“实际、实用、实效”的原则，建立完善调控机构应急预案体系，主要包括：调控机构应对大面积停电事件处置方案，调控场所应急处置方案，重要厂站全停应急处置方案，黑启动方案，孤网运行应急处置方案、通信中断应急处置方案，电煤预警应急处置方案，调度自动化系统故障应急处置方案，备调应急启用方案、电力监控系统安全防护应急处置方案等。

109.《国家电网公司调控机构安全工作规定》中对反事故演习有哪些要求？

答：调控机构应加强调控机构反事故演习管理，定期组织反事故演习，统一规范反事故演练工作的方案编制、组织形式、演练流程。

（1）每年调控机构应至少组织或参加一次电网联合反事故演习。联合反事故演习应遵循“针对薄弱环节，检验应急预案”的原则，依托调度员培训仿真系统（简称“DTS”），应尽可能将备调系统、应急通信等所辖应急装备纳入同步演习。

（2）联合反事故演习参演单位应包含相关调控机构、运维班（变电站）、发电厂（场、站）、用户等各级调控对象，各单位参演人员应包含运行人员及技术支撑专业人员。

（3）联合反事故演习可由调控机构自行组织，也可与公司大面积停电、设备设施损坏、水电站大坝垮塌、气象灾害或地震地质灾害处置、电力服务事件处置等专项预案应急演练协同进行。

110. 发生大面积停电事故时，调控机构应成立调控应急指挥工作组，其职责是什么？

答：（1）贯彻落实公司及上级调控机构的规定、规范，以及本单位预防和处置大面积停电事件预案中电网调控相关工作要求，履行调控机构处置电网大面积停电事件的职责；

（2）按照统一对外的原则，负责调控机构与相关单位、本级公司应急领导小组的应急协调；

（3）负责组织和指挥、协调调控机构各专业应急工作，及时有效控制事态的发展，努力保持电网稳定运行和可靠供电；

（4）督导调控系统应急工作任务在电网运行日常工作中的落实；

（5）组织开展调控机构大面积停电事件应急工作预案的编制、培训、演练及修订工作。

111. 公司应急预案体系由总体应急预案、专项应急预案和现场处置方案构成，各构成部分的含义分别是什么？

答：总体应急预案是应急预案体系的总纲，是公司组织应对各类突发事件的总体制度安排。专项应急预案是针对具体的突发事件、危险源和应急保障制订的方案。现场处置方案是针对特定的场所、设备设施、岗位，针对典型的突发事件，制定的处置措施和主要流程。

112. 公司各级单位建立应急预案体系的原则是什么？

答：横向到边、纵向到底、上下对应、内外衔接。

113. 应急预案在哪些情况下应进行修订？（回答五条及以上）

答：（1）本单位生产规模发生较大变化或进行重大技术改造的；

（2）本单位隶属关系或管理模式发生变化的；

（3）周围环境发生变化、形成重大危险源的；

（4）应急组织指挥体系或者职责发生变化的；

（5）依据的法律、法规和标准发生变化的；

（6）应急处置和演练评估报告提出整改要求的；

（7）政府有关部门提出要求的。

114. 应急预案演练可采取哪些演练方式？

答：桌面推演、现场实战演练或其他演练方式。

115. 对应急预案的要素评审包括哪些方面？

答：合法性、完整性、针对性、实用性、科学性、操作性和衔接性等方面。

116. 发生重大事件后，相应调控机构的汇报内容主要包括哪些？

答：事件发生时间、概况、造成的影响等情况。

117. 调度系统重大事件分类包括哪些？

答：特急报告类事件、紧急报告类事件和一般报告类事件。

118. 公司对所属各级单位应急预案备案内容的要求是什么？

答：总体、专项应急预案的文本，现场处置方案的目录。

119. 国家电网公司对各单位建立健全应急管理体系的要求是什么？

答：统一领导、综合协调、分类管理、分级负责、上下联动、属地管理。

120.《国网安徽省电力有限公司突发事件总体应急预案》对各级电力调度控制中心的应急工作职责有什么要求？

答：(1) 牵头负责电力监控系统网络安全、调度自动化系统故障等突发事件的应急管理和处置工作；

(2) 组织电网故障处置；

(3) 负责突发事件情况下电网运行情况的统计汇总；

(4) 协调发电企业配合做好应急处置工作；

(5) 负责公司区域气象信息的跟踪和分析工作；

(6) 配合营销部做好突发事件情况下有序用电工作；

(7) 负责公司本部调控中心大楼突发火灾事件的应急管理和处置工作。

121. 大面积停电将对人民的正常生活造成哪些不便？

答：(1) 因停电，影响广播、电视、移动、网络信号系统正常运作，影响公众的沟通联系；

(2) 高层建筑停电可能造成人员被困电梯，加之通风不畅、乘员恐慌引发休克、昏厥；

(3) 造成公共交通枢纽管理系统严重瘫痪，人员大量滞留，社会秩序混乱；

(4) 对城市供水系统造成不同程度破坏；

(5) 导致隧道、下立交、人行天桥的机电设备停止运行，影响人员、车辆出行；

(6) 造成城市社会公共服务系统运转障碍，影响居民生活质量。

122. 当省公司应急办发布大面积停电黄色预警，各级调控中心应做好哪些应急准备工作？

答：(1) 继续开展电网运行风险、供需平衡破坏和自然灾害风险监测；

(2) 将应急预警通知单按值移交；

(3) 制订针对性的事故预案并至少开展一次实战演练；

(4) 加强电网运行风险管控，落实“先降后控”要求，强化专业协同、网源协调，从电网运行、运维保障、负荷控制、机组调峰等各个方面，制定落实综合管控措施，严防风险失控；

(5) 对电厂送出可靠性造成影响或需要电源点支撑的，调度部门在预警执行前 2 个工作日，向电厂送达《电网运行风险告知单》并签收；

(6) 每天两次（7 时、16 时）收集、上报一次应急信息。及时向国调、华东分调汇报预警信息。

第七章 消防安全和紧急救护

123. 电网设备重点消防单位应当定期进行消防巡查，巡查内容包括哪些？

答：(1) 用火用电违章情况。

(2) 安全出口、疏散通道畅通情况，安全疏散指示标志、应急照明完好情况。

(3) 消防设施、器材和消防安全标志在位、完整情况。

(4) 常闭式防火门关闭状态，防火卷帘下是否堆放物品。

(5) 消防安全重点部位的人员在岗情况。

124. 信息机房电源系统配备要求有哪些？

答：(1) 供电容量及配电装置应满足负荷要求。

(2) 重要的主干电缆应选用阻燃防火铜芯电力电缆、电线。严禁铜、铝混用，电缆、电线连接应可靠，不得有扭绞、压扁和保护层破裂等现象。

(3) 计算机及网络设备应由不间断电源设备（UPS）供电。

(4) 重要的信息机房一般应设独立的蓄电池室。蓄电池室要求：电池安装处应远离热源和易产生火花的地方，建筑满足设备承重要求。室内温度一般应保持在25℃左右，应避免受到阳光直射，安装环境没有机溶剂和腐蚀性气体，有排风装置。

125. 公司信息机房的事故预防与应急处理管理有哪些要求？

答：(1) 建立和完善信息机房安全事件的应急处理机制和安全风险评估的常态机制，制订信息机房安全事件应急预案，规范和指导应急处理工作。

(2) 制订信息机房安全事件应急预案，预案应包括失火、停电、漏水、设备事故停机、网络受到重大攻击、数据丢失等一些突发事件的紧急情况的处理。重大设备毁损、失火、网络崩溃、大规模攻击、数据丢失等事件发生后应立即报告上级主管部门，并在6小时内以书面形式上报。

(3) 加强应急处理人员的培训和演练，提高快速反应能力和快速处理能力。

126. 信息机房应采取的四种接地方式分别是什么。

答：(1) 交流工作接地，接地电阻不大于4欧姆；

(2) 安全保护接地，接地电阻不大于4欧姆；

(3) 直流工作接地，接地电阻应按设备系统具体要求确定；

(4) 防雷接地，应按现行国家标准《建筑防雷设计规范》执行。

127. 紧急救护的基本原则是什么？

答：紧急救护的基本原则是在现场采取积极措施，保护伤员的生命，减轻伤情，减少痛苦，并根据伤情需要，迅速与医疗急救中心（医疗部门）联系救治。

128. 紧急救护时，现场工作人员应掌握哪些救护方法？

答：现场工作人员应定期接受培训，学会紧急救护方法，会正确解脱电源，会心肺复苏法，会止血、会包扎、会固定，会转移搬运伤员，会处理急救外伤或中毒等。

129. 高压触电可使用哪些方法使触电者脱离电源？

答：高压触电可采用下列方法使触电者脱离电源：立即通知有关供电单位或用户停电；戴上绝缘手套，穿上绝缘靴，用相应电压等级的绝缘工具按顺序拉开电源开关或熔断器；抛掷裸金属线使线路短路接地，迫使保护装置动作，断开电源。

130. 脱离电源后，触电伤员如意识丧失，应在开放气道后10秒内用哪些方法判定伤员有无呼吸？

答：触电伤员如意识丧失，应在开放气道后 10 秒内用看、听、试的方法判定伤员有无呼吸。

（1）看：看伤员的胸、腹壁有无呼吸起伏动作。

（2）听：用耳朵贴近伤员的口鼻处，听有无呼气声音。

（3）试：用颜面部的感觉测试口鼻部有无呼气气流。

第八章　备用调度安全管理

131. 省级及以上备调的备用模式分为哪几种？定义是什么？

答：备调的备用模式分为共备和互备。

共备是指省级调控机构利用省内地调基础设施建设的，具有与主调基本功能相同的备用电网调度控制中心的备用电力调度指挥中心。互备是指国调、调控分中心与部分省调之间，采用一体化的调度技术支持系统，统筹建设的可以相互替代的调度控制中心的备用电力调度指挥中心。

132. 省级及以上调度机构备用调度的正常工作模式是什么？

答：正常工作模式是指主调和备调正常履行各自的调控职能，主调行使电网调控指挥权，备调值班设施正常运行，备调通信自动化等技术支持系统处于实时运行状态，为主调提供容灾备用。

133. 省级及以上调度机构备用调度的应急工作模式是什么？

答：应急工作模式是指因突发事件，主调无法正常履行调控职能，按照备调启用条件、程序和指令，主调人员在备调行使电网调控指挥权。

134. 省级及以上调度机构备用调度的过渡期工作模式是什么？

答：过渡期工作模式是指在主调因外力原因，临时不能完全或部分履行电网调控职能，在主调人员赶赴备调的过渡时期，由备调值班人员暂时接管电网调控部分或全部业务。

135. 省级以上备用调度运行值班管理有哪些要求？

答：（1）备调值班人员值班期间应与主调同步掌握调度计划、检修安排、稳定规定、潮流分布、电压水平、设备缺陷等电网运行情况及监控系统运行工况，具备承担电网调控业务的能力，做好随时接管调控指挥权的准备。

（2）备调值班人员值班期间应使用和验证备调技术支持系统，发现缺陷及时通知专业人员进行处理。

（3）主调值班人员在值班期间应同步使用主调调度室内的备调技术支持系统专用终端，监视备调技术支持系统的运行工况，发现问题及时通知备调值班人员进行处理。

（4）备调所在地自动化值班人员应监视备调自动化系统运行状况，发现系统异常。

136. 备调所在地的调控机构应针对可能发生的突发事件及危险源至少制订哪些预案（方案）？

答：（1）备调场所突发事件应急预案；

（2）备调技术支持系统故障处置方案；

（3）备调通信系统故障处置方案。

137. 省级以上备调信息安全和保密管理有哪些要求？

答：（1）共备模式备调调度技术支持系统应按照《电力二次系统安全防护规定》的要求建立完备的安全防护体系，制定相应的管理措施，实现“安全分区、网络专用、横向隔离、纵向认证”，满足安全等级保护要求。

（2）备调所在地的调控机构应按照公司保密制度及主调保密要求，做好主调相关资料、信息的保密工作。

138. 省级以上备调场所管理有哪些要求？

答：（1）备调所在地调控机构负责备调场所的日常管理。备调场所应具备良好的安全保障，能确保备调场所安全；具备人员 24 小时值班所必需的日常需要（包括用餐、饮水、休息及必需的保洁工作）。

（2）备调值班场所席位设置应满足应急工作模式下各专业人员工作要求，备调调度室内至少设置专用备调席位2席。

（3）备调场所应纳入所在单位生产场所安防体系，实行24小时保卫值班。非备调运行、维护、管理和保卫人员不得进入备调场所和备调席位工作。

（4）备调场所的消防工作应纳入所在单位消防工作统一管理和维护。

139. 省级以上备调机房环境管理有哪些要求？

答：（1）备调调度技术支持系统机房应纳入所在地调控机构机房统一管理。

（2）备调技术支持系统在机房与通信机房共用的情况下由备调所在地的调控机构和通信部门协商确定管理部门。

140. 省级以上备调设备巡检管理有哪些要求？

答：（1）备调设备应纳入备调所在地调控机构设备巡检范围。

（2）巡检时通信专业应对备调电话、通信等设备进行相关联调测试，电话测试应包括主调与备调之间、备调与变电站之间、备调与各生产单位之间等，确保互通；自动化专业应确保备调自动化系统运行正常、SCADA/EMS功能正常、遥测遥信等电网运行信息正常刷新，并做好巡检记录。

（3）巡检人员对巡检中发现的设备缺陷和问题，及时记录在册，向相关专业处室反馈汇报并落实整改。

141. 省级以上备调通道管理有哪些要求？

答：（1）发电厂、变电站基建竣工投运时，备调调度技术支持系统数据传输通道应保证同步建成投运。

（2）备调调度技术支持系统数据传输通道应与主调技术支持系统数据传输通道相对独立。

（3）备调调度技术支持系统运行维护管理部门发现数据传输通道异常时，应立即通知对应通信调度值班员，由通信调度值班员通知通信运维单位进行排查处理，确保数据传输正常。

（4）通信维护单位需要中断备调调度技术支持系统数据传输通道时，应按有关规定事先取得自动化管理部门的同意后方能执行；当通信部门发现数据传输通道异常时，应立即通知相关自动化。

142. 备调应实现对主调哪些方面的实时备用？

答：地、县备用调度应逐步实现对主调实时业务、技术支持系统、实时数据采集、备用场所及值班设施的实时备用。

143. 备调调度技术支持系统建设运行要求是什么？

答：主备调调度技术支持系统应保持同步运行、同步升级改造，确保电网模型和信息一致。设备新投、变动时，主调模型、数据应保证及时同步到备调。

144. 备调应针对可能发生的突发事件及危险源至少制订哪几类预案？

答：备调应针对可能发生的突发事件及危险源至少制订以下预案（方案）：

（1）备调场所突发事件应急预案；

（2）备调技术支持系统故障处置方案；

（3）备调通信系统故障处置方案。

145. 备调由正常工作模式转入应急工作模式时调控指挥权转移的程序是什么？

答：（1）主调组织对面临的风险进行评估后，由主调安全生产第一责任人发出备调启用的指令。

（2）原则上调控指挥权转移应在主调人员赶赴备调就位后进行；危急情况下主调失效，主调人员可以先进行调控指挥权转移至实时业务备用承担单位，再立即赶赴备调。

（3）随着备调技术支持系统的完善和备调调控人员业务技能水平的提高，应逐步实现备调对主调的实时切换。

146. 备调由应急工作模式转入正常工作模式时调控指挥权转回的程序是什么？

答：经评估确认主调已具备行使电网调控指挥权能力后，由主调安全生产第一责任人发出启动主备调切换流程的指令，确认满足调控指挥权转移的条件并正式交接后，电网调控指挥权由备调转回至主调。

147. 调控机构主备调综合转换演练评估的目的是什么？

答：调控机构主备调综合转换演练评估的目的是实现对调控机构主备调综合转换演练过程、备调场所设施设备建设与维护、备用调度系统建设与维护、常态化演练情况进行全面诊断和量化评价。

148. 什么是调控机构主备调综合转换演练集中查评方式？

答："集中查评"即按照统一安排，根据分中心、省、地（县）调控机构主备调综合转换演练年度计划，组织相关专业专家对相应调控机构主备调综合转换演练进行抽检评估。

案例分析题

1. 如电网调度自动化实时重要数据错误（或关键数据不准确），请简要分析该隐患的危害、相关标准要求和防范治理措施。

答：(1) 隐患的危害：调度人员不能准确掌握电网运行工况，导致误判潮流。

(2) 相关标准要求：根据《交流采样测量装置运行检验管理规程》(Q/GDW140—2006) 的要求，交流工频量允许基本误差极限与等级指数的关系，在等级指数为 0.5 时，允许误差极限应在±0.5%以内。

(3) 防范治理措施：

①应根据变电站新投异动标准化作业流程要求，对各自动化信息量进行逐一调试验收，确保实时数据准确性。

②加强对设备的监视，确保系统运行正常。

③定期检查通信和网络设备，保证通道畅通有效。

2. 如 220 千伏线路两套主保护共用同一个传输通道，请简要分析该隐患的危害、相关标准要求和防范治理措施。

答：(1) 隐患的危害：当通道发生故障时，造成两套主保护同时退出运行，影响电网安全运行。

(2) 相关标准要求：根据《国家电网公司十八项电网重大反事故反措（修订版）》15.2.1.6，线路纵联保护的通道（含光纤、微波、载波等通道及加工设备和供电电源等）、远方跳闸及就地判别装置应遵循相互独立的原则按双重化配置。

(3) 防范治理措施：

①近期防范治理措施：发现线路两套主保护共用同一个通道，及时通知继电保护装置和电力通信运维管理部门进行整改，整改前加强保护装置和通道状态的监视。

②中远期防范治理措施：基建建设时期，加强验收，严格执行反措要求。杜绝此类隐患。

3. 如调度自动化主站关键服务器（设备）为单套系统配置（或一套系统故障未及时修复），请简要分析该隐患的危害、相关要求和防范治理措施。

答：(1) 隐患的危害：一旦发生故障，可能造成自动化信息中断、SCADA 功能全停等事件。

(2) 相关标准要求：根据《国家电网公司十八项电网重大反事故措施（修订版）》16.1.1.1，调度自动化系统的主要设备应采用冗余配置，服务器的存储容量和 CPU 负载应满足相关规定要求。

(3) 防范治理措施：

①应进行技术改造，保证主站各业务系统均为双机配置，具备主备自动切换功能。

②定期对主备系统自动投切功能进行试验，保证功能的顺利实现。

③加强设备巡视，保证设备运行状态良好。

4. 2013 年 9 月，330 千伏 G 变电站（一个半断路器接线）330 千伏第四串Ⅱ母侧扩建设备启动时，未对Ⅰ母侧已运行的 330 千伏 A 线保护压板状态进行检查，漏投 A 线两套线路保护跳中开关出口压板及启动失灵压板。

2014 年 8 月 9 日，330 千伏 A 线因线路下施工外破损，发生单相接地故障后，开关无法跳闸，同时开关失灵保护无法启动，故障不能及时切除，造成 330 千伏 G 变其余五回 330 千伏出线对侧后备保护动作跳闸，330 千伏××变全停。简述该事故暴露的问题。

答：

暴露的问题：

一是新设备启动组织管理不力，对改扩建设备投运过程中的危险点分析不到位，二次设备管理不到位。

二是变电运维管理不到位，运维人员业务技能欠缺，倒闸操作票填写、审核过程中未发现保护压板投入遗漏。

三是隐患排查治理流于形式，设备投运后近一年的巡视检查中，运维人员也未发现保护压板漏投的安全隐患。

四是电力设施保护工作不到位，线路运维单位未及时发现线下施工作业点，线路外力破坏隐患监控不到位。

5. 2013 年 6 月 5 日，某公司 500 千伏 A 线 C 相电缆故障，导致 500 千伏 Q 变电站 500 千伏 1 号主变和 220 千伏 4 号主变失电，所供三座 110 千伏变电站全停，地铁站动力电源短时失去。故障损失负荷 8 万千瓦，停电 1 万多户。事故前方式：Q 变电站 500 千伏为电缆变压器组单元接线，1 号主变带 220 千伏一、二母，2 号主变带 220 千伏三、四母。220 千伏为双母线双分段接线，分段开关处于热备用状态，5 号主变和地铁站电源线路备用电源处于检修状态。简述该事故暴露的问题。

答：

一是检修方式安排不合理，市调和地调两级调度部门统一协调不够，同时安排该站 220 千伏 5 号主变和地铁站电源线路计划检修，电网停电风险叠加，重要用户出现 N-2 方式，供电可靠性降低。

二是设备运行维护不到位，对 500 千伏电缆运维工作深入研究不够，对新设备、新工艺、新技术缺乏有效检（监）测手段，致使长期存在的 500 千伏故障电缆缺陷没有被及时发现。

三是重要用户管理不到位，针对电网检修方式可能对地铁供电造成影响，虽发出预警通知，但未跟踪督促落实，地铁方面未做好地铁牵引系统等重要内部负荷转移工作，导致地铁站在上级电源故障后停电。

四是检修方式风险预警预控未落实，设备停电检修形成薄弱方式后，市调、地调虽然发布了电网风险预警，但各有关部门和单位没有细化和落实，针对性不强，尤其是防止变电站全停措施落实不到位。

6. 2017 年 3 月 23 日，110 千伏 Q 变电站 35 千伏 A 线 A 相故障，引起 35 千伏 B 线三相短路，故障越级造成 35 千伏母线、10 千伏母线失压，35 千伏 C、D 变电站及并网 E 电站全停，损失负荷 1.5 万千瓦。事件直接原因是 35 千伏 A 线 A 相接地，引起 35 千伏 B 线对侧电缆头击穿三相短路。事件扩大原因是 35 千伏 B 线光纤差动保护因通道异常闭锁（35 千伏 B 线光纤差动保护装置 2017 年 1 月 5 日就发出了通道异常告警信息），线路故障不能瞬时切除，同时线路后备保护与主变高中压侧后备保护定值配合不当，1 号、2 号主变高压侧过流Ⅵ段保护抢先出口，跳开主变高压侧开关，扩大停电范围。简述该事故暴露的问题。

答：(1) 设备运维管理不到位。35 千伏 B 线光纤差动保护装置在 2017 年 1 月 5 日就发出了通道异常告警信息，但现场一直没有发现，长期无人处置，二次设备和保护装置巡视检查不严不细。

(2) 继电保护管理不严格。保护定值计算、校核、审批全过程存在管理薄弱环节，保护定值单审批把关不严，校核工作不到位，未能及时发现保护定值配合错误。

(3) 安全技术培训不到位。变电运维人员工作责任心不强，设备运行巡视检查流于形式。继电保护、调度运行等岗位人员安全技术培训不到位，业务技能欠缺，保护定值整定、定值现场核查、保护装置巡视各环节工作质量差，层层把关不严。

7. 2003 年 8 月 15 日，某 110 千伏变 3 号主变检修，由于负荷控制不当，造成 4 号主变中压侧过负荷，引起 4 号主变 110 千伏侧复合电压闭锁过流动作，4 号主变跳闸，损失负荷约 10 万千瓦，并对电铁造成停电。简述该事故暴露的问题和整改措施。

答：

暴露的问题：方式人员对负荷情况缺乏了解，方式安排不当，未充分考虑方式变化后可能带来的过负荷情况，未交待清楚当发生过负荷后如何进行倒电或限电失电的主要原因；调度人员没有及时发现过载情况，限制负荷不利。

整改措施：调度、监控、方式人员加强对电网运行情况的了解，科学合理地安排电网运行方式，加强电网运行监控；如负荷无法满足设备限额要求，要根据提前制定的限电序位表和有序方案降低主变设备所带负载。

8. 220千伏T变电站110千伏接线运行方式：110千伏正、副母运行、110千伏旁路开关母联运行，1号主变110千伏开关副母运行、2号主变110千伏开关正母运行，A线、B线正母运行，C线副母运行，D线、E线计划检修。

10月9日8时17分，Z地调当值正值陈××、副值周××接220千伏T变电站值班员赵某汇报：1号主变35千伏套管喷油。为避免1号主变故障扩大，防止1号主变紧急停运而造成2号主变严重过负荷跳闸，地调值班员根据《××电网事故拉电序位表》，立即下达操作指令，紧急控制220千伏T变35千伏负荷，并及时将1号主变紧急退出运行。为了减小电网停电影响，Z地调当值值班员在隔离故障后，考虑将110千伏运行方式及时进行调整，恢复部分供电。在调整系统方式时，误认为220千伏T变电站为正常接线方式（正常接线方式：1号、2号主变及110千伏出线均逢单正母运行，逢双副母运行。而因2号主变110千伏副母闸刀有缺陷，所以实际运行方式为：2号主变110千伏开关正母运行，1号主变110千伏开关副母运行），将D线改为运行合环操作后（此时两电源D线、2号主变110千伏开关均在正母运行，1号主变停运），11时44分，当操作至T变电站110千伏旁路开关由母联运行改为母联热备用（解环）时，造成连接在110千伏副母上的C线失压（运行方式：C线一线带RR变、SS变两变电站）。12时10分，下令将110千伏旁路开关改为母联运行，恢复220千伏T变电站110千伏副母供电。事故造成RR变、SS变2个110千伏变电站短时停电，损失负荷15兆瓦，电量约0.25万千瓦时。简述该事故暴露的问题和整改措施。

答：

暴露的问题：

（1）当值调度员安全意识不强、缺乏工作责任心，操作前未核对系统运行方式和现场110千伏间隔设备的实际接线方式，严重违反调度操作管理制度是导致这次误调度事故的主要原因；

（2）变电站值班人员未严格执行倒闸操作“六要八步”，操作前未搞清110千伏旁路开关（母联运行）解环的操作目的及后果，盲目操作是导致本次事故的重要原因；

（3）调度交接班质量不高，对危险点预控措施落实不够到位，当值调度员在解环操作时按照习惯性思维错误地认为2号主变110千伏开关在副母运行，是导致本次事故的另一重要原因。

整改措施：

（1）认真吸取事故教训、举一反三，把各项确保安全的组织措施和技术措施落实到位；

（2）切实落实各级安全生产责任制，严格遵守各项安全生产规程、规定和制度，正确处理安全与速度、安全与效益、安全与质量之间的关系；

（3）加大现场反违章力度，克服麻痹松懈思想，防止人身、电网、主设备和误操作事故的发生。

9. 10千伏A用户站运行方式：10千伏A用户站为一级重要用户变电站，共有三路进站电源，分别为Z供电公司管辖的F变电站978线路和G变电站687线路和H变电站48线路。

F变电站978线路至10千伏A用户站电缆线路故障检修期间，A用户站由G变电站687线路和H变电站48线路供电，供电方式由三电源变为双电源。在A用户站一条电源线路检修期间，G变电站687线路发生零序保护动作跳闸，经配电工区运推人员查出故障电缆并有效隔离后，Z地调当值调度员下令将G变电站687线路后一部分负荷倒由H变电站48线路，由于A用户接入G变电站687线路后一部分，实际造成A重要用户两路电源均由H变电站48线路供电，成为假双电源供电方式，在此非正常方式下，H变电站48线路发生速断保护动作跳闸，导致A重要用户站内全停，造成重大负荷损失。

试分析该案例中暴露的问题，并提出防止对策。

答：

暴露的问题：

（1）调度员进行故障线路带路操作时，未考虑重要用户供电可靠性。

（2）虽然有三路进站电源，但重要用户实际运行方式薄弱。

（3）配电工区故障电缆检修耗时较长，导致电网非正常方式运行。

防止对策：

（1）调控系统加强《电力系统调度规程》《国家电网公司电力安全工作规程》学习，落实安全生产责任制。

（2）加强调度员技术培训，提高技能水平；加强对重要用户供电方式的掌握和应急处置。

（3）核查重要用户接线方式，选取可靠的电源接入点，保证重要用户供电可靠性。

10. 由于工业新区新建两条公路，要求220千伏A线相应进行拆旧建新的工程（工程总计新建25基铁塔及相应线路）。5月31日起为满足公路施工要求，A线路停电。在A线路停电期间，Y电厂突然针对A线路厂内部分设备提出了工作申请，并经网调批准同意。

6月3日网调调度员仅根据Y电厂的工作申请单，对A线复役拟写操作票，遗漏了A线路施工的工作申请单。有关调度员在审核A复役操作票时，也未经仔细核对和检查，即将操作票内容分别预发给Y电厂和220千伏Z变电站。

当天15时30分Y电厂汇报A线工作结束，具备复役条件。调度员还是未能仔细进行核对和检查，且疏忽了调度模拟屏上A线路“有人工作”的警示标志。在A线路热备用后，17时03分发令合A线路G侧开关，导致A线路G侧开关带线路工作接地线合闸，幸未造成人员伤亡。

简述该事故暴露的问题和整改措施。

答：

暴露的问题：

（1）调度人员安全意识淡薄，思想麻痹；

（2）调度人员按照线路停服役管理规定，未认真工作申请停服役申请单是事故发生的主要原因；

（3）调度人员思想麻痹，送电前未认真审核现场所有工作已结束。

整改措施：

（1）对职工进行安全教育培训，提高职工个人安全意识和能力，防止意外事故的发生；

（2）学习调度工作申请票相关规定。

11. 10千伏某开闭所事故前运行方式：10千伏601号开关运行（开闭所主供电源），10千伏Ⅰ段母线运行，111号、444号开关运行，222号开关停用；10千伏222线侧挂地线1组，222线1号闸刀在分位，110千伏某变电站10千伏A线带222线负荷。

3月21日，H供电局调通中心调度室值班员王某依据设备检修申请票（2005-03-137），于9时36分下令在10千伏A开闭所10千伏222号开关出线电缆侧挂地线1组，许可222号开关柜自动化改造工作可以进行。中午时分当值副班张某在准备2005-03-137的复电票时，由于对应恢复的方式不明确，打电话询问方式专责过程中，方式专责李某明确答复了恢复方式，同时又交代了当天需要进行方式倒换的其他10千伏线路。当值副班张某理解发生歧义，在填写倒换10千伏线路典型运行方式的调度指令票时，错误地将尚处于检修的10千伏612线填写进操作任务，当值正班王某审核也未发现错误，15时20分调度下令配网操作队合上222线1号杆闸刀，造成带地线合闸的恶性误操作事故。110千伏FD变电站10千伏888号开关保护动作跳闸，15时54分调度下令拉开222线1号杆闸刀，10千伏888号开关送电正常。简述该事故暴露的问题和整改措施。

答：

暴露的问题：

（1）当值调度员严重违反《国家电网公司电力安全工作规程》《电力系统调度规程》，未严格审查检修工作票内容，工作中失去监护；

（2）调度员安全意识淡薄，思想认识错误；

（3）调度体系管理混乱，方式专责对方式票批注不严谨；

（4）配电专业管理不到位，导致配网线路倒闸操作与具有变电性质的开闭所倒闸操作之间脱节，操作未统一协调、安排。

整改措施：

（1）加强《国家电网公司电力安全工作规程》《电力系统调度规程》学习，层层落实安全生产责任制；

（2）方式专业下达给调度专业的任务必须以书面的形式详细通知；

（3）强化配网管理的指导原则，优化配网管理流程，完成对配网操作队与调度联系管理制度的修订，严格执行配网操作队由一人接受调度命令的规定。

12. 2001年7月13日16时27分，某电力局220千伏W变电站1号主变A套、B套差动保护均动作出口，三侧开关跳闸，1号电容器开关跳闸，110千伏、35千伏母线失压，并造成110千伏Y变电站停电（该变电站110千伏有一段母线年度检修，单线供电）及110千伏Z变电站停电（该变电站正在投产操作中）。事故损失电量5.0万千瓦时，于20时50分恢复运行。

事故原因是1号主变保护程序版本升级时，主变三侧接线方式与控制字整定值不符（采用了厂家临时传真的版本），当35千伏侧区外故障时，引起主变差动保护误动。

简述该事故暴露的问题及整改措施。

答：

暴露的问题：

（1）主变保护程序版本升级准备工作不充分，整定过程中对厂家临时传真的版本升级说明研究不透，导致事故发生；

（2）在版本升级工作结束后的带负荷试验中，只考虑差流的大小，没有注意差流值的变化。

整改措施：

建立完善的继电保护整定计算资料管理制度，规定新、改、扩建工程必须严格执行调试流程并确认无误后方可投运，同时确保启动过程中的带负荷试验差流值应符合相关试验规程的规定。

13. Z公司因其大楼交流电源停电，同时1台UPS电源因电池组失效不能供电，造成自动化系统部分设备停运。试分析本次事故暴露的安全管理方面的问题，并提出相应对策。

答：

暴露的问题：

（1）在有多台独立的UPS电源的情况下，自动化冗余设备没有采取主/备设备由不同的UPS分别供电的措施；

（2）UPS日常维护不到位，隐患排查治理不到位。

防止对策：

（1）非并机系统的UPS电源系统，自动化冗余的主/备设备采取不同的UPS分别供电的措施；并机系统的UPS电源系统，自动化各设备采取独立空开分别供电的措施；

（2）加强UPS运行维护，定期做充放电检查，及时发现隐患，及时消除。

14. 2015年7月3日7时10分，国网某省公司电力调度控制中心调度专用UPS电源发生故障，导致该省电力调度自动化系统实时监控、AGC、AVC等功能失效45分钟，送国调、华中分调实时数据中断故障。事故原因是并联运行的UPS1的C相大功率晶闸管故障并引发短路，造成UPS1故障停运，为UPS1、UPS2供电的交流进线开关跳闸；并联运行的UPS2承担原由两台UPS1、UPS2所供负荷，因过载且蓄电池性能下降，造成UPS2退出运行；此时交流进线开关已断开，无法自动切换至内旁路供电，最终导致调度自动化系统实时监控功能失效。分析该案例暴露的问题及整改措施。

答：

暴露的问题：

超期服役的UPS设备未能得到及时改造和更换，UPS系统接线方式、交流开关保护配置不合理，UPS设备超负载率运行，重要负荷配置不均衡、运行维护管理缺乏专业的人员、手段和方法等问题。

整改措施：

（1）加强 UPS 设备隐患排查治理工作，对不能立即整改的，要落实应急措施。

（2）对照各级电网调度自动化设计技术规程、信息与通信机房标准以及十八项反措等对电源和机房的供电安全要求，对 UPS 系统接线方式、交流开关保护配置、UPS 容量及负载率、重要负荷配置进行系统梳理。

（3）进一步梳理明晰各级大楼供电（包括 UPS）运行、维护责任和界面，建立健全运行维护管理制度和现场运行规程，加强 UPS 等重要设备专业运行维护，及时改造、更换老旧和缺陷设备。

15. 某地区调度新上调度自动化系统，其设计方案为 SCADA、前置等服务器采用单机配置，为 SCADA、前置服务器配置了专用的满足安全四级要求的屏蔽机柜；在电源方面与信息系统共用一套 UPS。请分析该设计中有哪些方面不满足要求或不合理的内容。

答：（1）SCADA、前置服务器为调度自动化系统主设备，应采用双机、双网进行冗余配置；

（2）地区调度自动化系统，其信息安全等级为三级，没有必要采用屏蔽机柜；

（3）不应与信息系统共用电源。

16. 某地调调控大厅，A 值值班人员准备交接班，调度值长张某正在编辑交接班记录，正值调度员王某因临近下班，交接材料已准备就绪，拿起手机开始上网看新闻，副值调度员刘某正在整理指令票及申请单。B 值值班员陆续到调控大厅，调度长林某、正值调度员郭某开始提前查阅交接班资料。交接班时间到了，可是副值调度员何某仍未到场，交班调度长因要赶飞机，且已连续上了两个班（为出门旅游争取时间，私下与其他人换班），建议不等副值接班人员到场，先行进行交接班。经过交接班人员一致同意后，开始交接班，交接过程中，接班副值调度员何某踉踉跄跄走进调控大厅，一嘴酒气，说“不好意思，刚才朋友聚会，喝了点小酒，耽误了时间”，接着直接参与交接班，此时，调度电话响起，接班正值调度员郭某顺手接起电话，变电运维人员汇报现场操作完成情况，郭某复诵后做好记录，看后面一项指令较为简单，为不让现场人员等待，于是直接下令操作。交接班结束后，交接人员履行交接确认手续。

请根据以上情景，指出调度值班人员违反了哪些调控运行值班管理规定。

答：（1）值班期间做与值班无关的事情：交班正直调度员用手机上网看新闻。

（2）交接班人员不齐就进行交接班：接班副值调度员未到位就开始交接班。

（3）违反规定，私自换班，连续值班：交班调度长私自换班，未经领导同意，且连续值班。

（4）值班时迟到，酒后值班：接班副值调度员酒后值班且迟到。

（5）交接班未完成，接班人员下令操作，交接班过程中倒闸操作失去监护：交接班仍在进行中，接班正值调度员在未履行交接手续、未经监护的情况下下达调度指令。

17. 2016 年某月某日，某公司 220 千伏 W 变第二套母差失灵保护误动，导致 1 号母线上所有运行的开关（A、B、C 开关）及母联 2800 开关跳闸。事故时，220 千伏 A 线路发生 A 相故障，线路两套光纤纵差保护动作跳开 A 相开关，同时启动两套 220 千伏母差保护失灵。现场 220 千伏第二套母差保护装置中“失灵跳母线时间”及“失灵跳母联时间”被错误整定为 0.02 秒（省调下达的定值单为 0.2 秒），导致 220 千伏第二套母差保护中的失灵保护被启动，跳开运行在 220 千伏Ⅰ号母线上所有运行的开关，造成停电范围的扩大及用户短时供电中断。

据悉，2015 年某月某日，变电检修人员周××在双母差改造完成后输入定值时发生错误，变电运行人员高××、刘××在投运前没有按照运行要求核对定值，在保护人员定值输入错误的情况下，造成第二套母差保护定值调整错误。2016 年上半年全网继电保护定值核查中，变电运行人员高×、刘×未按规定将保护定值单原件与装置定值进行核对，而是使用存放在现场的检修人员工作交底时的旧打印定值清单与装置定值进行核对，导致错误定值项一直未被发现。

简单分析案例暴露问题。

答：（1）新设备投运交接手续存在着漏洞，未能实现交叉校核。参与调整定值的保护及运行人员安全意识淡薄，缺乏基本责任心，未能按照工作规范履行职责。

(2) 现场继电保护定值核查工作方法错误，没有使用系统中流转的最新定值单进行核对。

(3) 继电保护定值核查流程不完善。定值核查工作不重视，对重要变电站、重要继电保护装置的定值核查安排不到位，没有要求变电二次检修班组参与定值核查，使继电保护定值核查专项工作的专业性和有效性得不到保证。

(4) 变电检修部门对继电保护专业巡查工作不重视。没有细化巡查工作项目和要求，对巡查工作过程缺乏监督和检查，导致保护巡查工作质量不高，缺项、漏项，存在的隐患不能及时被发现并被消除。

18. 2008年南方大面积雨雪冰冻灾害后，国网某省电力公司吸取教训，积极发挥科技作用对抗雨雪冰冻灾害。公司围绕“防、抗、融、除”，开展防冰减灾关键技术应用研究，其研究成果分别获得国际先进水平、国际领先成果和国家电网公司、湖南省科技科技进步奖等荣誉。这些科研成果在2011年初湖南省成功应对又一次雨雪冰冻灾害中起到了重要作用。在应急管理工作中，对突发事件进行总结、提出针对性处置措施尤为重要，请简述调控机构在应急工作结束后，应如何开展总结整理工作。

答：

应急响应结束后，相关调控机构应按要求及时对处置工作全过程进行评估，在事件处置完成后两周内形成报告，报送相关部门和上级调控机构。

事件应急处置结束后15个工作日内，调控机构应组织研究事件发生机理，分析故障发展过程，总结应急处置过程中的经验和教训，进一步补充、完善和修订相关应急处置预案，并组织调控机构各相关专业进行技术交流和研讨。

19. 2003年12月23日深夜，某公司在一起钻过程中发生天然气井喷失拉，引发了一场特大井喷事故，富含硫化氢的天然气猛烈喷射30多米高，失控的有毒气体随空气迅速向四周弥漫，扑向毫无准备的村庄、集镇（没有井喷事故预案）。该公司随后将事故向当地石油管理局汇报，虽然经过多方全力抢险教援，但仍然有200多人因硫化氢中毒死亡，4000多人受伤，6万多人被疏散转移，近百万人受灾。试从事故应急管理的角度分析该事故发生的原因。

答：

一是事先没有预案，没有规定处置职责，现场虽然有很多工人甚至班组长仍然没有及时采取有效的办法。

二是因没有预案，应急信息报送不规范、不及时，虽向省石油管理局报告，但没有及时地向当地人民政府报告，造成转移疏散群众工作的延误。

三是应急教训缺乏，没有开展危机教育，当地老百姓很少了解硫化气体的危害，当工作人员动员群众转移时，有相当一部分群众没有按照正确的方法逃生。

20. 220千伏变电站D，带有110千伏、35千伏电压等级，主变为无载调压方式，110千伏出线所送110千伏变压器为有载调压，其中35千伏出线主要送城网人口、商业稠密地区，全部为电缆线路。在长假期间，两台主变负载率均仅有20%左右，35千伏出线亦处于20%负载率的轻载水平。这时发现35千伏母线电压已达37.8千伏；查看220千伏电压，已至236千伏；而110千伏母线电压为112千伏。请结合无功电压管理要求，简述如何使各等级电压水平恢复至合理区间。

答：(1) 增加投入变电站35千伏电抗器，退出35千伏电容器。

(2) 督促用户变电站按有关规定退出电容器。

(3) 通过调整110千伏出线所送变电站的有载调压变压器分接头，确保110千伏电压及用户电压不偏低。

(4) 联系上级调度，确保系统安全情况下，调低D站220千伏母线电压。

(5) 确保系统安全情况下，调整35千伏出线负荷，拉停部分轻载、空载电缆线路，减少充电功率。

21. 1998年10月29日上午，110千伏A变电站当值正班邹×接受地调当值调度员陈×发布的预发调度指令："将35千伏743开关由线路检修转运行，重合闸不投。"由于陈×在发布命令时没有用规定的调度术语，也未按规定程序发布调度指令，而使用了两个方言夹杂在预发调度指令中，受令人邹×在接令时也没有使用调度术语，同时对调度员不用调度术语下达指令未加任何制止，也未提出任何疑问，在没有听清楚方言的含义下，误把预发命令当成立即执行的操作命令，进行了35千伏743开关由线路检修转运行的操作。当时线路上的工作还未全部完成，18号杆处所挂接地线一组还未拆除，因此造成带线路接地线合开关的恶性误操作事故。

分析该案例暴露的问题及整改措施。

答：

暴露的问题：

下发调度指令时未使用调度术语，且不清晰；接令人员未认真核实调令，想当然猜测。违反变电《国家电网公司电力安全工作规程 变电部分》第531条："倒闸操作应根据值班调控人员或运维负责人的指令，受令人复诵无误后执行。发布指令应准确、清晰，使用规范的调度术语和设备双重名称。发令人和受令人应先互报单位和姓名，发布指令的全过程（包括对方复诵指令）和听取指令的报告时应录音并做好记录。操作人员（包括监护人）应了解操作目的和操作顺序。对指令有疑问时应向发令人询问清楚无误后执行。发令人、受令人、操作人员（包括监护人）均应具备相应资质。"

整改措施：

（1）倒闸操作必须使用标准的调度术语，并严格进行复诵，复诵无误后方可执行。在没有正式明确的调度命令下，运维人员不得随意推测调度意图，随意进行倒闸操作。

（2）运维人员、调控人员应加强变电《国家电网公司电力安全工作规程 变电部分》及相关调度规程学习，严肃认真接发令要求。不定时对调度录音系统进行抽查，发现问题及时纠正和考核。

22. H市供电公司按照年度演练计划开展年度主备调转换综合演练。上午07：00，公司安监部主任发布备调启用的指令，主调演习组成员赶赴备调现场，10：30就位后，备调值班员将调控指挥权转移情况汇报主调值班员，随后在备调场所开展技术支持系统切换及调控运行业务模拟性演练。18：30，电网调控指挥权由备调转回至主调，备调值班员将调控指挥权转回情况汇报主调值班员，演练结束。

请分析上述演练过程中的错误地方。

答：

（1）演练中应由主调安全生产第一责任人发出备调启用的指令；

（2）调控指挥权转移及转回情况应由备调人员汇报上级调度；

（3）演练时间（07：00—18：30）小于"至少应通过24小时以上的连续启用检验"时限要求；

（4）赶赴现场时间（07：00—10.30）大于"备调工作小组原则上应在2～3小时内到达备调开展工作"时限要求。

23. 某市公司为省公司备调场所，该公司地调值班人员王×（未取得备调值班证书）值班期间掌握全省电网潮流分布、检修安排等运行工况，待省公司主调人员到位后接管调控指挥权；王×在值班期间在本公司电网席位内巡检一遍备调技术支持系统工况，每月对备调调度、监控电话进行测试，发现缺陷及时汇报省调进行处理；地市自动化人员吕×监视备调自动化系统运行状况，做好备调运行记录，并同步反馈省调，无须同步做运行记录。

请分析上述案例的错误地方。

答：

（1）王×为地调值班人员，未取得备调值班证书，没有严格履行持证上岗手续；

（2）备调值班人员值班期间具备承担电网调控业务的能力，做好随时接管调控指挥权的准备，不能待主调人员到位后接管。

（3）王×需在主调调度室内使用备调技术支持系统；

（4）主备调调控及自动化值班人员均应做好备调运行记录。

24. 某年8月9日9：13，220千伏CY264线路发生A相接地故障，差动保护及距离Ⅰ段保护动作，264线开关未跳开，该开关的失灵保护未动作，220千伏CY264线、CX263线、CW262线、CU261线对侧线路后备保护动作跳闸，220千伏Z变电站全站失压。事故后检查发现264线开关新投时，两套线路保护跳闸出口压板、启动失灵压板未投入，导致CY264线开关线路故障后264线开关无法跳闸，同时开关失灵保护无法启动，故障不能及时切除，造成四回220千伏出线对侧后备保护动作跳闸，变电站全停。

分析该案例暴露的问题及整改措施。

答：

暴露的问题：

（1）新设备启动组织管理不力，对改扩建设备投运过程中的危险点分析不到位、风险控制措施不落实、二次设备管理不到位，未及时发现压板漏投。

（2）变电运维管理不到位，变电运维人员业务技能欠缺，工作责任心不强，对设备二次回路不熟悉，倒闸操作票填写、审核过程中未发现保护压板投入遗漏。

（3）设备运行巡视质量不高，隐患排查工作不到位，对二次设备和继电保护装置巡视检查流于形式，未及时发现运行设备保护压板未投的严重隐患。

（4）继电保护及安全自动装置的定期维护质量不高，保护压板和定值核对不到位。

整改措施：

（1）深入查找管理原因，特别要查找设备启动、运行管理、设备方面存在的薄弱环节，坚决堵塞安全漏洞，切实加强安全生产管理等。

（2）提高二次设备巡视检查工作质量，巡视中必须逐间隔、逐项对保护装置及二次设备进行检查核对。

（3）定期对保护压板和保护定值进行核对，确保保护压板正确投入，保护定值无误。

25. 2015年3月17日，某变电站调度数据网实时纵向加密装置证书升级。自动化班王×与运维班口头交代相关工作事项后，与安防设备厂家李×进入变电站进行证书升级工作，李×用自带计算机和优盘接入运行的实时纵向加密装置进行工作，王×因担心升级期间数据业务中断，自行将实时纵向加密装置进行了旁路直连。证书升级完成后，王×与李×随即离开，后因证书升级不完善造成相关业务数据中断。试分析该起事故中的违章行为。

答：

（1）王×与李×在电力监控系统上工作未填用电力监控工作票。违反《国家电网公司电力安全工作规程（电力监控部分）》3.3.2“应填用电力监控工作票的工作为：b）电力监控子站系统软硬件安装调试、更新升级，退出运行、故障处理、设备消缺、配置变更，数据库迁移、表结构变更、监控信息联调、传动试验、设备定检等工作”的规定。

（2）李×使用自己的计算机和优盘进行证书升级，并将计算机接入互联网。违反《国家电网公司电力安全工作规程（电力监控部分）》5.3“电力监控系统上工作应使用专用的调试计算机及移动存储介质，调试计算机严禁接入外网”的规定。

（3）王×自行将实时纵向加密装置进行了旁路直连。违反《国家电网公司电力安全工作规程（电力监控部分）》7.3“在安全设备上进行工作时，严禁绕过安全设备将两侧网络直连”的规定。

（4）工作结束后，王×与李×未与上级调度机构进行业务核对，造成数据中断。违反《国家电网公司电力安全工作规程（电力监控部分）》7.2“工作结束前，应验证网络与安全设备上承载的业务运行正常”的规定。

26. 2016年7月8日，A市供电公司给B生物电厂安装通信设备并接入本地区通信传输网，上午9时，工作人员刘某和王某未进行勘察直接进入通信机房，进行通信设备安装。9：30，刘某与王某进入现场后将传输设备安放至机柜内，然后用电源线接至 PUD 电源分配盒。刘某未验明供电线缆极性和输入电压，直接将华为传输设备正负极分别接至 PDU 正负极。接好后将 PUD 开关拨至 ON 处，这时设备运行正常，但有一块光板运行出现故障。王×徒手将此板卡拔出来再重新插入，故障消失，设备运行正常。请分析此案例违反了安全工作规程的什么内容。

答：(1) 工作人员刘某和王某未进行勘察直接进入通信机房，进行通信设备安装。违反《国家电网公司电力安全工作规程（电力通信部分)》6.1“安装电力通信设备前，宜对机房作业现场基本条件、电力通信电源负载能力等是否符合安全要求进行现场勘察”。

(2) 刘某未验明供电线缆极性和输入电压，直接将华为传输设备正负极分别接至 PDU 正负极。违反《国家电网公司电力安全工作规程（电力通信部分)》6.2“设备通电前，应该验证供电线缆极性和输入电压”。

(3) 王某徒手将板卡拔出来再重新插入。违反《国家电网公司电力安全工作规程（电力通信部分)》6.3“设备通电前，应该验证供电线缆极性和输入电压。拔插设备板卡时，应该做好防静电措施”。

参考文献

[1] 国家电网公司. 本质安全实践［M］. 北京：中国电力出版社，2018.
[2] 国家电力调度控制中心. 电网调度控制运行安全风险辨识防范手册（2019年版）［M］. 北京：中国电力出版社，2020.
[3] 国家电力调度控制中心. 电网调控机构反违章指南［M］. 北京：中国电力出版社，2018.
[4] 国家电力调度控制中心. 电网调控系统安全管理法律法规及制度规定汇编［M］. 北京：中国电力出版社，2016.
[5] 国家电力调度控制中心. 配电网调控人员培训手册［M］. 北京：中国电力出版社，2016.
[6] 国家电力调度控制中心. 电网调度运行实用技术问答［M］. 北京：中国电力出版社，2008.
[7] 国网四川省电力公司. 变电运维典型违章案例分析［M］. 北京：中国电力出版社，2018.
[8] 国网浙江省电力公司. 电网企业应急管理基础知识［M］. 北京：中国电力出版社，2017.
[9] 国网浙江省电力公司. 供电企业安全性评价标准［M］. 北京：中国电力出版社，2011.
[10] 田水承，景国勋. 安全管理学［M］. 2版. 北京：机械工业出版社，2016.